식품위생안전성학

식품위생안전성학

Food Hygiene and safety

김미라 · 김미정 지음

㈜교문사

머리말

인구 증가 및 산업의 발달, 화학물질의 사용, 폐기물의 증가 등으로 환경오염이 심각해지면서 과거에는 잘 알지 못했던 새로운 위해요소들이 등장하여 사람을 비롯한 생물체의 생명과 건강을 위협하는 일이 발생하게 되었다. 식품의 안전성은 식품에서 가장 기본적으로 확보되어야 할 요소로서 식품안전성을 확보하기 위해 식품을 위생적으로 처리하고 안전성을 평가하는 것은 매우 중요한 일이다.

과거에는 식품위생 영역에서 주로 식중독, 기생충, 식품첨가물, 식품시설의 위생관리 등을 중점적으로 다루었으나 최근에는 환경호르몬에 속하는 일부 잔류농약, 식품포장물질, 중금속 등의 위해성이 이슈화되고 유전자 변형을 통해 새로운 농작물을 만드는 기술이나 방사선조사를 통해 식품을 위생화하는 기술 등이 개발되면서 이에 대한 식품안전성을 확보하는 것이 필요하게 되었다. 또한 위해물질을 분석할 수 있는 새로운 방법들도 개발되고 위해물질을 제어할 수 있는 기술도 나날이 발전하고 있다. 따라서 기존의 식품위생학에서 다루던 내용만으로는 안전한 식품에 대한 이해를 충분히 하기에는 부족하므로 시대적 흐름에 따라 식품안전과 관련된 내용들이 다루어질 필요가 있다. 이에 이 책에서는 식품위생과 안전성에 대한 개념과 지식 및 정보를 정리하여 수록하였고, 이를 현장에 적용하는 데 필요한 식품제조 · 가공시설과 기구의 위생관리 및 HACCP 시스템 등에 대한 내용도 포함시켰다.

이 책은 식품위생과 안전성에 대하여 식품학과 전공 학생들과 이와 관련된 실무자들에게 도움이 되도록 집필하였다. 이 책의 내용에서 부족한 점이 있으면 계속 보완해 나갈 것이며, 이 책의 출판을 위해 수고해 주신 (주)교문사 여러분께 감사를 드린다.

끝으로 이 책은 2008년도 경북대학교 학술연구비에 의해 지원되었으며 이에 감사하는 바이다.

2010년 8월
저자 일동

차 례

Chapter 04

식품위생 및 안전성 평가 35

Chapter 05

식중독의 개념 및 발생현황 49

Chapter 06

세균성 식중독 59

Chapter 07

자연독 식중독 81

Chapter 08

바이러스에 의한 식중독 103

Chapter 09

식품오염과 잔류물의 안전성 109

Chapter 10

유전자재조합식품 135

Chapter 11

식품제조·가공 중의 유해물질과 안전성 149

Chapter 12

식품첨가물 163

Chapter 13

식품 관련 전염병, 기생충, 위생동물 181

Chapter 16

식품위생행정 및 법규 249

Chapter 01

식품위생 및 안전

1. 식품위생 및 안전의 개념
2. 식품의 위해요인

Chapter 01

식품위생 및 안전

1. 식품위생 및 안전의 개념

인간의 생명을 유지하기 위해 반드시 필요한 식품은 균형잡힌 영양소를 가지고 사람에게 충분한 양으로 공급되는 것도 중요하지만 안전성은 식품이 가져야 할 가장 기본이 되는 조건이다. 과거 식량이 부족한 시대에는 기아해결이 식생활의 가장 중요한 목표이었으나 경제가 성장되고 생활의 질이 향상되면서 영양성과 안전성이 확보된 식품에 대한 관심은 점점 더 높아지고 있다.

우리나라 식품위생법(제1장 2조8항)에 의하면「식품위생이라 함은 식품, 식품첨가물, 기구 또는 용기 · 포장을 대상으로 하는 음식에 관한 위생을 말한다」라고 정의하고 있다. 한편 세계보건기구(WHO)에 의하면「식품위생이란 식품의 성장(지배 · 양식) 단계에서부터 생산 · 제조 · 가공은 물론 운반 · 저장 · 판매 등의 유통단계를 거쳐 식품을 사용 · 조리 · 소비하는 과정에 이르기까지 그 식품에 요구되는 위생적인 안전성, 식품성분상의 완전무결성, 관능적인 기호성 및 품질상의 건전성의 유지와 향상을 기함으로써 인간의 건강을 보호하고 증진하기 위해 필요한 수단과 방법을 적절히 강구하는 것」이라고 정의내리고 있다. 따라서 식품위생이란 양질의 식품을 위생적으로 안전하게 섭취하기 위한 모든 수단과 기술이라고 할 수 있다.

우리나라 식품위생법 제1장제1조에서는 식품위생의 목적을「식품으로 인한 위생상의 위해를 방지하고 식품영양의 질적 향상을 도모함으로써 국민보건의 증진에 이바지」하는 데 두고 있으며, 식품위생법에서의 식품이라 함은「모든 음식물을 말하며 의약으로서 섭취하는 것을 제외한다」고 정의하고 있다. 따라서 식품위생의 목적은 식품의 유독물, 이물(異物)의 혼입을 방지하고 식품의 변질과 오염에 의해 인체에 위해를 미칠 수 있는 원인을 배제하여 안전한 식생활을 영위하는 것이라고 할 수 있다.

한편 식품의 안전성은 식품에 함유된 유해세균, 천연적 · 인위적 독소 또는 물질에 의한 급성 또는 만성의 식성 병해로부터 소비자들을 보호하는 것을 말한다. FAO/WHO(2003)는「식품안전성은 사용의도에 따라 조리, 공급, 섭취될 때 소비자에게 병이나 유해를 일으키지 않는 식품이라고 확신하는 정도」라고 하고 있다. Codex에서도 식품안전을「식품을 의도된 목적에 따라 조리하거나 먹었을 때 소비자가 해를 입지 않는 것」으로 정의하고 있다.

식품의 위생과 안전성의 개념은 서로 혼동되어 사용되기도 하며 비슷한 개념으로 사용되기도 한다. 일부 견해로는 식품위생은 식품안전성을 확보하기 위한 조건과 수단, 기술로 보고 식품안전성은 식품위생의 목표가 되는 개념으로 보고 있다. 즉, 식품안전을 이루기 위한 모든 기준이나 규제가 식품위생에 속한다고 생각하는 것이다. 또 다른 견해로는 식품위생을 식품의 청결과 미생물과 관련된 분야로 보고 식품안전은 식품위생을 포함하여 화학물질의 기준, GMO(유전자재조합식품)의 안전성 등을 포함하는 더 넓은 분야로 보고 있다. 즉, 식중독은 식품위생 분야로, 잔류농약은 식품안전성 분야에 속하는 것으로 나누어 보는 것이다. 현재 Codex에서 운영하고 있는 분과위원회 중 식품위생분과위원회도 HACCP이나 미생물 기준은 담당하고 있으나 농약 등 화학물질 기준에는 관여하고 있지 않아 식품위생에 화학물질을 포함하고 있지 않다. 아직까지는 식품안전의 범위를 더 넓게 보는 견해들이 주류를 이루고 있는데 식품위생과 안전에 대한 개념이 좀 더 확실하게 정립될 필요가 있다.

안전한 식생활을 영위하기 위해서는 식품의 안전성이 확보되어야 한다. 식품의 안전수준을 생각할 때 가장 확실한 안전수준은 절대적인 안전(absolute safety)이다. 이는 식품섭취로 인해 지금은 물론 앞으로도 건강에 나쁜 영향을 주지 않는 경우이다. 이것은 가장 이상적인 식품안전의 목표이다. 그러나 모든 식품에서 절대적 안전을 적용할 수 있는 경우는 매우 제한적이다. 현대에 들어와 과학이 눈부시게 발전하였다고 하지만 모든 위해물질을 밝히고 이를 모두 분석하고 그 영향력을 입증하는 것은 사실상 어렵다. 또한 위해물질이 밝혀지더라도 식품에 들어있는 모든 위해요소를 제거하는 것은 비용과 기술면에서 쉬운 일이 아니다. 만약 어떤 물질로 인한 위험이 무시할 수 있는 정도의 위험(negligible insignificant risk)이라면 이를 무조건 금지하기보다는 과학적인 면과 경제적인 면을 고려하여 이를 허용하는 개념을 도입하는 것이 필요할 것이다. 따라서 식품안전을 이루기 위해서는 절대적인 식품안전만을 고수하기보다 과학적 식품안전 개념을 가지고 접근하는 것이 현실적으로 필요하다.

2. 식품의 위해요인

식품의 안전성을 확보하기 위해서는 위해를 일으키는 위해요인을 식품으로부터 제거하거나 위해발생을 최소화하는 방법과 기술을 강구하여야 한다. 식품의 위해요인은 특성에 따라 생물학적 요인과 물리·화학적 요인으로 크게 구분하고 그 유입경로와 발생원인에 따라 내인성, 외인성, 유인성 등으로 분류할 수 있다. 내인성이란 자연적 위해인자에 의한 것으로 식품이 본래 가지고 있는 유독물질 등을 말하며 독버섯의 독성물질, 식물성 알칼로이드, 복어독, 조개독 등이 속한다. 또한 식이성 알레르기를 일으키는 식이성 항원도 내인성 인자에 속한다. 외인성은 외부로부터 식품을 오염시키는 위해물질이나 생물로서 식중독균, 곰팡이 독, 잔류농약, 환경오염물질, 내분비계장애물질 등이 있다. 유인성은 물리적, 화학적, 생리적 요인으로 생성되는 유해물질로 자외선이나 산화에 의한 유지의 산패, 중합과정에서 생성되는 유독물질, 조리과정에 생성되는 가열분해 물질, 과다한 가열에 의해 생성되는 탄화물질, 육류 가공 시 생성되는 니트로사민 등이 속한다.

표 1-1 식품 위해요인의 분류

요 인		유해물질의 예
물리·화학적 요인	내인성	자연 방사성 물질, 식이성 항원
	외인성	환경오염 물질, 잔류농약(유기염소계, 유기인계 등), 중금속, 오용된 식품 첨가물, 내분비계장애물질(다이옥신, 프탈레이트 등)
	유인성	식품가공 중 생성된 유해물질(탄화물질, 산패물질 등)
생물학적 요인	내인성	식물성 독소(독미나리독, 독버섯독 등), 동물성 독소(복어독, 조개독)
	외인성	기생충(선모충, 간흡충 등), 세균성 식중독균(살모넬라, 보툴리누스균 등)
	유인성	-

memo

Chapter 02

식품의 변질 및 방지

1. 식품변질의 원인
2. 식품변질의 방지
3. 소독, 살균 및 멸균

Chapter 02

식품의 변질 및 방지

1. 식품변질의 원인

식품은 생물학적 요인(미생물, 해충 등), 생화학적 요인(효소 등), 물리 · 화학적 요인(광선, 열, 산소 등)에 의하여 변질될 수 있다. 식품은 변질되는 동안 식품의 성분이 변화하여 영양소가 파괴될 뿐만 아니라 맛과 냄새 등이 변화되고 미생물의 수가 증가하는 등 품질이 저하된다.

1) 생물학적 요인에 의한 변질

(1) 환경 중 미생물 오염원

미생물은 자연환경에 널리 존재하므로 식품오염의 주된 오염원이 된다. 또한 식품을 가공, 저장하는 과정에서도 미생물에 의해 식품이 오염될 수 있다. 주요 미생물 오염원으로는 토양, 해수, 담수, 분변, 공기 등을 들 수 있다.

① 토 양

토양에는 미생물이 10^6~10^9/g 정도로 많이 존재하며 토양의 표층에는 호기성 미생물이 서식하고 심층에는 혐기성 미생물이 서식한다. 토양에 존재하는 미생물은 토양에서 자라는 식물과 가축이 먹는 사료를 직접, 간접적으로 오염시키며 하천으로 흘러들어가 물을 오염시킬 수 있다.

식품을 오염시키는 대표적인 토양미생물로는 *Bacillus*, *Micrococcus*, *Pseudomonas*, *Clostridium*, *Escherichia*, *Leuconostoc*, *Aerobacter*, *Acetobacter*, *Serratia*, *Achromobacter*, *Proteus*, 방선균 등의 세균과 *Penicillium*, *Rhizopus*, *Mucor* 등의 곰팡이, *Saccharomyces*, *Candida*, *Torula* 등의 효모가 있다.

② 해 수

해수에서 서식하는 균들은 염분이 있는 곳에서 살 수 있는 성질을 가진 균들이다. 이들은 대부분 1~3%의 식염농도에서 증식하며 해수에 서식하는 어류를 오염시킬 수 있다.

③ 담 수

하천, 연못 등의 담수는 토양이나 가축의 배설물로 오염되는 경우가 많으며 병원성 미생물이 있는 경우도 있다. 따라서 담수에서 서식하는 어류나 담수를 사용하여 재배하는 농작물 등은 미생물에 오염될 수 있다. 담수에 서식하는 미생물에는 *Pseudomonas*, *Achromobacter*, *Aeromonas*, *Alcaligenes*, *Flavobacterium* 등이 있고, 토양으로부터 오염되는 세균으로는 *Micrococus*, *Bacillus* 등이 있으며, 하수 및 분변 등에서 오는 세균으로는 *Escherichia*, *Aerobacter*, *Proteus* 등이 있다.

④ 분 변

사람과 가축의 분변에는 미생물이 있으므로 분변으로 퇴비를 만들 때 충분히 숙성시키지 않고 사용하게 되면 토양이나 농작물이 분변 미생물에 의해 오염될 수 있다. 분변에는 *Escherichia*, *Enterococcus*, *Clostridium*, *Salmonella*, *Shigella* 등 유해한 미생물이 많아 식중독의 원인이 되고 있다. 가축 사육장의 분변을 위생적으로 처리하고 홍수로 인해 물이 범람하여 분변으로 오염되지 않도록 주의해야 한다.

⑤ 공 기

공기 중의 미생물은 토양이나 먼지 등이 바람에 의해 날려온 것들로서 공기 중에는 충분한 수분이 없으므로 건조에 잘 견디는 미생물이나 포자들이 존재한다. 대부분은 그람양성세균의 포자형성 간균, 구균과 곰팡이 포자 및 효모 포자이다.

(2) 식품의 가공과 저장 중 미생물 오염

식품은 가공과 저장되는 과정에서 2차적으로 오염될 수 있다. 2차오염은 식품의 종류에 따라 오염되는 미생물의 종류가 달라진다. 주로 저온에서 보관, 유통되는 식육, 우유, 어패류 등은 저온성 세균에 의한 2차오염이 많으며, 곡류는 *Aspergillus*, *Penicillium* 등 건조한 곳에서 증식할 수 있는 곰팡이에 의해 2차오염되기 쉽다.

조리과정 중에 교차오염(cross-contamination)될 수도 있는데, 오염된 재료나 식품이 다른 식품을 오염시킬 수 있으며, 사용하는 기기나 기구에 의해 오염이 발생할 수 있다. 식품을 취급하는 과정에서 오염이 된 식품을 손으로 만진 후 조리된 식품을 만지거나, 생식품을 다룬 칼, 도마, 식기 등을 이용하여 조리가 된 식품을 자르거나 담을 경우 식품이 오염될 수 있다.

2) 생화학적 요인에 의한 변질

식품이나 미생물에 들어있는 효소는 식품 성분과 작용하여 변화를 가져와 식품의 품질을 손상시킬 수 있다. 대표적인 효소로는 가수분해 효소, 산화 효소, 갈변 효소 등이 있다. 가수분해효소에는 지방을 가수분해하는 lipase, 단백질을 가수분해하는 protease, 전분을 가수분해하는 α-amylase, β-amylase, glucoamylase, 펙틴을 가수분해하는 pectin esterase, polygalacturonase 등이 있다. 산화효소로는 glucose oxidase, catalase, peroxidase, lipoxygenase, polyphenolase 등이 있다.

이들 효소는 식품성분과의 효소적 반응에 의해 불쾌한 냄새와 맛, 변색, 점도 변화 등의 품질 저하를 일으키며 유해물질을 생성하기도 한다. 예를 들어 유지는 lipase에 의해 유리지방산과 글리세롤로 가수분해 되면 유리지방산에 의해 좋지 않은 냄새와 맛이 형성되어 변질된다. 또한 갈변효소는 과일, 채소 등에 들어있어 껍질을 깎아 놓으면 공기에 노출된 부분이 갈색으로 변해 외관이 나빠진다.

3) 물리 · 화학적 요인에 의한 변질

광선, 열, 산소 등에 식품을 노출시키면 식품 성분이 이들에 의해 물리 · 화학적 변화를 일으켜 품질의 변화를 초래한다. 유지는 자동산화 과정에서 빛에 의해 라디칼이 형성되고 산소와 결합하여 퍼옥시라디칼을 생성함으로써 과산화물을 형성하게 된다. 자동산화의 산물인 알데히드,

그림 2-1 식물변질의 원인

케톤 화합물은 유지의 맛과 냄새를 변질시키며 심하면 인체에 유해한 영향을 미칠 수도 있다. 또한 유지를 고온에서 가열하면 자동산화와 함께 중합체도 형성되어 유지의 색과 점도의 변화가 일어난다.

2. 식품변질의 방지

1) 물리적 방법

(1) 냉장 · 냉동법

미생물은 −5~70℃에서 자랄 수 있으나 온도가 최적 생장온도보다 낮아지면 성장속도가 느려져 낮은 온도에서 식품을 보관하면 식품의 변질을 방지할 수 있다. 냉장은 빙점 이상 10℃ 이하의 온도에서 식품을 보관하는 방법이며 냉동은 빙점 이하의 온도에서 식품을 보관하는 것이다.

냉장온도에서는 미생물 증식이 억제되며 효소작용도 저해되지만 완전히 억제되지는 않는다. 저온성 미생물의 경우에는 냉장온도에서도 증식이 가능하므로 냉장온도에 식품을 보관하더라도 안심할 수는 없다. 냉동저장 중에는 식품에 존재하는 미생물의 증식이 억제되고 사멸되기도 한다.

(2) 가열살균법

식품을 가열함으로써 식품 중에 존재하는 미생물을 사멸시켜 식품의 변질을 방지할 수 있다. 저온살균법(low temperature long time : LTLT)은 우유에 있는 결핵균을 살균할 목적으로 개발된 살균법으로 63℃에서 30분간 열처리하는 것이다. 우유, 과즙, 맥주 등의 살균에 이용되며 규모가 작은 시설에서 이용된다. 고온순간살균법(high temperature short time : HTST)은 71~75℃에서 15초 이상 가열하는 살균법으로, 병원균의 살균에 많이 이용된다. 초고온멸균법(ultra high temperature : UHT)은 130~150℃에서 1~3초간 가열처리하는 것으로 내열성균의 포자까지 사멸할 수 있는 방법이다. 초고온멸균법으로 처리된 우유는 수개월간 보관이 가능하다.

그 외 포자를 사멸시키기 위한 간헐살균법과 상업적 살균법(commercial sterilization) 등도 이용된다. 간헐살균법은 1일 1회씩 100℃에서 20~50분간 연속 3일 같은 시간에 반복 가열살균하는 것을 말하며 이렇게 하면 세균의 영양세포를 사멸시키고 살아남은 포자는 발아시킨 후 다음 날 다시 가열하여 사멸시킬 수 있다. 상업적 살균법은 식품을 완전 멸균하지 않고 위생상 유해하다고 생각되는 미생물을 대상으로 살균하는 방법으로 식품의 영양가 손실이나 기호적인 품질 저하를 막기 위해 사용된다. 산성의 과일통조림의 살균방법으로 상업적 살균법을 많이 사용하고 있다.

표 2-1 가열살균의 종류

종 류	열처리 방법
저온살균법(LTLT)	63℃에서 30분간 가열
고온순간살균법(HTST)	71~75℃에서 15초 이상 가열
초고온멸균법(UHT)	130~150℃에서 1~3초 가열
간헐살균법	1일 1회씩 100℃에서 20~50분간 연속 3일 같은 시간에 반복 가열
상업적 살균법	산성식품에서 이용. 대개 70℃ 이상 100℃ 이하로 가열
자비살균법	100℃ 물에서 30분 가열
습열멸균법	고압의 수증기(1.05kg/cm^2)로 120℃에서 15분 이상 가열

끓는 물에 기구를 넣어 100℃에서 30분간 끓이는 자비살균법은 일반적인 영양균주는 사멸시킬수 있으나 내열포자까지 파괴하지는 못한다. 내생포자를 파괴하기 위해서는 증기압을 가해 100℃ 이상에서 습열멸균을 해야 한다. 열에 강한 성질을 가지고 있는 균과 포자는 고압의 수증기(1.05kg/cm²)로 120℃에서 15분간 가열해야 사멸시킬 수 있다. 고압멸균기(autoclave)를 이용하여 살균할 수 있으며 내열성미생물과 멸균하려는 내용물이 많은 경우에는 멸균시간을 더 연장해야 한다.

(3) 건조법

식품에 함유된 수분을 제거하여 수분활성도를 낮추면 식품의 미생물 생육이 억제되고 화학반응과 효소반응이 저해되어 식품의 변질을 예방하고 보존성을 증가시킬 수 있다. 자연의 햇빛이나 응달에서 식품을 건조하는 자연건조법은 옛날부터 사용되어온 방법이며, 건조를 더욱 빠르게 하고 식품 품질의 손상을 적게 하기 위해 여러 가지 인공건조법이 개발되었다. 가압건조법, 열풍건조법, 분무건조법, 진공건조법, 진공동결건조법 등을 이용하여 식품을 건조시킬 수 있다.

(4) 조사법

미생물에 자외선이나 방사선을 조사하면 살균효과가 나타나 식품의 변질을 방지할 수 있다.

① 자외선 조사

미생물을 살균하기 위하여 자외선을 사용할 수 있는데 자외선은 대부분의 균에 효과적이며 살균효과가 좋고 조사 후 피조사물을 거의 변화시키지 않는다. 240~280nm의 자외선은 미생물의 핵산에 잘 흡수되어 DNA의 구조를 변화시켜 미생물을 사멸한다. 그러나 투과력이 크지 않아 표면에 한정되어 효과가 나타나고, 단백질과 같은 유기물이 있을 경우에는 효과가 떨어진다. 기구나 작업대의 표면을 소독할 때 유용하다.

② 방사선 조사

γ선, 전자선, X선, α선, 중성자선 등의 방사선을 이용하여 살균할 수 있으며, 식품산업에서 가장 널리 쓰이는 것은 γ선이다. X선은 진단용으로 주로 사용되며, 전자선은 γ선에 비해 투과력이 약해 활용범위가 제한되고 있으나 곡류의 살충, 의료제품의 살균 등에 사용되고 있다. 우리나라에서는 발아억제, 해충제거, 식품의 보존성 연장, 과일 · 채소의 숙도지연, 식중독 억제 등의 목적으로 ^{60}C의 γ선 조사를 식품에 허용하고 있다. 조사선량에 따라 저선량조사(0.01~1

표 2-2 방사선 조사선량과 적용 식품

구 분	목 적	조사량(kGy)	적용식품
저선량 조사 (0.01~1kGy)	근채류의 발아 억제	0.05~0.15	감자, 양파, 마늘, 생강
	종자의 발아 억제	0.01~1.00	곡물, 밤
	해충, 기생충, 곤충의 사멸	0.15~0.50	곡물, 생선, 과실, 건조식품, 생돈육
	숙도의 지연	0.50~1.00	과일, 채소 등
중선량 조사 (1~10kGy)	선도의 연장	1.00~3.00	과일, 채소 등
	부패균 및 병원균의 살균	1.00~10.00	생수산물, 냉동수산물, 생육, 냉동육 등
	식품특성의 개선	2.00~7.00	조리시간 단축, 수율 및 추출 향상
고선량 조사 (10 kGy 이상)	멸균 · 비열의 병용	30.0~50.0	육류, 닭고기, 수산물, 가공식품, 환자식
	식품소재 또는 식품첨가물의 살균	10.0~50.0	향신료

kGy), 중선량조사(1~10kGy), 고선량조사(10kGy 이상)로 구분할 수 있다.

방사선 조사는 식품을 포장한 후에 처리할 수 있고 처리 후 식품의 온도가 크게 상승하지 않아 영양가 손실이 적은 장점을 가지고 있으나, 방사선 조사한 식품의 경우 독특한 냄새를 가지며 지방이 많은 식품의 경우 산패가 유발될 우려가 있다.

(5) 여과법

여과를 이용하여 액체나 기체 내에 있는 미생물을 제거할 수 있다. 미생물을 거를 수 있는 여과기를 이용하여 비가열 방식으로 제균할 수 있으며, chamberland 여과기, barkefeld 여과기, seitz 여과기 등이 이용된다.

2) 화학적 방법

(1) 절 임

식품에 소금, 설탕 등을 첨가하면 수분활성도가 저하되고 삼투압이 높아져 식품에 존재하는 미생물의 증식을 억제할 수 있다. 소금이나 설탕이 첨가된 염장이나 당장식품에서는 삼투현상이 일어나 식품내부에 있는 수분이 외부로 빠져나오는 탈수가 진행되어 미생물의 증식이 어렵게 된다. 일반적으로 소금의 농도가 2% 정도 되면 세균의 증식이 억제되기 시작하며 10% 정도 되면 고염성 세균 이외에는 대부분의 세균 증식이 어렵다. 효모는 보통 15% 이상, 곰팡이는 20% 이상이 되면 증식이 억제된다. 설탕도 소금과 같이 미생물 억제효과를 가지나 소금보다는 억제효과가 떨어져 소금과 비슷한 효과를 얻기 위해서는 소금보다 높은 농도를 사용하여야 한다.

(2) 보존료

식품의 변질을 방지하고 신선한 상태로 유지하기 위하여 첨가하는 물질을 보존료라고 한다. 보존료는 부패 미생물의 발육을 억제하는 정균작용을 한다. 보존료에는 안식향산, 소르빈산, 데히드로초산, 파라오식안식향산 에스테류, 프로피오산 등이 있다.

(3) 훈 증

훈증은 곡류 등의 식품을 저장할 때 해충이나 미생물로부터 식품을 보호하기 위하여 창고나 용기 내에 휘발성 살균제를 기화시켜 해충과 미생물을 사멸하는 방법을 말한다. Chloro picrine, methyl bromide, ethylene oxide, ethylene dichloride, 이황화탄소 등이 훈증제로 사용되나 훈증제는 해충과 미생물뿐만 아니라 인체에도 유해하므로 사용 시 유의해야 한다. 일부 훈증제는 인체 유해성 때문에 사용을 금지한 국가들도 있다.

(4) 훈 연

생선이나 육류를 오래 보관하기 위하여 목재를 불완전연소시켜 생기는 연기를 쪼이는 방법을

소시지의 종류와 저장성

Tip

소시지는 처음에는 유럽에서 부유하지 않은 소비자들을 위해 값싼 고기를 이용해 세이지(sage)를 넣어서 만들기 시작하였으나, 훈연과정을 통해 소시지가 가지는 독특한 향기와 맛으로 지금은 세계적으로 애용되고 있는 가공식품이다.

소시지는 크게 더메스틱 소시지(domestic sausage)와 드라이 소시지(dry sausage)로 구분할 수 있는데, 더메스틱 소시지는 훈연한 후 건조시키지 않고 가열하여 바로 먹을 수 있도록 만든 것이며, 드라이 소시지는 재료를 케이싱에 넣고 이를 건조시키거나 저온 건조·훈연시켜 만든 것이다. 더메스틱 소시지는 건조시키지 않아 수분함량이 50% 이상이 되므로 부드러운 질감을 가지나 저장성이 적고, 드라이 소시지는 건조과정을 통해 수분함량이 30% 이하이므로 딱딱한 질감을 가지나 장기간 저장이 가능하다.

훈연이라고 한다. 목재를 불완전연소시키면 formaldehyde, acetaldehyde, furfural, 5-methyl furfural, acetone, diacetyl, ethyl alcohol, methyl alcohol, phenol, formic acid, acetic acid, cresol, guaiacol 등 방부성 물질들이 생성되는데 이들이 식품에 침착됨으로써 식품이 저장성을 갖게 된다. 훈연에는 잘 건조된 단단한 나무를 사용하는 것이 좋고 수지가 있는 것은 연소 시 불쾌한 냄새를 주므로 좋지 않다. 벚나무, 자작나무, 상수리나무, 매화나무, 호두나무 등이 자주 사용된다. 훈연은 제품에 방부성을 줄뿐만 아니라 제품에 독특한 향기와 맛을 부여하므로 기호성을 높여주기도 한다.

3. 소독, 살균 및 멸균

소독(disinfection)은 병원성 미생물을 대상으로 이들을 사멸 또는 억제하는 방법으로 소독으로는 보통 내열성포자까지 완전히 제거되지 않는다. 살균(pasteurization)은 식품의 기준 및 규격 중 공통기준 및 규격에서 「따로 규정이 없는 한 세균, 효모, 곰팡이 등 미생물의 영양세포를 사멸시키는 것을 말한다」로 정의되어 있으며, 멸균(sterilization)은 「따로 규정이 없는 한 미생물의 영양세포 및 포자를 사멸시켜 무균상태로 만드는 것을 말한다」라고 되어 있다. 식품과 기구의 소독, 살균, 멸균은 식품안전을 확보하기 위해 매우 중요한 과정이다.

소독제에 의한 방법은 다음과 같다.

(1) 소독제의 조건

이상적인 소독제는 강한 살균력, 높은 석탄산 계수(phenol coefficient), 높은 안정성, 높은 용해성, 강한 침투성을 가져야 하며 이와 함께 인체에 유해하지 않고, 유기물의 영향을 적게 받으며, 냄새가 없고, 부식성과 표백성이 없으며, 저렴한 가격으로 사용할 수 있는 조건을 갖추고 있어야 한다.

(2) 소독제의 작용기전

소독제의 종류에 따라 소독제가 작용하는 방식이 다르며, 소독제의 작용기전은 아래와 같다.

- 단백질 응고나 변성에 의한 세포기능 장해 유발 : 승홍, 포르말린, 석탄산(페놀), 크레졸, 알코올
- 산화작용에 의한 세포 기능장해 유발 : H_2O_2, O_3, $KMnO_4$, 할로겐화합물

- 원형질 중의 단백질과 화합물 형성 : Cl_2, I_2
- 강산이나 강알칼리에 의한 단백질 변성 : 중금속류의 염류
- 세포막 손상 : 역성비누, 페놀, 크레졸

(3) 소독력

소독력은 균의 종류, 균의 생리적 상태, 온도, pH, 배지에 있는 유기물이나 무기물의 농도, 소독제의 농도, 소독제 처리시간 등에 의해 영향을 받는다. 소독제의 효과를 평가하는 일반적인 방법은 소독제가 석탄산보다 소독력이 얼마나 강한지를 석탄산계수로 나타내는 방법이다. 석탄산계수는 포도상구균이나 장티푸스균과 같은 세균을 희석한 석탄산액과 희석한 소독제액에 각각 넣어 배양하면서 5분 간격으로 새로운 배양액에 옮겨 배양한다. 소독제액에서 배양된 후 5분 이내에는 사멸시킬 수는 없지만 10분 이내에는 균을 완전히 사멸시킬 수 있는 소독제액의 최저농도와 이와 같은 살균효과를 나타내는 석탄산액의 최저농도를 사용하여 석탄산계수를 구한다.

$$\text{석탄산계수} = \frac{\text{시험하려는 소독제액의 희석배수}}{\text{석탄산액의 희석배수}}$$

석탄산계수가 1보다 크면 소독제가 석탄산보다 소독효과가 높은 것을 의미하며, 석탄산계수가 클수록 소독력이 큰 것을 나타낸다.

(4) 소독제의 종류

① 염소계 소독제

염소계 소독제로는 차아염소산나트륨, 표백분, 액화염소가스 등이 사용된다. 염소계 소독제들은 포자를 형성하지 않는 세균에는 강한 살균효과를 보이나, 포자나 결핵균에는 효과가 적다. 염소계 소독제는 자극성 냄새와 금속 부식성을 가지고 있다. 기구나 용기, 수돗물의 소독에는 100ppm 정도의 농도로 사용되며 채소와 과일에는 50~100ppm의 농도로 사용한 뒤 소독제가 잔류하지 않도록 물로 헹구어야 한다.

염소는 물과 반응하면 차아염소산(hypochlorous acid)을 생성하며 pH가 저하된다.

$$Cl_2 + H_2O \rightarrow HOCl + H^+ + Cl^-$$

HOCl은 다시 차아염소산이온(OCl^-)과 수소이온(H^+)으로 이온화할 수 있다.

$$HOCl \leftrightarrow H^+ + OCl^-$$

그러나 이 반응은 물의 pH에 의존하여 낮은 pH에서는 HOCl가 생성되고, 높은 pH에서는 OCl^-가 생성된다. HOCl과 OCl^-는 강한 살균력을 가지고 있으며 이를 유리잔류염소(free available residual chlorine)라고 한다. HOCl은 전기적으로 중성이므로 미생물의 세포막을 통과하기 쉬워 OCl^-에 비해 80배 정도 더 강한 살균효과를 갖는다. 따라서 염소계 소독제는 산성에서 살균력이 강하고 알칼리성에서는 살균력이 떨어진다. HOCl은 pH 6.5~7.5에서 가장 강한 살균력을 가진다.

② 알코올

소독에는 에틸알코올이나 이소프로필알코올(isopropyl alcohol)이 일반적으로 사용된다. 에틸알코올은 일반적인 세균과 곰팡이, 바이러스에서는 효과가 있지만 포자에는 효과가 없다. 알코올은 미생물의 단백질을 변형시켜 살균작용을 하며 *Pseudomonas*, *Staphylococcus* 등의 영양균주들은 30초 정도면 사멸된다. 70% 수용액이 살균력이 강해 염증 부위의 소독이나 금속성 기구의 소독에 사용된다. 이소프로필알코올은 50~70% 수용액으로 사용된다.

③ 페놀계 소독제

페놀계 소독제로는 석탄산(phenol), 크레졸(cresol) 등이 있다. 석탄산은 무색의 결정이며 강한 냄새와 자극성, 부식성이 있으나 안정된 살균력을 가지며 유기물에 의해 소독력이 약화되지 않는 장점을 가지고 있어 3~5% 수용액으로 의료기기, 용기 소독에 사용한다.

크레졸비누액도 강한 냄새를 가지고 있으며 소독력이 강하고 안정하다. 세균에는 효과적이나 바이러스에는 효과가 적다. 1~3% 수용액으로 오물 소독, 용기 소독 등에 사용된다.

④ 산화성 소독제

과산화수소, 과망간산칼륨, 오존, 붕산, 생석회 등의 산화제는 세포성분을 산화시켜 세포기능을 손상시킴으로써 소독효과를 나타낸다. 과산화수소는 옥시풀이라고도 하며, 발생된 산소에 의해 살균작용을 나타낸다. 과산화수소는 3~5% 수용액으로 피부소독에 많이 사용된다. 과망간산칼륨은 살균력이 커서 0.1~5% 수용액으로 사용된다. 오존은 분해하며 발생하는 산소에 의해 살균작용을 나타내며, 붕산은 2~3%의 수용액으로 사용된다. 생석회는 흰 분말가루로 오물 소독 등에 사용된다.

memo

Chapter 03

식품과 미생물

1. 미생물의 종류 및 특성
2. 미생물의 생육조건

Chapter 03

식품과 미생물

미생물은 인간의 육안으로 볼 수 없을 정도로 크기가 작은 생물로 세균, 곰팡이, 효모, 바이러스, 원생동물, 조류 등이 포함된다. 미생물은 토양, 물, 공기 등 자연환경에 다수로 존재하며 사람의 피부, 입, 코, 의복 등에도 존재한다. 미생물은 식품의 부패나 발효 등에 관여하고 있어 우리의 식생활과 밀접한 관계를 가지고 있다. 식중독을 유발하는 유해 미생물은 식품의 안전과 사람의 건강에 영향을 미친다. 따라서 식품 안전성을 확보하기 위해서는 미생물의 종류와 이들의 생장 특성을 이해하는 것이 중요하다.

Haekel의 분류에 따르면 생물계는 동물계, 식물계, 원생생물계로 나눌 수 있으며 미생물은 원생생물계로 분류된다.

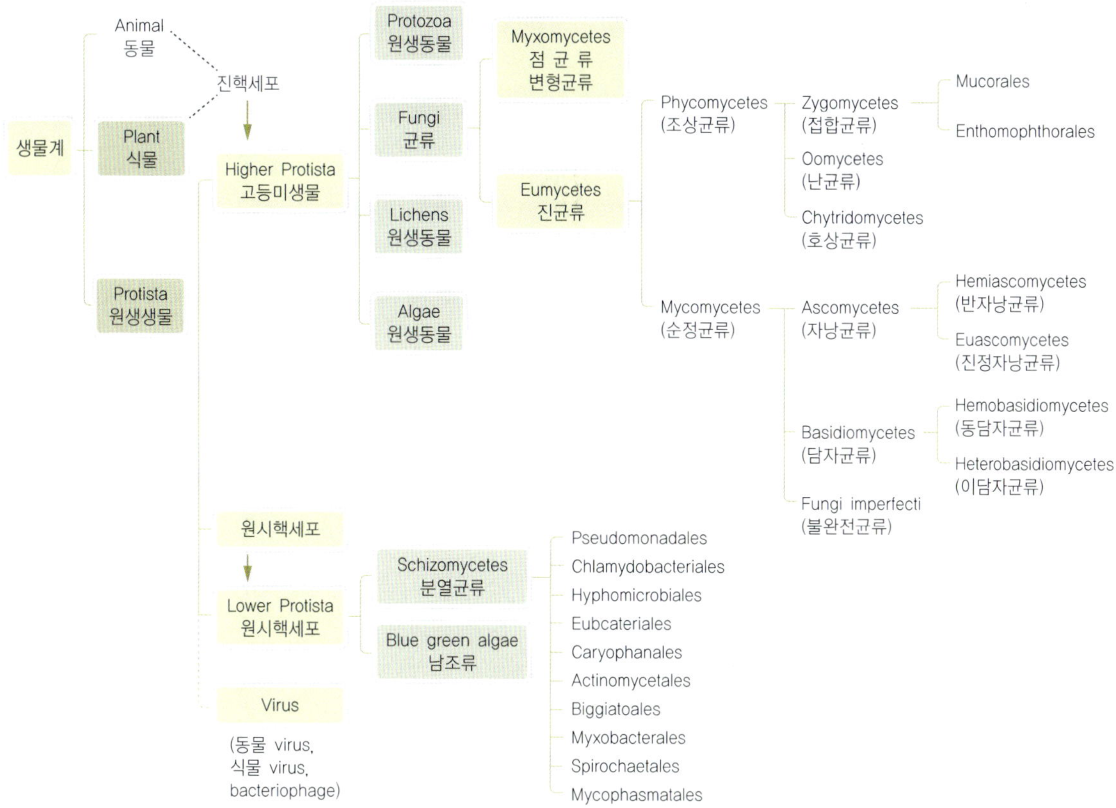

그림 3-1 생물계의 분류

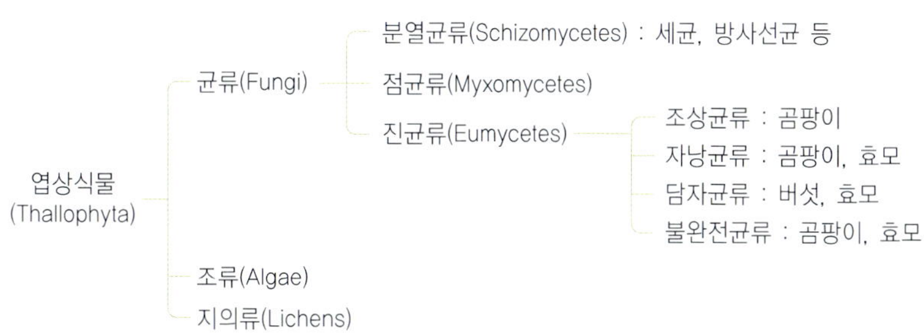

그림 3-2 미생물의 분류

1. 미생물의 종류 및 특성

1) 세 균

세균(Bacteria)은 분열에 의해 증식하는 분열균류이다. 세균 세포는 세포벽, 세포막, 리보솜 및 세포질 등으로 구성되어 있으며, 이 외에 포자, 편모, 점질층을 가지고 있는 것도 있다. 일부세균은 환경조건이 좋지 않으면 포자를 형성하는데 포자는 열, 건조, 화학약품, 방사선조사 등에 저항성을 갖는다.

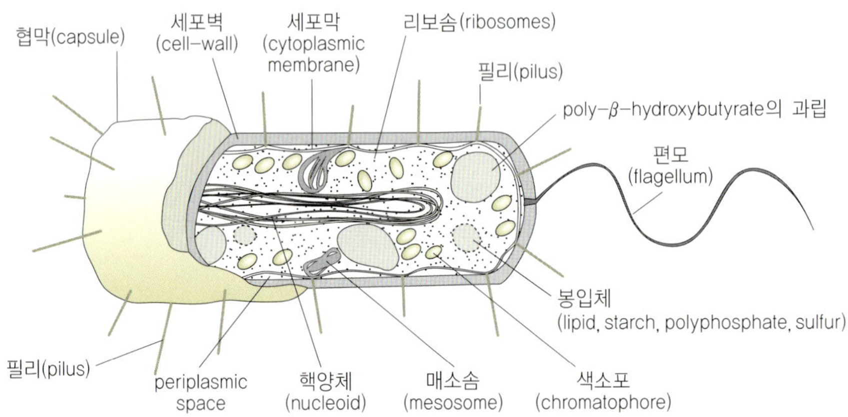

그림 3-3 세균의 구조

세균은 형태에 따라서 구균(coccus), 간균(bacillus), 나선균(spirillum)으로 분류한다. 구균은 둥근 모양의 세균으로 배열상태에 따라 단구균(monococcus), 쌍구균(diplococcus), 4연구균(tetracoccus), 8연구균(sarcina), 연쇄상구균(streptococcus), 포도상구균(staphylococcus)으로 분류된다. 간균은 막대모양으로 길이가 폭의 2배 이상인 것을 장간균, 그 이하인 것을 단간균이라 한다. 나선균은 짧은 콤마(comma)처럼 생긴 호균(vibrio)과 S자형으로 된 나선균(spirillum), 여러 번 구부러진 스피로헤타(spirohaeta)가 있다.

세균은 그람염색법에 의해 그람음성균과 그람양성균으로 분류할 수 있다. 그람음성균은 그람염색에 의해 붉은색을 나타내며, 그람양성균은 보라색을 나타낸다. *Bacillus*, *Clostridium*, *Lactobacillus*, *Listeria*, *Staphylococcus* 등은 그람양성균에 속하며, *Acetobacter*, *Aeromonas*,

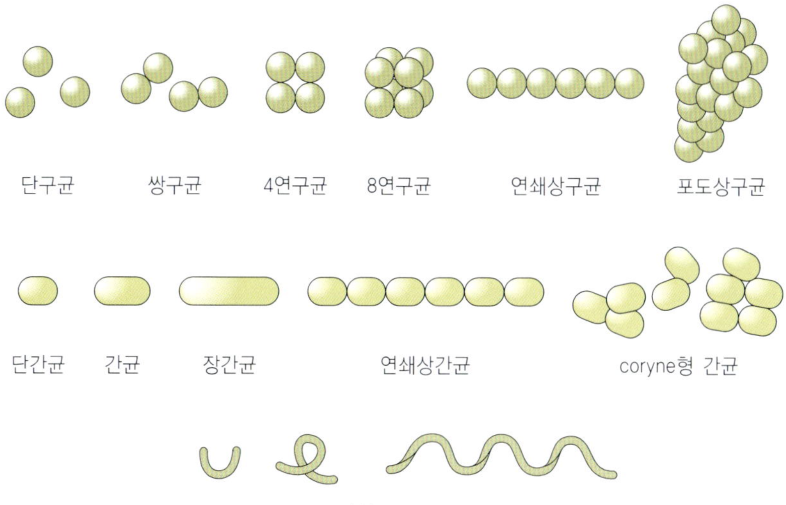

그림 3-4 세균의 형태

Alcaligenes, *Campylobacter*, *Vibrio* 등은 그람음성균에 속한다.

2) 곰팡이

곰팡이(Molds)는 분류학상 진핵세포를 가진 진균류에 속하는 미생물로 곰팡이의 포자가 발아한 후 실 모양의 균사체를 형성하여 균사상으로 발육하는 사상균이다. 균사는 분지하고 신장하며 균사체를 이루고 그 끝에 자실체를 형성한다. 이들 균사체와 자실체를 함께 모아 균총이라 한다.

곰팡이가 식품에 번식하면 육안으로도 확인할 수 있으며 곰팡이의 증식에 의해 식품이 변패되거나 때로는 곰팡이가 생성한 독소인 마이코톡신(mycotoxin)에 의해 식중독이 유발되기도 한다. 곰팡이 독소는 대부분 열에 강해 가열조리에 의해서도 잘 파괴되지 않으므로 곰팡이에 의한 식품오염에 주의하여야 한다.

3) 효 모

효모(Yeast)는 진핵세포를 가진 진균류에 속하며 알코올 발효능이 강한 균종이 많아서 술의 양조 및 알코올 제조, 제빵 등에 이용되며, 이들의 균체는 식용, 사료용, 단백질, 비타민류, 핵산관

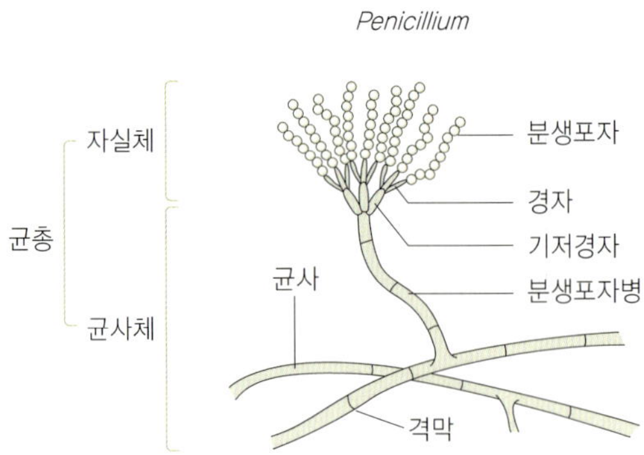

그림 3-5 곰팡이의 구조

련 물질 등의 생산에도 이용된다. *Saccharomyces cerevisiae*는 양조에 이용되는 대표적인 효모이다. 그러나 효모도 식품을 변질시킬 수 있으며 당을 많이 가지고 있는 식품에서 잘 증식한다.

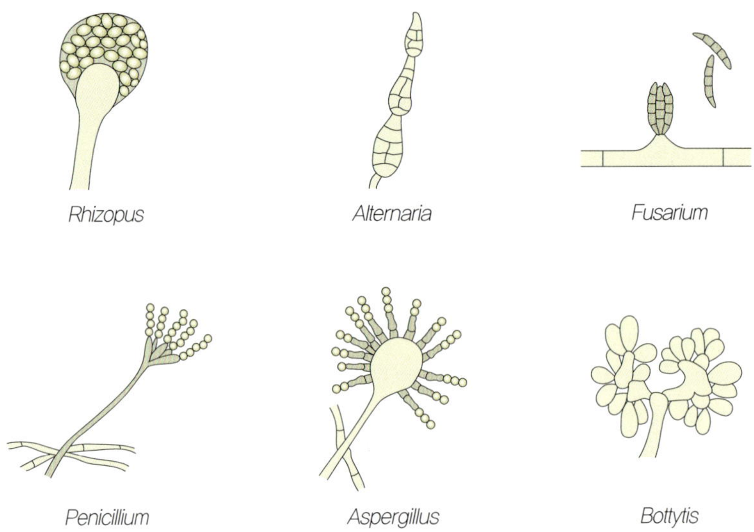

그림 3-6 주요 곰팡이의 형태

4) 바이러스

바이러스(Virus)는 동식물이나 세균을 숙주로 기생하여 증식하며 크기가 매우 작아 광학현미경으로 볼 수 없는 초여과성 미생물이다. 바이러스는 DNA나 RNA 중 하나의 핵산을 가지고 있으며 이를 보호하는 단백질로 구성되어 있다. 세균세포를 숙주로 하는 바이러스를 박테리오파아지(bacteriophage)라고 한다.

최근 들어 바이러스에 의한 식중독이 자주 발생하여 식품 안전을 위협하므로 개인위생 및 식수, 식기의 청결 등을 통해 바이러스의 오염을 방지해야 한다.

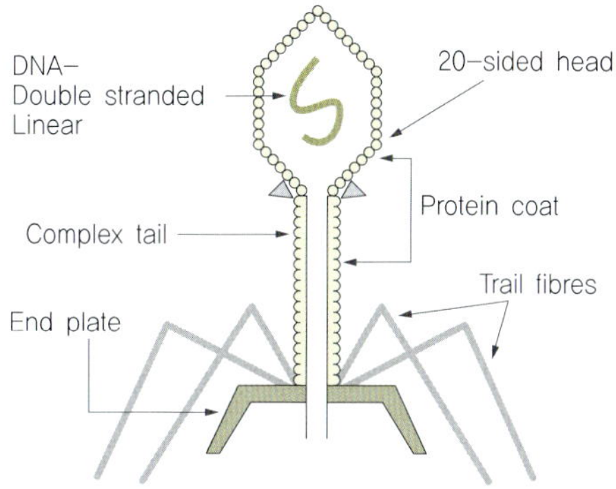

그림 3-7 T-4 박테리오파아지 모형

2. 미생물의 생육조건

미생물도 생물이기 때문에 생육조건이 맞아야 생육할 수 있다. 미생물의 생육에 영향을 주는 조건으로는 수분, 온도, 산소, pH, 산화환원 전위, 식염, 탄산가스 등이 있다.

1) 수 분

식품 중의 수분은 미생물 증식에 이용될 수 있는데 결합수는 이용하지 못하고 자유수를 이용할 수 있다. 식품에 들어있는 수분의 상태를 알 수 있는 수분활성도(Aw)와 미생물의 생육과의 관계를 보면 세균은 비교적 높은 수분활성도를 요구하여 수분활성도가 0.96~0.99에서 잘 증식하며 0.90 이하에서는 대부분 증식하지 못한다. 효모는 이보다 낮은 0.85 정도, 곰팡이는 0.80 정도가 되어야 생육이 가능하다. 그러나 내건성 곰팡이나 내삼투압성 효모 등은 수분활성도가 0.6 이하가 되어도 생육이 가능하다. 수분활성도는 식품을 건조시키거나 당이나 소금을 첨가하는 등의 방법으로 낮출 수 있으며 수분활성도가 낮은 식품에서는 미생물의 생육이 어렵게 된다.

2) 온 도

미생물은 종류에 따라 성장할 수 있는 온도 범위가 다양하다. 성장 가능한 온도 범위에 따라 일반적으로 표 3-1과 같이 저온성균, 중온성균, 고온성균으로 구분한다.

표 3-1 미생물의 생육온도

생육온도	저온성균	중온성균	고온성균
최저	0℃ 또는 그 이하	15℃	40℃
최적	10~20℃	25~40℃	50~60℃
최고	25℃	45~55℃	75℃

저온성균은 5℃ 내외의 냉장온도에서도 잘 증식하며, 중온성균은 온혈동물의 체온인 37℃ 내외에서 잘 증식하고, 고온성균은 40℃ 이상이 되어야 증식하며 60℃ 내외에서 가장 잘 증식한다.

3) 산 소

미생물은 산소와의 관계에 따라 증식에 산소를 필요로 하는 호기성균과 산소의 존재 시 증식이 억제되는 혐기성균 및 산소의 존재와 관계없이 증식하는 통성혐기성균, 낮은 산소분압에서 생육하는 미호기성균 등으로 구분할 수 있다. 호기성균은 유리산소가 있어야만 생육할 수 있으며, superoxide, dismutase, catalase 등을 함유하고 있다. 대부분의 곰팡이, 산막효모, *Acetobacter* 등이 호기성균에 속한다. 통성혐기성균은 산화적 대사와 혐기적 대사를 각각 할 수 있으며, 대부분의 효모, *Staphylococcus*, *Aeromonas* 등이 여기에 속한다. 혐기성균은 유리산소가 존재하면 생육하지 못하는 균으로 산소가 존재하면 대사에 의해 생성된 H_2O_2가 유해작용을 한다. 낮은 산소분압에서는 단시간 생존할 수 있으나 계속 산소에 노출되면 사멸한다. *Clostridium*,

Methanococcus 속이 여기에 속한다. 미호기성균은 대기압보다 낮은 산소분압이 생육에 필요하며, 이들은 cytochrome은 가지지 않으나 peroxidase를 가지고 있어 세포독성을 제거한다. *Campylobater* 균이 이에 속한다.

4) pH

대부분의 세균은 중성 또는 약알칼리성에서 가장 잘 증식하고, pH 4.5 이하에서는 증식하지 못한다. 효모나 곰팡이는 pH 2~8.5의 범위에서 생육할 수 있으나 pH 4~6 정도의 약 산성에서 잘 자란다. 식중독균 중 *Clostridium botulinum*은 pH 4.6 이하가 되면 생장 및 독소생성이 되지 않는다.

육류, 생선, 패류, 우유, 두부 등 잠재적인 위해식품의 pH 값은 대개 4.6~7.0이다. 산성이 강한 식품에서는 위해세균의 증식이 억제되므로 잘 익은 김치, 발효유, 치즈, 포도주, 과즙 등은 위생학적으로 안전한 식품이다. 또 식품을 조리할 때에 식초, 레몬즙 등을 사용하면 세균의 증식을 지연시키는 데 도움이 된다. 단백 분해능이 있는 균의 경우에는 알칼리성 식품에서도 생육하며, 젖산균과 초산균 등 산을 생성하는 균은 산성에서도 생육할 수 있다.

5) 산화환원 전위

전자를 잃거나 얻는 경향을 측정한 값을 산화환원 전위(redox potentia : ORP)라 하며 mV로 표시하는데 전자를 흡수하기에 좋은 상태이면 높고(+), 전자를 방출하기에 좋은 상태이면 낮다(−). 산화환원 전위는 미생물의 생육에 영향을 주어 호기성균은 높은 산화환원 전위에서 잘 생육하고, 혐기성균은 낮은 산화환원 전위에서 잘 생육한다. *Clostridium botulinum*은 −36mV 이하에서 생육이 가능하며, 곰팡이와 효모는 +200~+400mV에서 생육한다.

6) 식 염

식품에 소금을 첨가하는 방법은 예로부터 식품의 저장성을 높이기 위해 사용되어 왔다. 염류는 세포 내 삼투압을 조절하는 기능을 하는데 염류가 고농도로 존재하게 되면 삼투압 조절이 어렵고 염류자체의 독성이 나타나 미생물의 생육이 저해된다. 그러나 일부 미생물은 오히려 생육에 식염을 요구하는 것들이 있다. 이를 호염성균이라고 한다.

표 3-2 식염의 감수성에 따른 미생물 분류

분류	특성
비호염균	
• 비내염균	2% NaCl 이하에서만 증식 가능
• 내염균	2% NaCl에서 가장 잘 생육하나 2% 이상에서도 증식 가능
호염균	
• 통성호염균	2% NaCl 이하에서 생육을 하나 2% 이상에서 더 잘 증식
• 편성호염균	2% NaCl 이상에서만 생육 가능

식염에 대한 감수성에 따라 미생물을 비호염균과 호염균으로 구분할 수 있는데 Flannery의 분류에 따르면 비호염균을 다시 비내염균과 내염균, 호염균을 통성호염균과 편성호염균으로 구분한다.

7) 탄산가스

탄산가스 분압도 미생물 증식에 영향을 미친다. 고농도의 탄산가스는 pH 저하뿐만 아니라 탄산가스 자체의 유해작용도 일으켜 미생물의 생육을 저해하며 살균력을 가지기도 한다.

memo

Chapter 04

식품위생 및 안전성 평가

Chapter 04

식품위생 및 안전성 평가

1. 식품위생 및 안전성 검사

식품을 안전하게 섭취하기 위해서는 식품의 위생 상태를 평가하는 것이 중요하다. 식품에 유해미생물이나 유해물질이 들어있지 않은지, 식품이 부패하지 않았는지를 검사하여 식품의 안전성을 평가해야 한다.

1) 화학적 검사

(1) 잔류농약 검사

농산물의 다수확을 위해 사용되는 농약이 식품에 다량 잔류하는 경우 인체에 유해할 수 있으므로 잔류농약을 검사할 필요가 있다. 우리나라에서는 식품의 잔류농약허용한계와 식품 중 농약잔류 시험법을 식품공전에서 규정하고 있다. 식품의 잔류농약 검사는 주로 가스크로마토그래프를 이용하는 방법을 사용하고 있다.

(2) 휘발성 염기질소

어류나 육류와 같은 단백질을 함유한 식품은 부패되면서 암모니아나 아민을 생성하는데 암모니아와 휘발성 아민류를 총칭하여 휘발성 염기질소(volatile basic nitrogen : VBN)라 한다. 휘발성 염기질소는 어류와 육류의 초기부패 정도를 알아보는 지표로 이용될 수 있으며 신선한 어육에는 10~15mg% 함유되어 있고, 초기 부패육에는 30~40mg%, 부패된 어육에는 50mg% 이상 함유되어 있다.

(3) 트리메틸아민

트리메틸아민(trimethylamine)은 어패류의 신선도 저하와 함께 증가되므로 어패류의 신선도 검사에 이용된다. 신선한 어패류에는 트리메틸아민이 3mg% 이하로 존재하지만 초기부패의 경우 4~10mg% 함유되어 있다.

(4) K값

K값은 어육의 신선도를 나타내는 지표로서 다음과 같은 식에 의해 계산된다.

$$K값(\%) = \frac{HxR + Hx}{ATP + ADP + IMP + HxR + Hx}$$

어육의 사육강직 중에 adenosine triphosphate(ATP)는 asenosine diphosphate(ADP), adenosine monophosphate(AMP), innosine mono phosphate(IMP) 등으로 분해되며, 이것은 inosine(HxR), hypoxanthine(Hx) 등으로 더 분해된다.

K값이 10% 이하일 때는 어육이 신선하며, 10~20%는 신선도가 양호하고, 40~60%는 신선도가 떨어지며 60~80%는 초기부패가 되었음을 의미한다.

(5) 히스타민

어패류의 부패 시 생성된 히스티딘(histidine)은 탈탄산작용에 의해 히스타민(histamine)으로 변화되어 축적되는데, 어육 중에 4~10mg% 축적되면 알레르기를 일으킬 수 있다.

2) 물리적 검사

식품이 부패하면 식품의 탄력성, 점성, 경도, 색 등이 변화한다. 따라서 이들 물리적 특성을 측정하여 식품의 변질을 측정하는데 이용할 수 있다. 식품의 경도, 탄력성 등은 물성 측정기(Universal Testing Machine 또는 Texturometer)를 이용하여 측정할 수 있으며, 점성은 점도계로 측정한다. 또한 색은 CIE 표준색체계, 먼셀 색체계, 헌터 색차계 등을 이용하여 측정한다.

3) 미생물 검사

(1) 일반 세균 수

식품의 부패 시에는 미생물의 증식이 일어나므로 미생물 수가 증가하게 된다. 따라서 살아있는 미생물 수를 측정하여 식품의 신선도를 파악할 수 있다. 식품에 세균이 일정 수준 이상으로 존재하는 것은 그 식품이 부패되었음을 나타낸다. 대부분의 식품에서 일반 세균수(생균수)가 식품 1g(또는 1mL)당 10^7~10^8인 경우 초기부패로 본다. 일반세균수는 표준한천배지를 이용하여 35±1℃에서 24~48시간 배양하여 형성된 집락수를 계수하여 측정한다.

(2) 지표미생물

지표미생물(indicator organism)은 식품의 원재료, 제조, 가공 또는 저장과정이 위생적인지를 파악하는데 지표로 이용될 수 있는 미생물이다. 식품 위생의 척도는 식품의 분변오염과의 관련성을 확인하는 것으로 지표미생물들은 분변과 관련되어 있다. 따라서 지표미생물들은 분변과 관련 없이 자연적 오염균으로 존재해서는 안되며, 쉽게 배양할 수 있고 구별이 용이해야 한다. 또한 식품 가공처리 시 병원균과 유사한 정도로 견디어낼 수 있어야 한다. 식품에 지표미생물이 검출되는 것은 소화기계의 전염병균이나 식중독균이 존재할 가능성이 있다는 것을 나타낸다. 대장균군, *Escherichia*, *Enterococcus* 등은 지표미생물로서 자주 이용되는 세균이다. 식품 이외에 음용수, 조리기구 등의 위생검사에도 지표미생물이 이용된다.

① 대장균군

대장균군(colifirm group)은 그람음성의 무포자 간균으로 유당을 35℃에서 48시간 이내에 발효시켜 가스를 형성하는 모든 호기성 및 통성혐기성균을 말한다. 대장균군에는 *Escherichia coli*, *Citrobater freundii*, *Enterobacter aerogenes*, *Enterobacter cloacae*, *Klebsiella pneuminiae* 등이

속한다. 대장균군은 사람이나 동물의 장내 또는 배설물에서 발견되므로 식품에서 이들이 검출되는 것은 식품의 분변오염 가능성을 나타내며 또한 장내병원균들이 존재할 수도 있음을 나타낸다. 하지만 대장균군에는 분변성균(fecal origins) 이외에 일부 비분변성균(non-fecal origins)도 있으므로 이들이 검출되었다고 해서 반드시 분변오염이 되었거나 잠재성 병원균이 오염되었다고 단정지을 수는 없다. 그러므로 식품에서 대장균군 검출은 사람 또는 동물로부터의 분변오염, 조리기구의 비위생성, 불충분한 가열이나 살균, 조리 후 불결한 취급으로 인한 재오염 등에 의해 나타날 수 있다. 한편 대장균군은 동결온도에서는 일반적으로 생존할 수 없으므로 동결식품의 지표미생물로서 사용할 수 없다. 대장균군은 유당배지, BGLB 배지, Deoxycholate 한천배지 등을 사용하여 35~37℃에서 24~48시간 배양하여 검사한다.

② 대장균

대장균(*Escherichia coli*)은 분변성 대장균군 중에서 가장 대표적인 미생물로 분변이나 장내병원균들과 밀접한 관계를 가지고 있어 식품의 분변에 의한 오염을 확인하기 위한 지표미생물로 유용하게 사용될 수 있다. 사람과 가축으로부터 유래한 대장균은 환경에서 유래한 대장균보다 고온에서 증식할 수 있는 특성을 가지고 있어 EC배지에서 44.5℃에서 24시간 배양하여 검출한다.

그러나 동결저장 시 대장균은 일반적으로 사멸되지만 많은 병원균들은 대장균이 사멸된 후에도 생존할 수 있어 동결식품에서 대장균을 단독 지표미생물로 사용하는 것은 문제가 될 수 있다. 이를 보완하기 위해서 대장균보다 저항성이 큰 미생물을 지표미생물로 이용하기도 한다.

③ 장구균

대장균군과 대장균은 가열 또는 동결에 약하기 때문에 저항력이 좀 더 큰 다른 미생물인 장구균이 지표미생물로서 제안되었다. 장구균은 일반적으로 사람이나 동물의 장관 내에 상재하는 그람 양성 구균으로 *Enterococcus faecalis*, *E. faecium*, *E. auium*, *E. faecalis* subspp. 등의 *Enterococcus*속과 *Streptococcus bovis*, *S. equinus*, *S. salivarius* 등 분변성 *Streptococcus*균들이 속한다. 그러나 이 미생물들도 분변오염원이 제거된 환경에서 증식할 수 있어서 이들이 식품에 존재한다고 해서 반드시 장내병원균이 존재함을 의미하지는 않는다.

장구균은 분변 중에 대장균보다 균수가 적지만 고온, 냉동에 대한 저항성이 높아 대장균이 사멸하는 냉동, 가열식품에서 생존율이 높으므로 이들 식품의 위생검사에 유용하게 이용될 수 있다. 장구균은 AC 배지, KF 한천배지 등을 사용하여 37℃에서 48시간 배양하여 검출한다.

지표미생물으로서 대장균군과 장구균을 비교하면 표 4-1과 같다.

표 4-1 지표미생물로서 대장균군과 장구균 비교

특 징	대장균군	장구균
형태	간균	구균
그람 염색성	음성	양성
균수	분변 1g 중 10^7~10^8	분변 1g 중 10^5~10^8
분리, 고정의 난이도	비교적 용이함	비교적 어려움
분변에서의 검출상황	동물에 따라서는 불검출	대부분의 동물에서 검출
장관 외의 검출상황	일반적으로 낮음	일반적으로 높음
환경에 대한 저항성	약함	강함
동결에 대한 저항성	약함	강함
냉동식품에서의 생존율	일반적으로 낮음	일반적으로 높음
건조식품에서의 생존율	낮음	높음
생선, 채소에서의 검출률	낮음	일반적으로 높음
날고기에서의 검출률	일반적으로 낮음	일반적으로 높음
절인고기에서의 검출률	낮거나 없음	일반적으로 높음
장관계 식품매개 병원균과의 관계	높음	대장균군보다 적음
비장관계 식품매개 병원균과의 관계	낮음	낮음

2. 식품의 독성 평가

어떤 물질의 안전성을 평가하기 위해서는 그 물질의 위험성을 확인해야 한다. 물질의 위험성은 그 물질 자체가 가지고 있는 독성과 그 물질에 대한 노출정도로 평가할 수 있다.

1) 용량-반응특성

물질의 유해성은 섭취량(노출량)과 연관된다. 물질에 의한 최대 유해성은 사망을 가져오고 최소의 유해성은 무작용으로 그 사이에서 나타나는 유해성은 용량에 의해 결정된다.

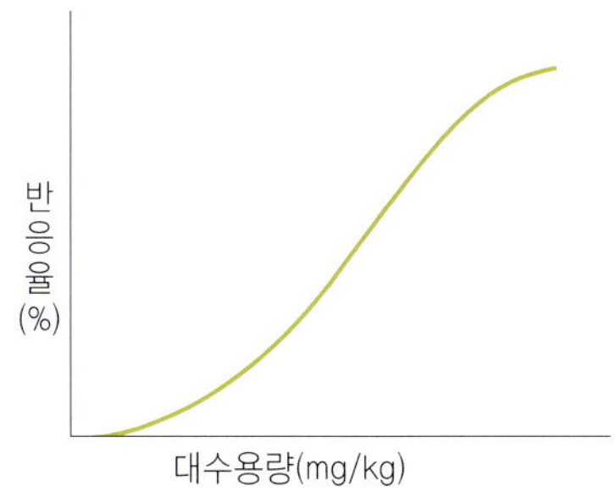

그림 4-1 용량 – 반응 곡선

물질의 위해성은 용량-반응 특성을 통해서 알 수 있다. 어떤 물질을 어떤 용량으로 생물체에 투여했을 때 다수의 생물이 동일한 반응을 나타낸다. 어떤 물질의 치사량과 무작용량을 선정하고 그 사이의 용량을 투여하여 얻은 반응을 그래프로 나타내면 용량–반응 곡선을 얻을 수 있다.

투여량에 따른 반응을 살펴볼 때 몇 가지 화학물질은 역치가 존재하지 않은 것처럼 나타난다. 발암성 또는 유전적 독성을 나타내는 물질 중에는 하나의 분자라도 세포에 손상을 주고 영향을 미칠 수 있기 때문에 용량-반응 곡선의 용량축을 대수가 아닌 실수로 잡는 것이 더 적합하다.

어떤 물질을 섭취하였을 때 유해한 효과를 나타내지 않는 최대 섭취량을 최대무작용량(No Observed Adverse Effect Level : NOAEL)이라고 하며 최대무작용량은 잠정주간섭취허용량(Provisional Torerable Weekly Intake : PTWI), 내용일일섭취허용량(Tolerable Daily Intake : TDI)와 같은 기준치를 만드는데 기초가 된다. 잠정주간섭취허용량은 일생을 통해 건강상에 위해를 나타내지 않으면서 일주일 동안 섭취할 수 있는 양을 말하며 내용일일섭취허용량은 매일 섭취하더라도 건강상에 위해를 나타내지 않은 양을 말한다.

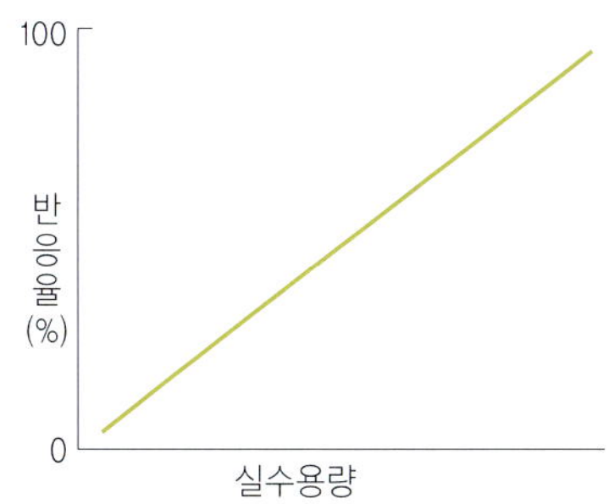

그림 4-2 역치를 갖지 않는 물질의 용량 – 반응 곡선

잠정주간섭취허용량 이상을 섭취하는 경우라도 반드시 유해효과가 나타나는 것은 아닌데 이는 상당량의 마진을 가지고 잠정주간섭취허용량이 정해지기 때문이다.

2) 독성평가시험

물질의 독성을 확인하기 위해서 동물을 이용한 실험을 많이 수행하며 이 결과들을 외삽하여 인간이 섭취하여도 유해하지 않은 최대섭취량인 최대무작용량을 정할 수 있다. 일반적으로 많이 수행하는 독성시험은 기간에 따라 급성 독성시험, 단기 독성시험, 아만성 독성시험, 만성 독성시험 등이 있으며 특수성에 따라 유전 독성시험, 생식 독성시험, 면역 독성시험, 신경 독성시험 등이 있다.

(1) 급성 독성시험

급성 독성시험은 동물에게 시험물질을 1회 투여하여 독성의 영향력을 관찰하는 시험으로 주로 동물에게 투여 시 동물의 50%가 죽는 투여량인 반수치사량(50% lethal dose : LD_{50})을 구하기 위해 수행되는 실험이다. LD_{50}을 구하기 위해서 Litchfield-Wilcoxon법, Behrens-Karber법, Probit법 등을 이용할 수 있다. 반수치사량은 시험동물 체중 1kg 당 투여량 mg으로 나타내며 LD_{50}값이 적을수록 독성이 강하다. LD_{50}값을 측정하여 다른 물질과의 독성을 비교·확인할 수 있다.

표 4-2 주요 독성시험

구분	내용
급성 독성시험	single dose를 투여하여 독성의 정도(LD_{50})를 알기 위한 연구
단기 독성시험	14~28일 동안 매일의 용량을 투여하여 독성 가능성의 유용한 지표를 얻기 위한 실험
아만성 독성시험	설치류에게는 3개월간, 비설치류에게는 1년간 매일 용량을 투여하여 나타나는 독성을 측정하기 위한 실험
만성 독성과 발암성시험	비설치류에 1년 동안, 설치류에 2년 동안 매일 용량을 투여하여 나타나는 독성을 측정하는 실험으로 식품화학물질의 위험평가에 자주 사용
유전 독성시험	발암성, 기형성, 돌연변이 가능성을 포함한 유전적 독성의 가능성을 알기 위한 실험
생식 독성시험	태아의 발달과 유전적 영향을 알아보기 위해 임신 전, 중, 후에 매일의 용량을 반복하여 실험
면역 독성시험	물질의 면역에 대한 반응과 관련된 조직 및 세포의 구조, 기능을 조사하는 실험
신경 독성시험	물질의 신경조직의 구조와 기능에 대한 독성을 조사

(2) 단기 독성시험

실험동물에게 14~28일간 매일 물질을 공급하여 급성 독성시험에서는 알기 어려운 독성이 미치는 표적 기관을 알아내기 위한 시험이다. 동물에게 2~4주 동안 화학물질을 투여하면 물질이 체내에 축적되고 이로 인해 독성이 나타나는 장기와 영향력을 확인할 수 있다. 단기 독성시험에는 *in vivo*적으로 나타나는 증상, 체중 변화, 식이섭취의 변화, 혈액 분석, 소변 분석, 해부와 장기 무게 측정, 조직병리학적 분석 등이 포함된다.

(3) 아만성 독성시험

아만성 독성시험은 설치류에게는 3개월간, 비설치류에게는 1년간 매일 용량을 투여하여 나타나는 독성을 측정하기 위한 실험으로 어떤 물질의 만성적인 인간노출에 대한 위험 평가를 하기 위한 기초 실험 중 가장 짧은 기간의 시험이다. 아만성 독성시험에서는 실험동물의 수명보다 짧은 기간(보통 동물 수명의 10%를 넘지 않는 기간) 동안 물질을 반복 투여하여 유발되는 독성을 조사한다. 이 시험은 최대무작용량을 결정하는데 기본이 되며, 발암성을 제외한 만성 독성에 대한 정보를 얻을 수 있다.

(4) 만성 독성시험

만성 독성시험은 위해평가와 일일섭취허용량과 같은 인간노출에 대한 안정성을 평가하는 기초자료를 제공한다. 만성 독성시험에서 보통 개는 1년 이상, 설치류는 2년(104주) 정도 실험하는데 최소 2종 이상을 사용하며 한 종이 설치류일 경우 다른 한 종은 비설치류인 개나 원숭이 등을 사용한다. 만성연구는 발암성 연구와 병행되어 수행된다. 투여 용량의 최고 용량은 최대 내용량(Maximum Tolerated Dose : MTD)으로 하고, 최소 용량은 최대무작용량으로 하며, 이 사이 중간 용량도 있어야 한다. 만성 독성시험을 통해 최대무작용량을 구할 수 있으며, 확실하게 독성이 나타나는 최소량인 최소중독량(Minimum Toxic Dose)을 구할 수 있다.

(5) 유전 독성시험

유전 독성시험의 목적은 최기형성, 변이원성, 발암성을 포함한 유전적 독성의 가능성을 측정하기 위한 것으로 돌연변이성, 염색체의 구조나 수의 변화, DNA 손상 등을 평가한다. 원핵세포의 돌연변이 유발성은 Ames test로 검사할 수 있으며, 진핵생물의 돌연변이 유발성은 세포를 배양하여 발암성을 검사한다. Ames test는 histidine 합성능력이 결여된 *Salmonella*균을 이용하여 이

균이 시험하고자 하는 물질의 작용으로 histidine 합성능력이 회복되는지의 여부로 돌연변이원성을 측정하는 검사이다. 또한 초파리의 반성열성치사 검사(Sex-linked recessive lethal test)나 마우스 Spot 검사를 실시하기도 한다. 발암성 시험은 동물에게 일생에 걸쳐 물질을 매일 투여하여 발암 유무를 관찰하는 실험으로 종양 발생시기, 종양 발생부위, 종양수 등을 대조군과 비교 · 검토한다.

(6) 생식 독성시험

생식 독성시험은 번식시험이라고도 하며 물질이 생식 전반에 주는 독성을 평가하는 것으로 생식세포의 발생으로부터 출생 후 성장까지의 영향을 평가한다. 실험동물을 통해 독성물질에 의한 생식선 기능, 교배, 수태, 출산, 기형 유발 등의 영향력을 평가하며 배자 독성과 태자 독성시험, 배태자 발생시험, 출생전후 발생 및 모체 기능시험, 다세대 번식시험 등이 수행된다. 기형은 한 번의 투여에 의해서도 초래될 수 있으며, 동물의 종류에 따라서도 기형 유발 유무가 달라질 수 있으므로 이를 고려하여 실험을 설계해야 한다.

(7) 면역 독성시험

면역 독성시험은 물질에 의해 생물체 면역에 이상이 유발되는지의 여부를 조사하는 것으로 면역기능 저하, 면역기능의 이상증진, 항원성, 과민성 및 자가면역 등이 평가된다. 면역계는 크게 체액성 면역과 세포성 면역으로 나눌 수 있으며, 체액성 면역에는 B 림프구가 관여하여 항체를 생산하고, 세포성 면역에는 T 림프구가 주로 관여하여 세균과 같은 외래 물질을 포식하기 위하여 백혈구가 작용한다. 따라서 백혈구 수의 변화는 면역계에 대한 이상을 확인하는데 이용된다. 항원성 시험, T-dependent Antibody Forming Cell Response, NK cell 활성시험 등을 통해 물질의 면역독성을 평가한다.

(8) 신경 독성시험

물질의 신경 독성 평가는 행동 실험, 신경학적 연구, 정신약리학적 연구, 신경병리학적 연구, 신경화학적 연구 등을 통해 이루어진다.

3) 노출량 평가

어떤 물질의 안전성을 평가할 때 사람이 그 물질을 어느 정도 섭취하는지 또는 그 물질에 어느 정도 노출되는지 등을 파악하는 것은 매우 중요하다. 사람에게 노출되는 물질의 양을 측정하기 위해 다양한 방법들이 사용되고 있다.

1인당 평균 소비량 추정법(per capita estimation)은 어떤 물질의 1년간 소비량을 그 물질에 노출되는 전체 인구수로 나누어 계산하는 방법이다. 이 방법은 가장 간단하게 물질에 대한 노출량을 구할 수 있는 방법이나 실제 모든 사람들이 같은 양으로 노출되는 것은 아니라는 한계를 갖는다.

식이회상법은 개인이 과거의 일정 기간 동안 섭취한 식품과 음료의 종류와 양을 기록하는 방법으로 기억의 신뢰성 때문에 24시간 동안의 식이회상을 주로 이용한다.

식품빈도조사법은 개인이 섭취하는 식품을 보통의 1인분 음식과 비교하여 본인이 1주나 1달 동안 섭취한 식품의 양과 횟수를 기록하는 방법이다.

총식이 혹은 시장바구니 조사는 주로 소비되는 식품에 함유된 화학물질의 분석을 위한 것으로 흔히 존재하는 화학물질이나 의도적 식품첨가제의 이론적인 섭취량을 구할 때 사용한다.

4) 안전성 검토

(1) 안전 계수법

동물 독성시험에서 얻은 용량-반응곡선을 이용하여 독성이 나타나지 않는 용량을 구할 수 있다. 이 용량에 안전 마진(safety margin)을 주어 사람에게 안전한 섭취용량을 구하는 것을 안전계수법(safety factor approach)이라고 한다. Lehman & Fitzhugh(1954)는 식품첨가물의 경우 안전 마진을 100으로 정하였는데 이것은 동물 실험을 인간에 적용할 때 종(種)간 차이에 따른 10배의 마진과, 사람에서도 개인 간의 차이에 따른 10배의 마진을 고려한 값이다. 많은 물질에서 100이라는 안전계수를 사용하고 있지만 물질의 종류에 따라 100 이외의 다른 안전계수를 사용할 수도 있다.

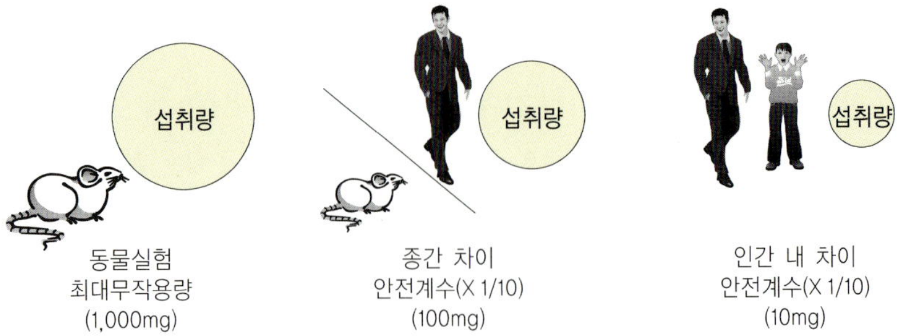

그림 4-3 안전계수 산출방법

(2) 일일섭취허용량

일일섭취허용량(Acceptable Daily Intake : ADI)은 사람이 어떤 물질을 일생동안 섭취하였을 때 바람직하지 않은 영향이 나타나지 않을 것으로 예상되는 1일 섭취량을 말한다. 식품첨가물이나 잔류농약물질 등에 대한 일일섭취허용량은 동물 독성실험에서 얻은 최대무작용량을 안전계수로 나누어 구한다.

일일섭취허용량 = 최대무작용량(mg/kg)/안전계수

식품안전 섭취량 관련 용어

Tip

■ NOAEL(No Observed Adverse Effect Level, 최대무작용량, 무독성량)
관찰할 수 있는 위해가 나타나지 않는 어떤 물질의 최대용량(mg/kg · day)을 말한다.

■ 안전계수(Safety Factor)
농약 등 화학물질의 안전성 평가 시 사람을 대상으로 직접 실험할 수 없으므로 보통 실험동물을 이용한 독성시험으로부터 얻은 결과를 이용하는데, 안전계수란 동물실험의 결과를 인체에 적용하기 위해 사용되는 계수(안전율)를 말한다. 보통 100을 많이 사용하나 물질의 종류에 따라 다른 값을 사용할 수 있다.

■ ADI(Acceptable Daily Intake, 일일섭취허용량)
인간이 평생 섭취해도 관찰할 수 있는 위해가 나타나지 않는 1인당 1일 최대허용 섭취량을 말하며, 사람의 체중 kg당 1일 허용섭취량을 mg으로 나타낸다. 잔류농약이나 식품첨가물 등의 화학물질을 대상으로 인체에 대한 섭취허용량을 결정하기 위하여 동물실험 결과에서 얻은 최대무작용량(NOAEL)을 정량적으로 산출하고 이를 인체에 외삽시켜 얻은 값으로 안전계수를 적용하여 구한 값이다.

■ TDI(Tolerable Daily Intake, 내용(耐容)일일섭취허용량)
어떤 물질이 인체에 평생 노출되어도 위해를 나타내지 않는다고 판단되는 체중 당 내용일일섭취허용량을 말하며, mg/kg · day로 표시한다. 보통 환경오염으로 인하여 본인의 의사와 관계없이 섭취되는 다이옥신 등과 같은 환경오염물질의 관리에 적용한다.

■ PTWI(Provisional Tolerable Weekly Intake, 잠정주간섭취허용량)
아직까지 최종 결론을 내릴 수 있는 유용한 안전성 자료가 확보되지 않았을 때 적용되는 값으로, 체내 축적과 대사기능에 의한 제거 능력간의 균형이 고려된 주당 섭취가능수준을 의미한다. 주로 중금속과 같이 체내축적이 유발되는 물질에 사용된다.

■ LOAEL(Lowest Observed Adverse Effect Level, 최소유해작용량)
관찰할 수 있는 위해가 나타나는 어떤 물질의 최저용량(mg/kg · day)을 뜻한다.

■ LD_{50}(50% Lethal Dose, 반수치사량)
시험물질을 실험동물에 투여하였을 때 실험동물의 50%가 죽는 투여량으로 보통 체중 kg당 mg으로 나타낸다.

Chapter 05

식중독의 개념 및 발생현황

1. 식중독의 정의 및 발생현황
2. 식중독의 종류
3. 식중독의 예방관리

Chapter 05

식중독의 개념 및 발생현황

1. 식중독의 정의 및 발생현황

우리나라의 식품위생법에 의하면 식중독이란 「식품의 섭취로 인하여 인체에 유해한 미생물 또는 유독 물질에 의하여 발생하였거나 발생한 것으로 판단되는 감염성 또는 독소형 질환」을 말한다. 세계보건기구(WHO)에서는 식중독을 「식품 또는 물의 섭취에 의해 발생되었거나 발생된 것으로 생각되는 감염성 또는 독소형 질환」으로 규정하고 있다. 식품 섭취로 인하여 2인 이상의 사람이 감염성 또는 독소형 질환을 일으킨 경우를 집단식중독이라고 한다.

우리나라에서는 식중독이 발생하면 발생시설의 운영자 또는 이용자, 진료한 의사나 한의사가 보건소에 신고하고, 보건소는 소속 지방단체장을 거쳐 보건복지부에 보고하도록 하고 있다. 보건소에서는 환자 등을 대상으로 증상, 섭취 음식물, 섭취 장소, 가검물 채취, 설문조사 등을 실시하고, 영업장이나 시설의 식재료, 칼, 도마 등의 기구, 음용수, 종사자 가검물 등을 수거하여 검사를 의뢰하는 등 역학조사를 실시한다. 식중독 의심환자가 50명 이상 발생하거나 학교에서 의심환자가 발생하면 식품의약품안전청의 지방청 원인식품조사반이 원인식품의 추적조사를 통해 식중독 확산을 차단하고 있다.

우리나라에서는 식품의약품안전청 식품안전국 식품관리과에서 각 시 · 도의 식중독 발생현황을 집계하여 매년 식중독 발생 통계를 작성하고 있다. 그러나 식중독이 단일 증상이 아닌 여러 복합적인 증상을 수반하며, 증상이 경미한 경우에는 환자가 병원에 가지 않고 지나가는 경우도 있어 발생한 모든 식중독이 보고된다고 보기는 어렵다. 따라서 대개 실제 발생하는 식중독 사례는 공식적으로 보고되는 통계치보다 훨씬 많을 것으로 보고 있다.

우리나라에서 발생한 식중독 발생 건수 및 발생 환자수를 보면 1980년에는 각각 24건과 834명이었으나 계속적으로 증가 추세를 보여 2004년에는 식중독 발생 건수 및 발생환자수가 각각 165건과 10,388명이었고, 2007년에는 510건과 9,686명에 달하였다. 식중독 발생건수 대비 발생환자 수는 1980년에는 34.8명이었으며 1999년경에는 약 40명 수준을 보였고 2000~2006년에는 높게 나타났으나 2007년 이후에는 다시 낮아졌다.

계절별 식중독 발생 추이를 보면 발생건의 약 50% 정도가 5~8월에 집중 발생하고 있으며 12월부터 1월 사이에는 낮은 발생 빈도를 보이고 있지만 최근 노로바이러스 식중독이 증가하면서 겨울철에도 식중독이 지속적으로 발생하고 있다. 따라서 식중독 예방이 하절기에만 중요한 것이 아니라 계절에 관계없이 식중독 관리가 필요한 것으로 나타나고 있다.

섭취장소별 발생 추이는 음식점에서의 환자발생이 2003년 이후 대부분을 차지하고 있으나 가정에서의 발생비율(건수)도 점차 증가하고 있는 추세이다.

원인별 발생건수는 2009년의 경우 세균에 의한 식중독 발생 비율이 가장 높았으며 그 다음이 노로바이러스에 의한 식중독이 차지했다. 2008년, 2009년 자료를 보면 세균성 식중독 원인균 1위가 병원성 대장균이었으며 그 다음으로 살모넬라와 장염비브리오가 비슷한 비율을 차지하고 있었다. 식중독의 주원인은 이런 세균에 오염된 육류 및 어패류를 날 것으로 섭취하거나 주방기구 등의 교차오염 등인 것으로 분석되었다.

표 5-1 우리나라 식중독 발생현황

연 도	2000	2001	2002	2003	2004	2005	2006	2007	2008	2009
건수(건)	104	93	78	135	165	109	259	510	354	228
환자수(명)	7,269	6,406	2,980	7,909	10,388	5,711	10,833	9,686	7,487	5,999
환자수/건(명)	69.9	68.9	38.2	58.6	62.9	52.4	41.8	19.0	21.1	26.3

자료 : 식품의약품안전청

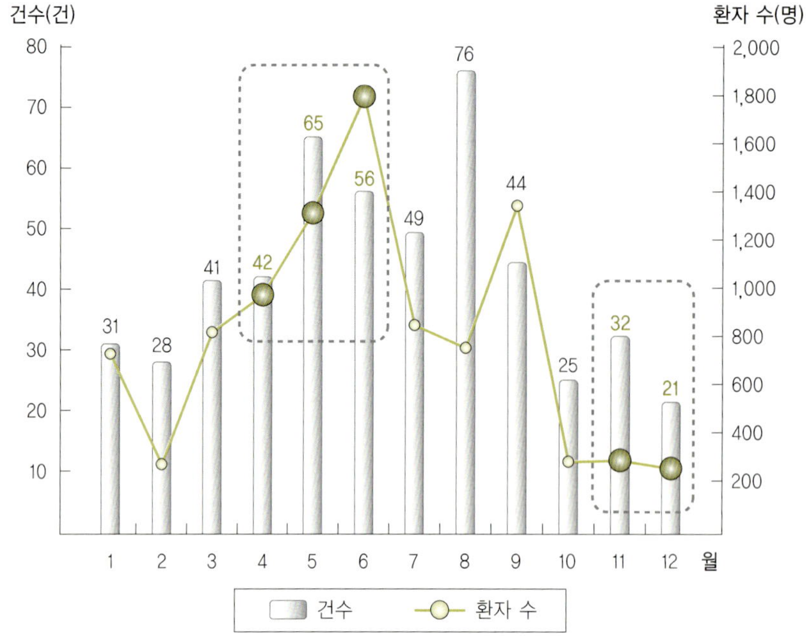

그림 5-1 월별 식중독 발생현황(10년 합계)

자료 : http://fm.kfda.go.kr

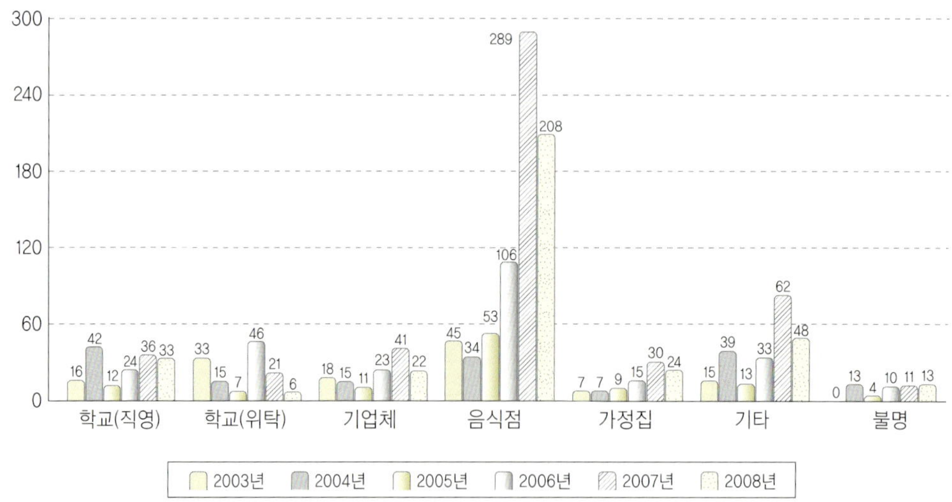

그림 5-2 연도별 섭취장소별 발생건수

자료 : http://fm.kfda.go.kr

표 5-2 원인별 식중독 발생건수(2009년)

구 분	계	세균							노로 바이러스	자연독	불명
		소계	병원성 대장균	살모넬라	황색 포도상 구균	장염 비브리오	캄피로 박터 제주니	클로스트 리디움 퍼프린 젠스			
건수	228	90	37	17	12	12	7	5	32	6	100
환자수	5,999	4,050	1,671	477	864	106	405	527	568	126	1,255

자료 : 식품의약품안전청

노로바이러스에 의한 식중독은 최근 들어 급증하고 있는 추세이고 겨울철에도 지속적으로 발생하고 있다. 전체 식중독 발생 건수 대비 노로바이러스에 의한 식중독 발생률은 2005년에 5.5%, 2006년에 19.7%, 2007년에 19%, 2008년에 30%로 증가하고 있다. 노로바이러스에 의한 식중독은 노로바이러스에 오염된 지하수로 세척한 식재료나 오염된 패류 섭취 및 사람과 사람 간의 2차 감염 등으로 발생하고 있어 노로바이러스에 의한 식중독 예방을 위해서 지하수 이용 음식점이나 급식소 등의 수질 관리 및 주변 오염원 관리가 필요하다.

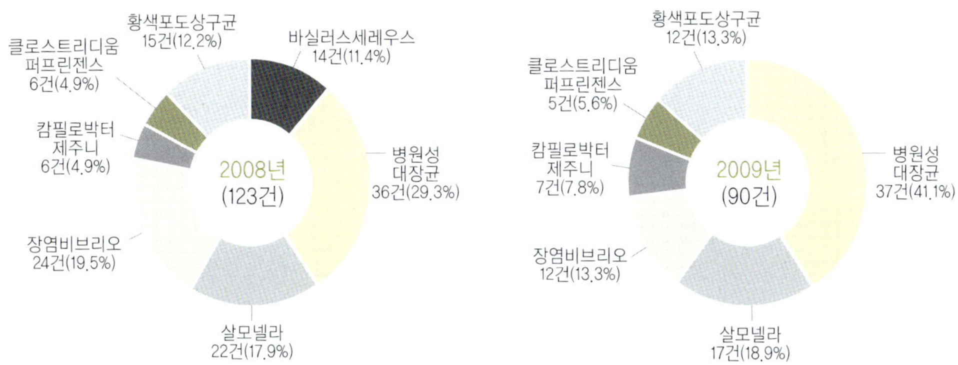

그림 5-3 세균성 식중독 발생 현황

자료 : 식품의약품안전청

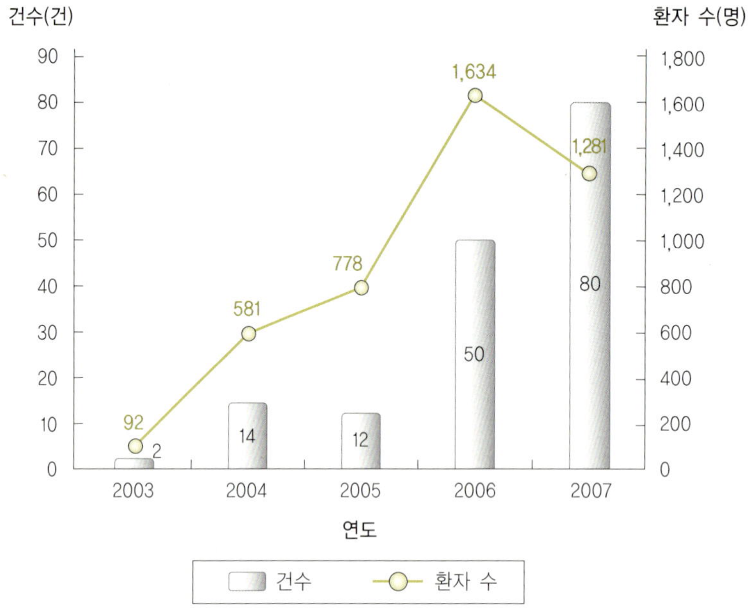

그림 5-4 연도별 겨울철 식중독 발생 추이

자료 : 식품의약품안전청

2. 식중독의 종류

식중독은 원인에 따라 크게 미생물과 화학물질에 의한 식중독으로 구분할 수 있다. 미생물에 의한 식중독은 다시 세균성 식중독과 바이러스성 식중독으로 나눌 수 있으며 세균성은 발병형태에 따라 감염형(infection)과 독소형(intoxication)으로 구분된다.

화학물질에 의한 식중독은 자연독과 화학적 독에 의한 것으로 나눌 수 있으며, 자연독은 식물성 자연독에 의한 것, 동물성 자연독에 의한 것, 곰팡이 독소에 의한 것으로 나눌 수 있다. 또한 화학적 독에 의한 식중독에는 고의 또는 오용으로 첨가되는 유해물질에 의한 것, 본의 아니게 잔류, 혼입되는 유해물질에 의한 것, 제조 · 가공 · 저장 중에 생성되는 유해물질에 의한 것, 기타 물질에 의한 중독, 조리기구 · 포장에 의한 중독 등이 있다. 자세한 식중독의 종류 및 증상, 오염원 등에 대해서는 다음 장에 설명되어 있다.

표 5-3 식중독의 분류

대분류	중분류	소분류	원인균 및 물질
미생물	세균성	감염형	살모넬라, 장염비브리오균, 병원성대장균, 캄필로박터, 여시니아, 리스테리아 모노사이토제네스, 클로스트리디움 퍼프린젠스, 바실러스 세레우스
		독소형	황색포도상구균, 클로스트리디움 보툴리눔 등
	바이러스성	공기, 접촉, 물 등의 경로로 전염	노로바이러스, 로타바이러스, 아스트로바이러스, 장관아데노바이러스, A형간염 바이러스, E형간염 바이러스 등
화학물질	자연독	동물성 자연독에 의한 중독	복어독, 시가테라독
		식물성 자연독에 의한 중독	감자독, 버섯독
		곰팡이 독소에 의한 중독	황변미독, 맥각독, 아플라톡신 등
	화학적 독	고의 또는 오용으로 첨가되는 유해물질	식품첨가물
		본의 아니게 잔류, 혼입되는 유해물질	잔류농약, 유해성 금속화합물
		제조 · 가공 · 저장 중에 생성되는 유해물질	지질의 산화생성물, 니트로소아민
		기타 물질에 의한 중독	메탄올 등
		조리기구 · 포장에 의한 중독	녹청(구리), 납, 비소 등

자료 : 식품의약품안전청

3. 식중독의 예방관리

미생물은 종류마다 최적 생육환경이 다르고 또 식품의 종류마다 존재하는 미생물이 다르므로 식중독을 예방하기 위한 세부 방법은 원인 미생물에 따라 차이가 있을 수 있다. 그러나 일반적으로 미생물에 의한 식중독을 예방하기 위해서는 원인균의 식품오염을 방지하고, 식품에 존재하는 원인균의 증식을 방지하거나 사멸시키는 것이 필요하다.

식중독 원인균이 식품에 오염되는 것을 막기 위해서는 식품의 위생적인 처리와 보관이 요구된다. 또한 식품을 다루는 사람의 개인위생을 철저히 하고 사용하는 기구, 조리실, 저장소 등을 위생적으로 관리하여야 한다. 식품에 존재하는 원인균의 증식을 막기 위해서는 식품을 저온저장하고 교차오염을 막도록 주의해야 하며 가열조리의 경우에는 충분히 익혀 식품의 내부도 설

전염병과 식중독의 차이

Tip

전염병이란 질병 중 전염이 가능한 질병으로 특정 병원체나 병원체의 독성물질로 인하여 발생하는 질병을 말한다. 전염병은 감염된 사람으로부터 감수성이 있는 숙주(사람)에게 감염되는 질환으로, 전염병 병원체의 종류로는 세균, 바이러스, 곰팡이, 원생동물, 기생충 등이 있다. 전염병은 사람간 접촉이나 식품, 식수, 곤충, 동물로부터 전파하거나 접촉함으로써 전파된다.

한편 식중독이란 식품에 있는 유해한 미생물이나 유독물질을 섭취함으로써 발생하는 질환을 의미한다. 대부분의 식중독은 전염성이 없으나 노로바이러스에 의한 식중독과 같이 사람과 사람간의 전염성이 있는 경우도 있다.

우리나라의 질병관리본부에서는 수인성 전염병 및 식품 매개 질환에 대하여 전반적으로 관리하고 있으며, 식품의약품안전청에서는 식품위주의 식중독을 관리하고 있다.

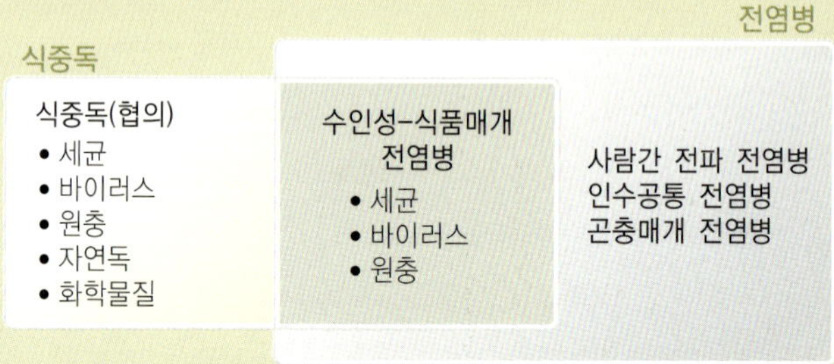

자료 : 식품의약품안전청

정온도에서 가열시간에 도달할 수 있도록 가열해야 한다. 또한 음식을 가열조리한 후에는 가급적 단시간 내에 소모하고 남은 음식은 저온보관하여 미생물의 증식을 방지하여야 한다. 원인균별 식중독 예방법은 다음 장(5장, 6장, 7장)에 좀 더 자세히 설명되어 있다.

memo

Chapter 06

세균성 식중독

1. 감염형 식중독
2. 독소형 식중독

Chapter 06

세균성 식중독

세균성 식중독은 크게 감염형(infection type)과 독소형(toxin type)으로 분류하고 있으며, 중간형으로 생체내 독소형을 추가하여 분류하기도 한다.

감염형의 경우 섭취한 균이 장내점막을 침투하여 소화관 내에 들어가 생체 내 부작용을 나타내거나, 감염된 미생물이 소화관 내에서 증식하고 자기분해를 일으켜 독소를 방출하거나, 섭취된 균이 소화관으로부터 다른 조직으로 이동하여 그 조직에 정착하여 식중독을 일으킨다. 살모넬라, 장염비브리오균, 병원성대장균, 캄필로박터, 열시니아, 리스테리아 모노사이토제네스 등은 감염형 식중독을 일으키는 대표적인 미생물들이다.

독소형의 경우에는 미생물 증식에 의하여 생성된 장독소(enterotoxin)를 섭취하여 인체에 부작용을 나타나는 것으로 황색포도상구균, 클로스트리디움 보툴리눔 등은 독소를 생성하여 이를 섭취할 경우 식중독이 발생한다.

표 6-1 감염형 식중독과 독소형 식중독의 비교

항 목	감염형 식중독	독소형 식중독
발병 형태	섭취한 균이 장내 점막에 작용하여 발생	세균이 증식할 때 생산되는 독소가 소화관에 작용하여 발생
잠복기	길다	짧다
발병 원인	생균	독소
가열에 의한 식중독 예방 효과	있음	독소의 내열성에 따라 다름 (*C. botulinum*의 독소에는 유효하나 *S. aureus*의 독소에는 무효)
발열 증상	있음	대부분 없음
주요 원인 미생물	살모넬라, 장염비브리오균, 병원성대장균, 캄필로박터, 여시니아, 리스테리아 모노사이토제네스, 클로스트리디움 퍼프린젠스, 바실러스 세레우스	황색포도상구균, 클로스트리디움 보툴리눔 등

1. 감염형 식중독

감염형 식중독은 식품 중에서 증식한 다량의 세균이 경구섭취되어 장내에 정착·증식해서 급성위장염 등이 발병되는 식중독을 말한다. 살모넬라(*Salmonella*), 장염비브리오, 병원성대장균에 의한 식중독 등이 감염형 식중독을 유발하는 대표적인 미생물이다. 감염형 식중독 발생에 필요한 균수는 보통 10^6~10^8개로 많지만 *Escherichia coli* 0157 : H7 같은 균은 수개~1,000개의 균만 있더라도 발병이 가능하기도 하다. 감염형 식중독의 잠복기는 12~48시간 정도이며 일반적으로 설사와 발열 증상을 나타내며 복통과 구토를 동반하기도 한다.

1) 살모넬라 식중독

(1) 역사 및 발생현황

1885년에 Salmon과 Smith에 의하여 돼지 콜레라의 원인균으로 *Salmonella*가 처음 분리되었으며, Salmon의 이름을 따서 *Salmonella*라는 이름을 붙였다. 1888년 Gärtner는 폐사한 송아지 고기의 섭취로 발병한 식중독 환자로부터 원인균을 분리하여 *Bacillus enteritidis*라고 명명하였는데 이 균이 오늘날 *Salmonella enteritidis*이다.

*Salmonella*로 인한 식중독은 우리나라와 미국, 유럽, 일본 등 세계적으로 발생 빈도가 매우 높은 식중독이다. 일본에서는 *S. enteritidis*가 *Salmonella*에 의한 식중독 발생 비율의 47% 정도이며, *S. typhimurium*에 의한 발생비율은 약 16%이다. 미국에서는 *S. typhimurium*, *S. paratyphi* B, *S. newport*가 비슷한 비율로 발생하고 있으며 이들은 전체 식중독 발생수의 반 정도를 차지한다.

(2) 원인균의 특성

*Salmonella*는 장내 세균과(Enterobacteriaceae)에 속하며 Gram 음성균으로 아포를 형성하지 않는다. *S. gallinarum* 및 *S. pullorum*과 같은 일부를 제외하고는 주모성 편모를 가지고 있어 운동성을 갖는다. 크기는 2~3㎛×0.6㎛ 정도이며 호기성 또는 통성혐기성균으로 발육최적온도는 37℃, 증식최고온도는 44~47℃이고 증식최적 pH는 7~8이다. 열에 약해 60℃에서 20분 가열하면 사멸된다.

대표적인 식중독 원인균으로는 *S. typhimurium*(쥐티푸스균), *S. cholerasuis*(돼지콜레라균), *S. enteritidis*(장염균)이 있으며, *S. anatum*, *S. berta*, *S. derby*, *S. gallinarum*, *S. hadar*, *S. infantis*, *S. london*, *S. montevideo*, *S. munchen*, *S. newport*, *S. tennessee* 등 50여종이 식중독을 일으키는 것으로 알려져 있다.

*Salmonella*는 혈청학적으로 Kauffmann-White(1934)의 항원 양식에 의해 O항원(균체항원), H항원(편모항원), K항원(협막항원)으로 분류된다. 이들은 *phage typing*, *plasmid profiling*, 항생제 내성, PFGE 등에 따라 *subtyping*되어 지금까지 2,000종류 이상의 혈청형이 알려져 있으나 실제 분리되는 것은 대부분 몇몇 phage type들이다.

*Salmonella*는 구연산을 탄소원으로 이용하고 포도당을 분해하여 가스를 생성한다. 대장균과는 달리 유당을 분해하지 못하고 트립토판으로부터 인돌(indole)을 형성하지 못하여 황화수소(H_2S)를 생성하는 특성을 가진다. TSI(triple sugar iron) 배지에서 배양하면 사면상에 적색을 나타내며, 고층은 황화수소의 발생으로 배지가 검은색을 띤다. 과당, L-아라비노오스, 말토오스, D-만니톨, D-만노오스, L-람노오스, D-솔비톨, D-자일로스 등의 당을 이용할 수 있다. 또한 젤라틴 액화는 음성이고 질산염을 아질산염으로 환원하며 KCN배지에서 발육하지 않는다.

(3) 원인식품 및 감염원

주요 원인식품은 가열이 부적절한 육류와 그 가공품이며 그 외 우유, 유제품, 어패류, 어육연제품 등도 원인식품으로 보고되고 있다. 도축 시 장내용물에 있는 *Salmonella*가 직 · 간접적으로 식육에 오염되거나 정육점, 음식점, 집단급식시설 등의 환경에서 식육이 오염될 수 있다. 소의 *Salmonella* 보균율은 13~14%, 돼지는 7~25%, 닭은 10% 정도이다. 달걀은 닭의 난소에 있는 *Salmonella*가 알껍질을 통해 알 속으로 침입하거나 불결한 양계장에서 *Salmonella*에 오염된 흙이 난각 표면에 부착하여 내부로 들어가 *Salmonella*에 오염될 수 있다. 오염된 달걀을 샐러드, 마요네즈와 같이 가열조리하지 않는 식품에 사용하면 식중독의 원인이 될 수 있다. *Salmonella*는 하수, 토양 등 자연에 널리 분포하며, 가축, 가금류, 파충류, 개 · 고양이 등 애완동물도 *Salmonella*의 주요 감염소이다.

(4) 중독 증상

*Salmonella*에 의한 식중독은 일반적으로 다량의 살모넬라균(10^5cells/g 이상)으로 감염된 음식을 섭취해야 발병하나 환자의 건강상태에 따라 몇 십 개의 적은 균수로도 발병할 수 있다. 잠복기는 섭취한 균수나 개인의 건강 상태에 따라 다르나 보통 섭취 후 12~48시간의 잠복기를 거쳐 두통, 구토, 설사와 함께 38~40℃의 고열을 동반하는 급성 위장염 증상을 보인다. 설사는 수양성인 경우보다 연변이 계속되며 혈변이나 점액변이 나타나기도 한다. 요통이나 관절통 등의 증상도 나타날 수 있다. 대부분 3~5일이 경과하면 회복이 되나 중증인 경우에는 탈수증상과 경련, 불안, 의식장애 등을 일으킬 수 있다. 치사율은 0.3~1.0%이며 2차 감염은 드물다.

(5) 예 방

*Salmonella*는 자연에 널리 분포되어 있기 때문에 모든 살모넬라균을 제거하는 것은 어렵다. 도축시설의 위생을 철저히 하고 식육과 교차오염이 되지 않도록 유의하며 저온저장한다. 가열식품의 경우 식품내부도 가열되도록 충분히 가열하도록 한다. 또한 애완동물을 접촉한 후에는 손을 씻고, 조리 시 개인위생에 주의를 기울이도록 한다.

2) 장염비브리오 식중독

(1) 역사 및 발생현황

1950년 일본 오사카에서 부사리포(전갱이포)에 의하여 발생한 식중독의 원인균으로 *Pasteurella parahaemolyticus*가 분리되었다. 1955년 일본 요코하마병원의 환자식 중 오이절임으로 발생한 식중독에서 원인균을 분리하였는데 이를 병원성호염균(*Pseudomonas enteritidis*)이라고 하였다. 그 후 다키가와에 의하여 *Pasteurella parahaemolyticus*와 *Pseudomonas enteritis*가 동일균이라는 것이 확인되었으며, 1961년 미야모토(Miyamoto)는 *Oceanomonas parahaemolyticus*로 명명하였고, 1963년 사카자키(Sakazaki)는 *Vibrio parahaemolyticus*라는 학명을 붙였으며, 1964년에 후쿠겐(Hukugen)이 장염비브리오로 제안하여 이를 일본 후생성에서 승인하였다.

우리나라에서도 여름철 해수의 온도가 상승하면 장염비브리오 식중독이 자주 발생하는데 1969년 안동지역에서 섭취한 물치에 의해 장염 비브리오 식중독이 발생하였으며 1971년 덕적도에서 해산물을 먹은 사람들이 식중독 증상을 나타내는 등 장염비브리오 식중독은 우리나라에서 발생 빈도가 높은 식중독 중의 하나이다.

(2) 원인균의 특성

*Vibrio parahaemolyticus*는 연안의 바다나 갯벌에 서식하고 있는 해양성 세균으로 보통 2~4%의 소금농도에서 잘 생육하는 저호염성 세균이나 염도가 8%가 되어도 생육이 가능하다. Gram 음성의 간균으로 쉼표모양으로 약간 구부러져 있다. 통성혐기성균으로 포자와 협막은 없으며 1개의 극모성 편모를 가지고 있어 운동성이 높다. 해수온도가 15℃ 이상이 되면 급격히 증식한다.

장염비브리오균의 증식최적온도는 35~38℃이며 최고온도는 42~44℃이고, 증식최저온도는 약 3℃ 이하이다. 발육 pH는 5.3~10.0이고 최적 pH는 7.4~8.2이다. 최적조건에서 장염비브리오균의 분열시간은 10분 내외로서 2시간 30분이 지나면 장염비브리오 식중독을 일으킬 수 있는 균수인 10^6cells/g에 도달한다. 장염비브리오균은 열에 약해 60℃에서 15분, 100℃에서 수분 정도 가열하면 사멸된다.

장염비브리오균은 혈청학적으로 O항원(균체항원), H항원(편모항원) 및 K항원(협막항원)이 있는데, H항원은 모든 장염비브리오에 공통항원이다. 이들 항원은 식중독 발생 시 균주의 혈청학적 검사에 이용된다.

식중독 유래 *V. parahaemolyticus*를 혈액한천배지에서 배양하면 집락주변에 용혈환(β-

haemolytic zone)이 형성되는 가나가와 현상(Kanakawa phenomenon)이 나타난다. 가나가와 양성반응을 보이는 균은 내열성 용혈독을 생성하며 세포독성이 있다.

*V. parahaemolyticus*는 생물형 I 형과 생물형 II형으로 분류되며 I 형은 0.5~9.0%의 식염농도에서 발육하고 설탕을 분해하지 않으며, II형은 0.5~12%의 식염농도에서 발육하고 설탕을 분해하는 성질을 갖는다. 생물형 I 형과 생물형 II형 모두 장염 비브리오균에 속하나 병원성이 있는 것은 생물형 I 형이다. 해수에서 분리되는 *Vibrio anguillarum*, *V. alginolyticus*는 비병원성 균이다. 과당을 발효시키나 가스를 생성하지는 않으며, 인돌 형성과 젤라틴 액화 양성을 나타낸다.

(3) 원인식품 및 감염원

장염비브리오균의 주요 오염원은 어류와 패류이며 오염된 어패류를 생식하였을 때 식중독이 발병할 수 있다. 이 균은 바닷물과 개펄에 분포되어 있으며 해수온도가 상승하면 증식속도가 빨라져 근해에 서식하는 어류와 패류의 체표, 내장, 아가미 등에 부착하여 있다가 유통과정 중에 증식하여 식중독을 유발할 수 있다. 또한 어패류에 부착된 장염 비브리오균이 조리자의 손이나 조리기구를 통해 다른 식품에 2차오염되어 식중독을 일으킬 수 있으므로 어패류를 조리한 기구나 용기는 잘 씻고 가열소독하여 2차오염을 방지하여야 한다.

(4) 중독 증상

*V. parahaemolyticus*는 증식속도가 빨라 잠복기간은 8~15시간 정도이며, 상복부 통증, 구토, 설사(수양변 또는 점혈변), 발열(37~38℃) 증상을 나타낸다. 설사가 심할 경우 탈수증상을 일으킬 수 있으므로 유의하여야 하며, 대부분 2~3일 내에 심한 증상은 줄어들어 약 1주일 정도면 회복된다.

(5) 예 방

장염비브리오 식중독은 여름철 생어패류의 섭취가 주된 감염경로이기 때문에 7~9월 중 어패류의 생식을 주의해야 한다. 이 균은 어체 표면이나 아가미에 부착되어 있기 때문에 깨끗한 물로 충분히 씻으면 상당량의 균수를 줄여 어느 정도 식중독을 예방할 수 있다. 이 균은 증식 속도가 매우 빠르므로 이 균에 오염된 식품을 여름철 실온에 방치하여 두면 급속도로 증식하여 식중독 발생균량에 도달한다. 따라서 식중독을 예방하기 위해 어패류는 충분히 깨끗한 물로 세척한 후 냉장온도에서 보관해야 한다. 또한 이 균은 열에 약하기 때문에 식중독을 예방하려면 60℃에서 15분 이상, 80℃에서 7~8분 이상 가열하여 섭취하도록 한다. 식품 취급자의 손을 청결하게 하고 도마, 칼, 식기 등 사용한 조리기구는 세정, 열탕처리하여 2차오염을 방지하도록 한다.

3) 병원성 대장균 식중독

(1) 역사 및 발생현황

대장균은 1885년 Escherich, Theoder에 의해 발견되었는데, 대장 상재균은 병원성이 없으며 비타민 A, B_1, B_2, K, 니코틴산 등을 합성하고, 단백질, 아미노산 등을 분해하여 amine, ammonia 등을 생산하는 등 장의 정상적인 생리기능을 유지하는데 중요한 역할을 한다.

그러나 1927년 Adams가 유아 설사증의 원인이 되는 대장균에 대해 보고하였으며 1945년 영국의 Bray가 유아 설사증을 일으키는 대장균이 *Bacterium coli* var. *neopolitanum*이라고 보고한 이후 대장균 중에는 사람에게 급성위장염을 일으키는 병원성을 가진 것이 있다는 것이 밝혀져 이러한 대장균을 병원성 대장균(pathogenic *E. coli*)이라고 분류하였다. 병원성 대장균은 경구적으로 외부에서 침입하여 유아에게는 설사증을 일으키며 성인에 있어서는 세균성 식중독을 일으킨다.

(2) 원인균의 특성 및 중독 증상

병원성 대장균은 장관 상재균이 아니며 경구적으로 외부에서 들어와 식중독을 일으킨다. 병원성 대장균은 장내세균과(Enterobactericeae)에 속하는 Gram 음성의 간균으로 유당 또는 포도당을 분해하여 산과 가스를 생산하는 호기성 또는 통성 혐기성균으로 최적 생육온도는 37℃이다. 대부분 주모성 편모를 가지고 있어 운동성이 있다. 병원성 대장균은 일반대장균과 생화학적 특성은 유사하지만 항원성에 차이가 있다. 이들은 항원성에 따라 O 항원, H 항원, K 항원으로 구별된다. 병원성 대장균은 장관 침입성 대장균, 장관 출혈성 대장균, 장관 병원성 대장균, 장관 독소원성 대장균 등으로 구분된다.

① 장관 침입성 대장균

장관 침입성 대장균(enteroinvasive *E. coli* : EIEC)은 세균성 이질균처럼 사람을 고정숙주로 하여 미량감염을 일으키며 때로는 식품을 매개로 감염되는 일도 있다. 세포침입성이 있어 소화관 내에 들어가면 대장점막의 상피세포에 침입하여 세포의 점막을 괴사시키고 괴양을 유발하며 급성대장염을 일으켜 점액과 혈액이 섞인 설사를 일으킨다. O28, O112, O124, O136, O143, O144, O152, O164, O167 등의 혈청형이 알려져 있다.

② 장관 출혈성 대장균

장관 출혈성 대장균(enterohemorrhagic *E. coli* : EHEC)에 의한 식중독은 우리나라에서는 제1종 전염병으로 지정되어 있다. 1982년 미국 Michigan과 Oregon주에서 햄버거를 먹은 사람들에게 장관 출혈성 대장균에 의한 식중독이 발병한 후 매년 전 세계적으로 발병 사례가 보고되고 있다. 미국에서는 1993년과 1997년에 햄버거와 햄버거 패티로 인해 식중독이 발생하였고, 1998년에는 소고기 가공업체가 패쇄되는 일이 벌어졌다. 일본에서도 1990년 이 균에 의해 식중독 환자가 발생하였으며 1996년과 1997년에는 오카야마 현에서 식중독이 발생하여 13명이 사망하였다.

우리나라에서는 1994년 경남에서 한 환자로부터 O157균이 검출되었으며, 1997년 9월에 국립동물검역소는 미국산 소고기에서 O157 : H7을 검출하였고, 햄버거에서 O157 : H7균이 검출되기도 하였다.

이 균은 인체에서 베로독소(verotoxin)를 생성하여 식중독을 일으키며, 10~1,000개의 적은 균량으로도 발병할 수 있다. 대표적인 혈청형으로 O157 : H7균이 있으며, O26, O103, O104, O111, O113, O146 등의 혈청형이 보고되어 있다.

이 균에 의한 식중독 증상은 3~8일의 잠복기를 거쳐 균의 증식과정 중에 베로독소를 생성하며 장출혈에 의한 혈변과 심한 복통을 일으키고, 대장점막의 궤양과 조직의 파괴가 일어나며, 신장기능 장애를 초래하는 출혈성 요독증후군(hemolytic uremic syndrome : HUS)이나 혈전성 혈소판 감소증(thrombotic thrombocytopenic purpura : TTP)으로도 진전될 수 있다. 보고된 사례에 따르면 이 균은 주로 소고기에 의해서 감염되나, 그 외 야채나 사람을 통해서도 감염되는 것으로 나타났다.

③ 장관 병원성 대장균

장관 병원성 대장균(enteropathogenic *E.coli* : EPEC)은 전형적인 감염형 세균성 식중독의 특징을 보인다. 장관 병원성 대장균에 의한 식중독은 영유아에서 많이 발생하며, 10^6~10^9 이상의 균량을 경구로 섭취하여야 발병한다. 8~40 시간의 잠복기를 거쳐 구토, 복통, 설사, 발열 증상을 나타나며 급성 위장염을 일으킨다. 대장 점막에 비침입성이고 독소를 형성하지 않는다. 혈청형에 따라 O18, O20, O44, O55, O86, O126 등이 알려져 있다.

④ 장관 독소원성 대장균

장관 독소원성 대장균(enterotoxigenic *E. coli* : ETEC)은 대량의 생균의 섭취로 인해 감염되며 균이 소장 상부에 증식해서 10^7~10^9cells/mL의 수준이 되면 수양성 설사증이 발병된다. 이 균은 콜레라균과 유사한 독소(enterotoxin)를 생산하며, 이 독소는 60℃, 30분의 가열에 의하여 활성을 잃는 이열성 독소(heat-labile enterotoxin : LT)와 100℃, 30분의 가열에 내성을 갖는 내열성 독소(heat-stable enterotoxin : ST)의 2종이 있다. 이열성 독소는 콜레라 독소(cholera toxin)와 비슷한 구조를 가지고 있으며, 장관 점막 상피세포의 adenylate cyclase를 자극하여 cyclic AMP를 증가시킨다. 이로 인해 Na 이온의 흡수저해와 Cl 이온의 분비항진이 초래되고 장관 내에 다량의 수분이 분비된다. 내열성 독소는 점막상피의 guanylate cyclase를 활성화하여 cyclic GMP를 증가시킴으로써 장관 내의 수분저하가 발생한다.

장관 독소원성 대장균의 원인이 되는 혈청형에는 O6, O8, O15, O20, O25, O27, O63, O78, O80, O114, O115, O128, O148, O153, O159, O167 등이 있다.

(3) 원인식품 및 감염원

원인식품은 특정한 식품에 한정되어 있지 않으며, 가축, 환자, 보균자의 분변으로부터 직 · 간접적으로 오염된 식품이 원인식품이 될 수 있다. 육류, 유제품, 어패류, 해산물, 샐러드, 도시락, 물 등 다양한 식품이 원인식품으로 보고되어 있으며, 사람에서 사람으로 직접 감염도 가능하다.

(4) 예 방

병원성 대장균은 자연환경에 널리 분포하기 때문에 이를 예방하기 위해서는 항상 청결을 유지하고, 음식을 충분히 가열해서 섭취하도록 한다. 사람에서 사람으로 전염되므로 환자의 분변 오염을 조심하고 손과 조리기구를 잘 씻도록 해야 한다.

4) 리스테리아 식중독

(1) 역사 및 발생현황

리스테리아 식중독(Listeriosis)의 주요 원인균인 *Listeria monocytogenes*는 1926년 *Bacterium monocytogenes*라고 부른 후 여러 번 이름이 바뀌었고 1940년 *Listeria monocytogenes*로 명명되었다. 리스테리아균은 인축공통 병원균으로 자연계에 널리 분포하고 있다.

1960년대 이후 리스테리아 식중독이 다수 발생하여 이에 대한 관심이 증가하였으며 양배추, 유제품, 치즈, 소고기, 훈제 생선, 냉동식품 등 여러 식품들이 원인식품으로 보고되었다.

(2) 원인균의 특성

리스테리아균은 Gram 양성의 통성 혐기성균으로, 비아포성이며 주모성 편모를 가지고 있어 운동성이 크다. pH 6~9에서 생육이 가능하며 pH 4.5 이하에서는 성장할 수 없다. 최적 증식 온도는 30~37℃이지만, 0~45℃의 넓은 온도범위에서 증식이 가능하다. 리스테리아균은 냉장 온도에서도 증식할 수 있는 냉온성 세균이며, 37℃에서 배양한 경우보다 4℃에서 배양한 경우 병원성도 높은 것으로 알려져 있다. *Listeria*균 중 *L. innocua*, *L. seeligeri*, *L. grayi* 등은 병원성이 없다.

이 균은 탄소원으로 과당을 이용하며, 질소원으로 cysteine, gluamine, isoleucine, leucine, valine 등의 아미노산과 biotin, riboflavine, thiamine 등의 비타민을 요구한다. 헤모리신(hemolysin)을 분비하여 적혈구를 파괴시키며, sheep blood agar상에서 용혈환(β-hemolysis)을 형성하고, catalase 양성, methyl red 양성반응을 보인다.

(3) 원인식품 및 감염원

리스테리아균은 토양, 하수 등 자연계에 널리 분포하며 육류, 가금육, 육가공품, 우유, 치즈, 아이스크림, 냉동피자, 양배추, 감자 등이 원인식품으로 보고되었다. 리스테리아균은 냉장보관 식품에서도 번식이 가능하다.

(4) 중독 증상

리스테리아 식중독은 건강한 사람들에게는 감염되더라도 별 증상이 없거나 감기와 비슷한 증상을 나타내지만, 알코올 중독자, 당뇨병 환자, 만성 신장병 환자, 후천성 면역 결핍증 환자, 임산부, 노약자, 신생아 등 면역력이 약한 사람들에게는 심한 증세가 나타난다. 신경계에 감염이 진행되면 두통, 경련이 나타나며 중증으로는 패혈증, 수막염 등이 나타날 수 있다. 임산부에게는 유산 및 사산이 유발될 수 있으며 분만 시 태아에게 전이될 수 있다. 감염된 환자는 30% 정도의 높은 치사율을 나타낸다.

(5) 예 방

*L. monocytogenes*는 자연에 널리 분포되어 있고 성장조건이 까다롭지 않기 때문에 균의 오염을 예방하는 것은 쉽지 않다. 그러나 식품제조 과정에서 위생을 철저히 하여 오염을 방지하도록 해야 한다. 식육은 냉장보관하고 식육 및 생선 침출액이 다른 식품과 접촉하지 않도록 분리보관하며, 충분히 가열 조리하도록 한다. 조리 시 식육과 생선은 내부온도가 70℃ 이상이 되도록 가열하고, 가금육은 83℃ 이상이 되도록 조리한다. 남은 음식은 냉장온도에서 보관하고 다시 먹을 경우에는 충분히 재가열하도록 한다. 또한 원유는 열처리 후 섭취하도록 하고 채소는 깨끗한 물로 세척하여 섭취하도록 한다.

5) 캄필로박터 식중독

(1) 역사 및 발생현황

1909년에 McFadyean과 Stockman이 유산한 양에서 캄필로박터(*Campylobacter*)균을 처음 분리하였고, 1919년에 유산된 송아지 태아로부터 분리된 이 균을 *Vibrio fetus*라고 하였다. 1947년에는 유산한 임산부의 혈액에서 *V. fetus*가 분리 동정되었고, 1957년에도 사람의 혈액에서 *V. fetus*가 분리되었으나 이들은 *Vibrio*균과는 다른 생화학적 성상을 가지고 있음이 확인되어 이후 이들을 *Campylobacter*로 명명하였다. 1970년대 이후 *Campylobacter jejuni*는 위장염을 일으키는 원인균으로 주목되었고, 이 균으로 인한 설사증이 집단적으로 발생하는 사례가 증가함에 따라 식중독의 주요 원인균으로 인식되었다.

미국에서는 오염된 닭고기 섭취로 인해 *Campylobacter jejuni*에 의한 식중독이 자주 발생하고 있으며 유아, 어린이 등 면역력이 약한 사람들에게 감염률이 높은 편이다.

(2) 원인균의 특성

식중독의 원인균은 *C. jejuni*와 *C. coli*이지만 대부분 *C. jejuni*에 의해 식중독이 발생한다.

*C. jejuni*는 Gram 음성의 간균으로 비아포균이며, 대장균보다 가느다란 만곡형의 S자 또는 나선형을 나타내고 있다. 균의 길이는 0.5~8㎛, 폭이 0.2~0.5㎛ 정도로 다양하다. 극성편모를 가지고 있어 screw상의 운동성을 갖는다. 37℃에서 잘 자라고 42℃에서도 증식하나 30℃ 이하의 온도에서는 잘 증식하지 못한다. 열에 의해 세포가 쉽게 파괴되며, 냉장온도에서는 성장하지 않지만 생존할 수는 있다. 미호기성으로 5~10%의 산소 농도에서 잘 자라고, 5% O_2, 10% CO_2, 85% N_2 혼합가스 환경에서 잘 증식한다.

(3) 원인식품 및 감염원

소, 돼지, 닭, 생선, 조개, 굴 등의 식품과 개, 고양이 등의 애완동물, 하천 등 자연환경에 의한 오염이 오염원이 될 수 있다. 주요 원인 식품은 오염된 음용수, 살균이 불충분한 우유, 비위생적으로 처리되거나 가열이 불충분한 가금류 등이며 교차오염으로 인한 식중독 발생도 높다. *Campylobacter*는 숙주 친화성이 있어서 *C. jejuni* subsp. *jejuni*는 소와 가금류에서 주로 발견되며, *C. coli*는 돼지에서 발견된다. 소의 보균율은 5~20%, 돼지의 보균율은 30~70%이다.

(4) 식중독 증상

잠복기는 2~7일 정도이며 식중독 증상으로는 설사와 복통, 점액, 혈액이 섞인 대변, 발열, 두통, 근육통이 나타난다. 치유기간이 길며 재발될 수도 있다. 소아의 경우 이질과 유사한 설사가 진행된다.

(5) 예 방

가열조리식품은 60℃ 이상의 온도에서 15분 이상 충분히 가열하여 식중독을 예방한다. 육류와 가금육을 위생적으로 처리하고, 원재료와 조리식품의 교차오염 방지를 위해 분리 보관하는 것이 필요하다. 생육을 다룬 도마와 칼 등의 조리도구나 용기는 잘 세척하여 교차오염을 방지해야 한다.

6) 여시니아 식중독

(1) 역사 및 발생현황

1939년 *Yersinia*균이 사람으로부터 최초 분리되었고 1965년 이후 *Yersinia enterocolitica*는 위장염을 일으키는 원인균으로 인식되었다. 일본에서는 1972년 소학교 학생들이 낙농회사의 크림제품을 먹고 *Yersinia* 식중독이 발생하였으며 미국에서도 오염된 초콜릿 우유에 의해 식중독이 발생하였다. 우리나라에서는 식품검사에서 돼지고기, 닭고기, 소고기 및 냉동식품 등에서 *Yersinia*균이 검출된 사례가 있다.

(2) 원인균의 특성

*Y. enterocolitica*는 장내세균과(Enterobactericeae)에 속하는 균으로 Gram 음성의 단간균이다. 주모성의 편모를 가지고 있으며 25℃에서는 운동성이 있으나 35℃에서는 운동성이 없다. 적정 발육 온도는 27~30℃이지만 저온성균으로 0~5℃의 냉장온도에서도 발육이 가능하다. 최적 pH는 7.2~7.4이며 pH 4.0~10.0에서 생장이 가능하다. 이 균이 생산하는 내열성 enterotoxin이 발병에 관여하는 것으로 생각되고 있다.

(3) 원인식품 및 감염원

토양, 하수 등 자연에 널리 분포하며, 돼지고기, 소고기, 양고기, 생우유, 어패류 등이 원인식품이 될 수 있다. 애완동물에도 존재하며, 사람에서 사람으로의 감염도 보고되어 있다.

(4) 식중독 증상

다량의 원인균을 경구섭취하였을 때 발병되며 복통, 열, 두통, 구역질 등의 급성위장 질환 증상을 나타낸다. 39℃ 정도의 발열을 나타내고 맹장염으로 오인된 경우도 있으며 어린이에게는 더욱 심한 증상을 유발한다.

(5) 예 방

동물과의 접촉이나 오염된 식육, 우유, 식수에 의해 감염되므로 개인위생 및 식품과 도축시설의 위생관리가 중요하다. 또한 이 균은 열에 민감하여 저온살균에 의해 사멸되므로 열처리한 우유를 섭취하고, 육류 조리 시 충분히 가열하도록 한다.

2. 독소형 식중독

1) 황색포도상구균 식중독

(1) 역사 및 발생현황

황색포도상구균은 1880년 Pasteur에 의하여 화농 부위에서 처음으로 발견되었고 1884년 Vaughn에 의하여 오염된 체다치즈로 인해 발생한 식중독에서 발견되었다. 1914년에 Barbar는 필리핀에서 발생한 급성위장염이 유방염에 걸린 젖소의 우유에 들어있는 황색포도상구균이 생산한 독소에 의한 것임을 보고하였다. 포도상구균은 균이 4~5개 정도 모여 포도송이와 비슷한 모양을 하고 있어 포도상구균이라 명명되었다.

황색포도상구균에 의한 식중독은 연중 발생하지만 기온이 높은 5월~9월에 더욱 많이 발생한다.

(2) 원인균의 특성

포도상구균(*Staphylococcus*)에는 여러 종류의 균이 있으나 장독소(enterotoxin)를 생산하는 균종은 황색포도상구균(*Staphylococcus aureus*)으로 화농성질환과 식중독을 일으킨다. 이 균은 Gram 양성의 구균으로 호기성 또는 통성혐기성이며 아포를 형성하지 않는다. 최적생육 온도는 30~37℃이나 10~45℃에서 생장이 가능하다. 최적 pH는 7.0~7.5이고 pH 4.3~9.3에서 생육할 수 있다. 과당과 젖당을 발효시켜 젖산을 형성하지만 가스 생성능력은 없으며 황색 색소를 생성한다. 만니톨 식염 배지(mannitol salt agar)에서 만니톨을 분해하여 황색집락을 형성하고, 텔루라이트 배지(potassium tellurite agar)에서는 텔루라이트를 환원시켜 흑색집락을 형성한다. 대부분의 균주는 혈청배지에서 배양하면 집락주변에 용혈현상(β-heamolysis)을 나타내며 혈장응고효소(coagulase) 양성반응을 보인다.

내염성이 강해 7.5% 식염함유 배지에서도 발육하며 내건성도 강하다. Erythromycin, gentamycin, penicillin, streptomycin 등 항생제에 대한 내성을 보인다. 균체는 80℃에서 30분간 열처리하면 사멸되나 장독소는 100℃에서 30분 이상 가열하여도 파괴되지 않는 내열성을 가지고 있다. 장독소는 218~248℃에서 30분간 가열해야 활성이 소실되므로 일반적인 조리, 가공에서는 파괴되지 않는다. 장독소는 산이나 알칼리에도 안정하며 방사선조사에도 저항성을 갖는다.

장독소는 면역학적으로 A~F의 6종류가 알려져 있으며 A형이 독성이 가장 강하다. 장독소는 수용성 단순단백질로 분자량은 26,000~34,000 정도이다. 독소생성의 최적온도는 28~37℃이며 최적 pH는 6.8~7.2이다. 10℃ 이하에서는 독소생성이 어렵다.

(3) 원인식품 및 감염원

이 균은 자연환경에 널리 존재하며 사람과 동물의 피부, 모발, 구강 점막, 비강, 장관, 분변 등에 존재하여 식품을 오염시키거나 조리자를 통해 식품에 오염될 수 있다. 원인식품은 육류 및 가공품, 어류 및 가공품, 유제품, 곡류 등 다양하며, 유두염을 앓는 젖소의 우유가 감염원이 되기도 한다. 조리 시 가열을 불충분하게 하거나 실온에 오래 방치할 경우 황색포도상구균이 증식하여 독소를 생성할 수 있다.

(4) 식중독 증상

황색포도상구균에 의한 식중독은 이 균이 증식하는 과정에서 생산한 장독소인 enterotoxin을 섭취함으로써 일어난다. 장독소가 위장에 흡수된 후 2~4시간이 지나면 심한 구토와 설사 증세를 보인다. 그 외 어지러움, 위경련, 발열 등도 일어날 수 있다. 식중독은 빠르면 수 시간 내에 회복되고 길어도 1~2일 정도면 회복된다.

(5) 식중독 예방

황색포도상구균은 자연계에 널리 분포하고 있으며 사람의 피부에도 상재하고 있어 완전히 예방하는 것은 어렵지만 식품취급자의 청결 및 균의 증식을 방지하도록 식품을 냉장 보관하는 것이 중요하다. 화농성 질환을 가진 사람이 식품을 취급하지 않도록 주의해야 한다.

2) 보툴리누스 식중독

(1) 역사 및 발생현황

보툴리누스 식중독(botulism)은 *Clostridium botulinum*이 생산하는 균체외독소(exotoxin)를 섭취함으로써 발생하며 세균성 식중독 중에서 치사율이 가장 높은 식중독이다. 소시지 섭취 시 신경마비의 중독 증상을 나타내는 식중독이 발생하여 독일을 중심으로 유럽이나 미국에서는 소시지를 의미하는 라틴어인 'botulus'로부터 'botulinus(소시지) 중독'이라고 하였고 1800년

Kerner가 소시지중독에 'botulism'이라는 용어를 사용하였다. 1895년 벨기에에서 햄을 먹은 사람들이 마비증상을 나타냈는데 햄에서 아포를 가진 혐기성의 균이 분리되어 이를 *Clostridium botulinum*이라고 하였다.

(2) 원인균의 특성

*Clostridium botulinum*은 편성혐기성균으로 Gram 양성의 간균이다. 세포 한쪽 끝에 난형의 내열성 아포를 형성하며 주모성 편모로 운동을 한다. 균의 발육최적온도는 약 37℃이고 발육최적 pH는 6.0~8.0이며, pH 6.0 이하에서는 아포를 형성하지 않는다. 포도당, 과당, 맥아당 등을 분해하여 가스를 생성하며, gelatin 액화실험에서 양성반응을 보인다. 황화수소를 생산하며 혈액한천배지에서 용혈환을 나타낸다. Lipase를 생성하여 난황배지에서 배양하면 혼탁하고 테두리가 불규칙한 집락을 형성한다.

이 균의 독소는 항원형에 따라 A, B, C(Cα, Cβ), D, E, F, G로 분류되나 사람에게 식중독을 일으키는 것은 주로 A, B, E, F형이다. 대부분의 균은 중온성이나 E형은 저온에서도 발육이 가능하다.

A, B형의 포자는 100℃에서 6시간 이상 가열하여야 파괴되나 E형의 포자는 100℃에서 5분 정도 가열하면 파괴된다. 독소는 63℃에서 수분, 100℃에서 1~2분 이상 가열하면 활성을 잃을 정도로 비교적 열에 약하다. 보툴리누스균의 독소는 세균 독소 중 가장 독성이 강해서 정제독소 0.001㎍을 마우스에 경구투여 시 마우스를 죽일 수 있으며, 0.1㎍ 정도로 사람에게도 중독증상을 일으킬 수 있다.

(3) 원인식품 및 감염원

이 식중독의 주요 원인식품은 1880년 말까지는 소시지와 햄이었으나 20세기에 들어와서는 통조림과 병조림이 되었다. 이들 식품은 보툴리누스균이 생장하기 좋은 혐기적 환경과 영양을 제공한다. A형은 햄, 소시지 등 육류제품과 통조림의 소비가 많은 구미에서 많이 발생하고, E형은 일본, 캐나다, 러시아, 덴마크, 노르웨이, 스웨덴 등에서 널리 발생하고 있다. 일본에서는 어류의 소금절임 식품들이 E형 식중독의 원인식품으로 나타났다. A형은 채소, 과일, 육류와 관련이 있고, B형은 육류와 사료, E형은 어패류, F형은 육류와 관련이 깊다. Cα형은 오리에 중독을 일으키며 Cβ은 소, 말에, D형은 아프리카 소에 중독을 일으킨다.

보툴리누스균의 포자나 영양세포는 자연계에 널리 분포되어 있다. 육류, 채소, 어류 등의 식재료는 1차 오염 가능성이 높은 감염원으로 이 균이나 포자에 오염된 식재료가 조리와 가공과정에서 부적절하게 처리되면 포자가 사멸되지 않고 남아 혐기적 조건에서 발아, 증식하여 독소를 생성함으로써 식중독을 발생시킬 수 있다. 영아 보툴리누스 중독증은 보툴리누스균이나 포자가 영아의 장관 내에 들어가 증식하여 생산된 독소에 의하여 발생된다.

(4) 식중독 증상

이 식중독은 치사율이 30% 정도로 세균성 식중독 중에서 높은 편이다. 잠복기는 보통 12~36시간이나 2~4시간 후에 신경증상이 나타나기도 한다. 신경증상 전에 오심, 구토, 복통, 설사 등의 소화기 증상이 나타나며 복시, 동공확대 등의 시력장애, 두통, 신경장애, 근력 감퇴, 운동장애 등의 증상을 나타낸다. 보툴리누스 독소는 신경독으로 환자의 체온과 의식은 정상이나 신경증상, 마비, 호흡곤란에 의하여 사망한다.

(5) 식중독 예방

채소, 곡물 등 식품 원재료에는 포자가 존재할 가능성이 높으므로 조리 전 식재료를 깨끗이 세척하여야 한다. 식품을 통조림이나 병조림할 경우에는 포자를 완전히 사멸시키기 위해 120℃에서 4분(100℃에서 30분) 이상 가열처리하여야 한다. 조리한 식품, 특히 기름으로 조리한 식품은 냉장고에 넣어 신속히 냉각시키는 것이 좋다. 식품의 pH를 4.5 이하, 수분활성도를 0.94 이하, 온도를 3.3℃ 이하로 보관하면 균의 아포 발아와 증식이 방지된다. 또한 항균제를 첨가하여 균의 증식과 발아를 억제할 수도 있다. 독소는 내열성이 약해 100℃에서 2~3분(80℃에서 30분) 정도 가열하면 파괴되므로 충분한 가열처리에 의해 식중독을 예방할 수 있다.

3) 세레우스 식중독

(1) 역사 및 발생현황

1950년 Hange에 의해 세레우스균이 바닐라 소스로 인한 식중독의 원인균으로 처음 보고되었으며 유럽, 미국, 일본 등에서 세레우스 식중독 발생이 보고되었다. 1971년에 러시아의 Ezepchuk가 *Bacillus cereus*균의 enterotoxin을 분리하였으며 1972년 Fluer가 이 독소의 물리·화학적 성질을 밝혀 이 식중독이 독소형인 것이 확인되었다. 미국에서는 1993년 7월 결혼식 피로연에 참석한 142명이 비프와 키시를 먹고 세레우스 식중독을 일으켰으며, Virginia주의 보육원에서도 닭고기 볶음밥을 먹고 14명이 식중독을 일으켰다.

(2) 원인균의 특성

*Bacillus cereus*는 내열성 포자를 형성하는 Gram 양성의 통성혐기성균으로 주모성 편모를 가지고 있는 간균이다. 영양세포는 10~48℃에서 발육하고 증식최적온도는 37℃이며 포자는 10~49℃에서 발아하고 독소는 포자의 발아 말기에 생성된다. 포자는 135℃에서 4시간 동안의 가열에 견디는 내열성을 가지고 있다.

*Bacillus cereus*는 자연계에 널리 분포하며 식품부패의 주요원인균으로 알려져 있다. 이 균의 포자는 토양, 농산물, 향신료 등에 있다가 발아, 증식하여 독소를 생성함으로써 식중독을 일으킨다.

혈액한천배지에서 옅은 녹색의 집락을 보이고, lecithinase를 생산하여 난황한천배지에서 배양하면 집락주변이 유백색을 띤다. Penicillinase 생성균주로 penicillin에 대한 내성을 가지고 있으며, 0.001% lysozyome을 포함한 배지에서 생육이 가능하다. Citrate 이용 반응과 VP 반응에 양성을 나타낸다. Catalase를 생산하며 β-용혈성을 나타내고 casein과 tyrosine을 분해한다.

세레우스 독소에는 구토형 독소(emetic toxin)와 설사형 독소(diarrhetic toxin)가 있으며 구토형 독소는 열처리(126℃에서 90분), 산 및 알칼리 처리, 단백질 가수분해효소에 대해 저항력을 나타낸다. 설사형 독소는 구토형 독소에 비해 열처리, 산 및 알칼리 처리, 단백질 가수분해 효소에 대해 민감하다.

(3) 원인식품 및 감염원

*Bacillus cereus*는 자연계에 널리 분포하고 있으며 토양 상재균으로 토양에서 자라는 곡류, 채소 등 농작물 식재료 및 그 가공식품이 세레우스 식중독의 주요 원인식품이 된다. 이 식중독은 설사형과 구토형으로 나눌 수 있는데 이들의 원인식품은 다르게 나타난다. 설사형은 향신료나 양념을 사용한 음식과 육류 및 채소의 스프, 푸딩, 바닐라 소스 등에 의해 자주 발생하며, 구토형은 쌀밥, 볶음밥 등이 주요 원인식품이다.

(4) 식중독 증상

세레우스 식중독 증상은 설사형과 구토형이 있으며, 보통 10^6 cells/g 이상을 섭취하였을 때 발병한다. 구토형 식중독은 잠복기가 1~5시간으로 짧고 6~24시간 정도 지속되며 구토가 주요 증상으로 황색포도상구균 식중독과 유사한 증상을 나타낸다. 설사형 식중독은 잠복기가 8~16시간이며 증상이 12~24시간 정도 지속된다. 설사형 식중독의 증상은 *Clostridium perfringenes* 식중독과 증상이 유사하며 수양성 설사, 어지러움, 두통, 오심, 발열, 복통 등이 일어난다.

(5) 식중독 예방

*Bacillus cereus*는 자연에 널리 분포하며 이 원인균으로 오염된 식품에 의해 식중독이 유발되므로 이를 완전히 차단하는 것은 사실상 어렵다. 식재료의 가열조리 시 영양세포는 사멸되지만 내열성 포자는 잔존하여 있다가 적당한 조건에서 발아, 증식하고 독소를 생성함으로써 식중독을 유발할 수 있기 때문이다. 따라서 포자의 발아를 방지하고 영양세포가 증식하지 않도록 하는 것이 필요하다. 식품을 상온에서 2시간 이상 방치하지 않도록 하며 남은 음식은 냉장온도에서 보관하고 남은 음식을 섭취할 경우에는 충분히 재가열하여 섭취하도록 한다.

memo

Chapter 07

자연독 식중독

1. 동물성 자연독에 의한 식중독
2. 식물성 자연독에 의한 식중독
3. 곰팡이독에 의한 식중독

Chapter 07

자연독 식중독

자연독은 식품에 본래 존재하는 성분으로 천연의 유독물질이다. 자연독 식중독은 사람이 식품을 섭취하였을 때 식품에 들어있는 천연독성물질로 인해 나타나는 식중독을 말한다. 자연독 식중독은 원인식품에 따라 동물성 자연독에 의한 식중독과 식물성 자연독에 의한 식중독으로 분류한다.

1. 동물성 자연독에 의한 식중독

동물성 식품에 함유되어 있는 유독 성분을 섭취하면 식중독이 발생할 수 있으며 주로 어류나 조개류가 식중독 원인식품이다.

1) 복어독

복어독은 주로 복어의 간장, 난소, 알 등에 들어 있으며 복어독의 원인물질은 테트로도톡신(tetrodotoxin)이다. 대부분 복어의 육질은 무독이지만 풀복, 배복, 상재복, 줄무늬복 등 일부 복

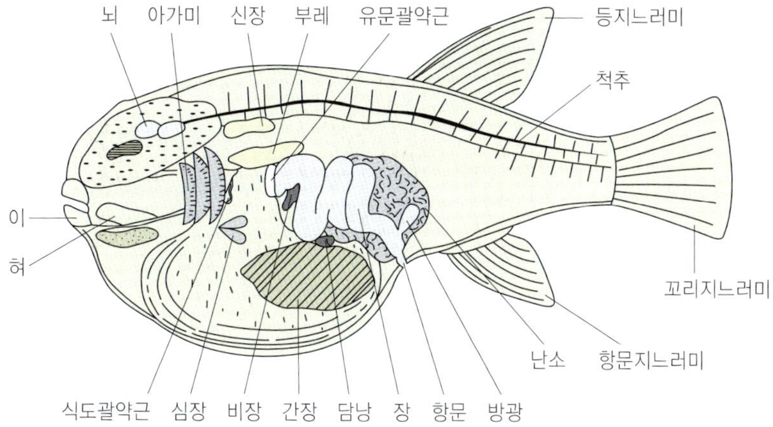

그림 7-1 복어의 구조

어의 근육은 약독을 가지고 있다.

복어의 독성은 복어의 종류에 따라 다르며 검복, 졸복, 복섬, 매리복, 황복 등은 독성이 강한 것으로 알려져 있다. 또한 계절에 따라 독력의 차이가 나타나는데 특히 산란기인 겨울과 봄에 독력이 강하다. 독력이란 복어독의 세기를 나타내는 것으로 단위는 MU(mouse unit)를 사용한다. 1MU는 체중 20g의 쥐가 30분에 죽을 수 있는 독량을 나타낸다. 즉 1,000MU 단위는 복어독 1g으로 20g 체중의 쥐를 천 마리 죽일 수 있는 독력을 나타낸다. 체중 50kg인 성인에게 복어독으로 인한 최소 치사량은 약 10,000MU으로 테트로도톡신 약 2mg에 해당한다.

비단백성 독소인 테트로도톡신은 무색, 무미, 무취의 결정으로 물과 유기용매에 잘 녹지 않는다. 내열성이 강해 가열에 의해서도 잘 파괴되지 않으며 냉동 상태에서는 안정하나 알칼리에는 약하다.

테트로도톡신의 유도체로는 테트로돈산(tetrodonic acid : TDA), 4-에피테트로도톡신(4-epi TTX), 안히드로테트로도톡신(anhydro TTX) 등이 있다.

복어독에 의한 중독증상은 식후 30분에서 3시간 내에 발생하는데 신경전달의 차단에 의한 마비증상이 나타난다. 입술, 혀끝, 손끝이 마비되고 두통 및 복통, 구토 증상이 나타난 후 안면마비, 운동장애, 혈압강하, 호흡곤란 등이 유발되고 의식을 잃어 사망하게 된다.

복어독에 의한 치사율은 50% 이상으로 매우 높은 편으로 중독 시 위세척 등 초기의 신속한 조치가 매우 중요하다.

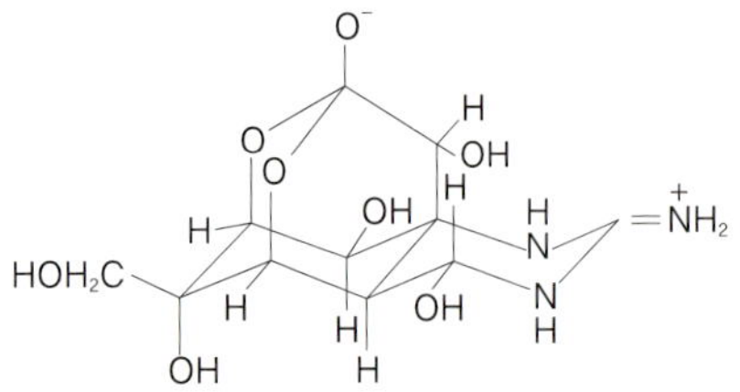

테트로도톡신

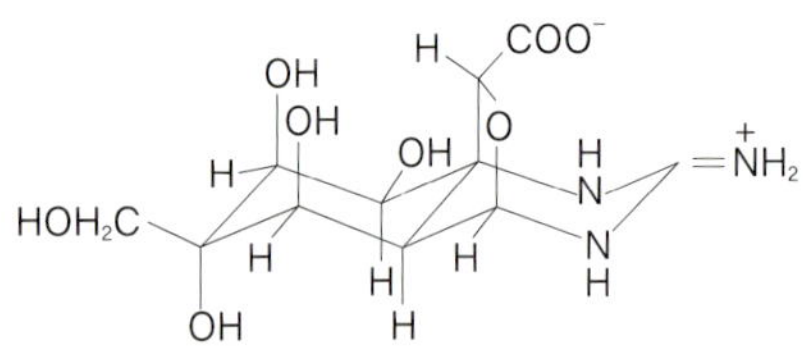

테트로돈산

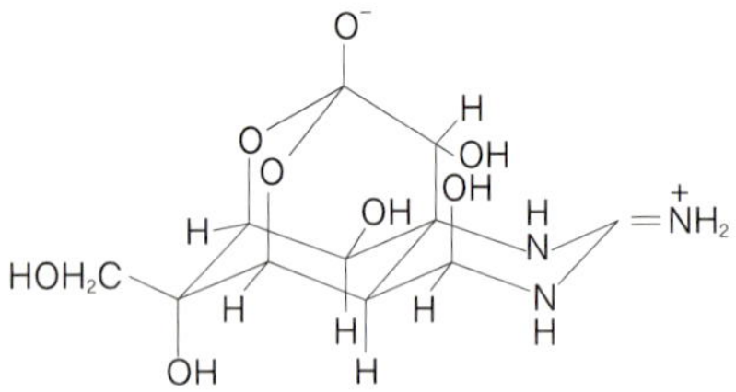

4-에피테트로도톡신

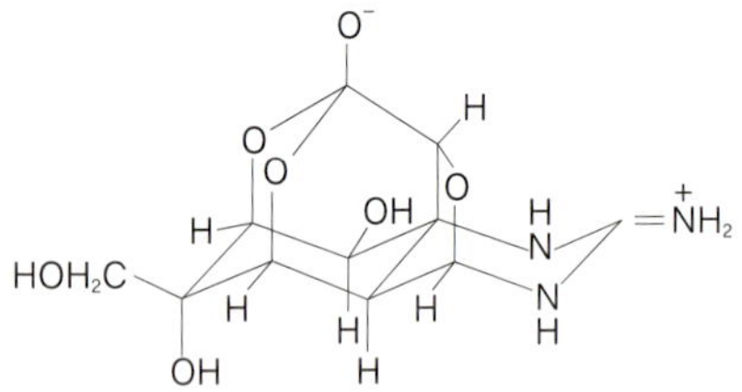

안히드로테트로도톡신

그림 7-2 테트로도톡신과 유도체의 구조

2) 시가테라독

열대 및 아열대의 따뜻한 바다에 서식하는 유독 어류의 섭취에 의해 일어나는 식중독이다. 중독 원인물질인 시구아테라독을 함유하고 있는 어류는 지구상에 약 400여종 이상 분포하는 것으로 알려져 있다.

시가테라(ciguatera)에 의한 식중독은 열대 및 아열대의 산호초가 많은 바다에서 시가톡신(ciguatoxin)이나 이와 관련된 화합물에 의해 독화된 어류를 섭취한 경우 발생한다. 시가테라 식중독과 관련된 어류로는 갈돔(Lethrinidae), 곰치과(Muraenidae), 귀상어과(Sphyraenidae), 농어과(Serranidae) 등이 있다.

시가테라 중독과 관계되는 독으로는 ciguatoxin, maitotoxin, scaritoxin, palytoxin 등이 있으며 이 중 시가톡신의 독성이 가장 강하다.

시가테라독에 의한 중독 증상은 섭취 후 12시간 이내에 발생하며, 마비와 같은 신경증상 외에 설사, 구토, 복통 등의 위장장애, 혈압저하, 맥박저하 등의 순환기장애가 나타난다. 특히 드라이아이스 센세이션(dry ice sensation)이라고 하는 특징적인 증상이 나타나 온도감각 이상으로 물을 마시거나 차가운 것에 몸이 닿으면 온몸이 드라이아이스에 닿은 것처럼 느껴지는 현상이 일어난다. Ciguatoxin은 열에 안정한 물질로 가열조리에 의해서 파괴되지 않으며 치사율은 1% 이

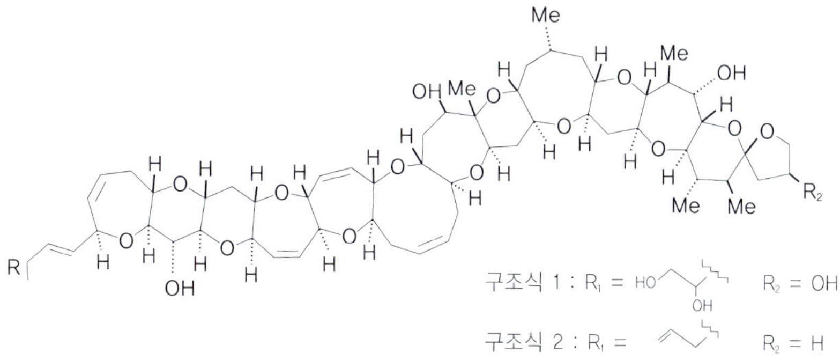

그림 7-3 시가톡신의 구조

하로 낮다.

3) 패 독

조개류가 가지고 있는 독성물질에 의해 중독증상이 유발될 수 있다. 패독에는 마비성 패독, 설사성 패독 및 베네루핀, 테트라민 등 여러 종류가 있다.

(1) 마비성 패독

마비성 패독(paralytic shellfish poison : PSP)은 주로 와편모조류에 속하는 *Alexandrium*속이나 *Pyrodinium*속의 플랑크톤이 생산하는 독으로 이 독에 의해 독화된 가리비, 자색홍합, 우렁쉥이, 모시조개 등을 사람이 섭취하였을 때 중독증상이 나타난다.

독성분인 saxitoxin은 열에 안정하여 일반 가열조리에 의해 쉽게 파괴되지 않는다. 마비성 패독에 의한 중독 증상은 마비 증상으로 복어독 중독과 유사하다. 패독을 섭취한 후 30분 정도가

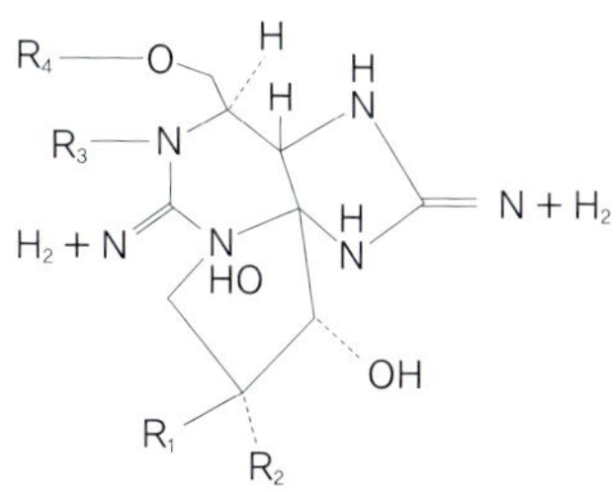

그림 7-4 마비성 패독의 구조 (saxitoxin의 구조)

지나면 입술, 혀, 얼굴, 손발 등의 마비가 시작되고, 구토, 두통, 언어장애 및 운동신경 마비가 나타난다. 심한 경우 호흡마비로 인해 사망하게 된다. 우리나라 남해안에서도 진주담치 등에서 검출되었으며 2월에서 5월 사이에 자주 발견된다. 치사율은 10% 정도이며 독성이 가장 강한 시기는 5월에서 9월 사이이다.

(2) 설사성 패독

설사성 패독(diarrhetic shellfish poison : DSP) 중독은 설사성 패독을 생성하는 플랑크톤에 의해 독화된 조개를 사람이 섭취했을 때 발생한다. 설사성 패독을 생성하는 플랑크톤으로는 *Dinophysis fortii*, *D. acuminata*, *D. caudata*, *D. acuminata*, *D. acuta* 등이 보고되었다. 설사성 패독의 원인물질은 Dinophysistoxin(DTX)과 pectenotoxin(PTX)이다(그림 7-5). DTX는 okadaic acid와 그 유도체들이며 설사를 일으키는 설사성 패독의 주성분은 DTX$_1$과 DTX$_3$이다. 우리나라에서는 가리비, 모시조개, 한국대합, 바지락 등에 의한 설사성 패독 중독이 발생하기도 하였다.

설사성 패독에 중독된 조개를 섭취하면 수 시간 내에 중독 증상이 나타난다. 주요 증상으로는 설사, 구토, 복통 등의 소화기계 장애가 나타나며 약 3일 정도 지나면 회복된다.

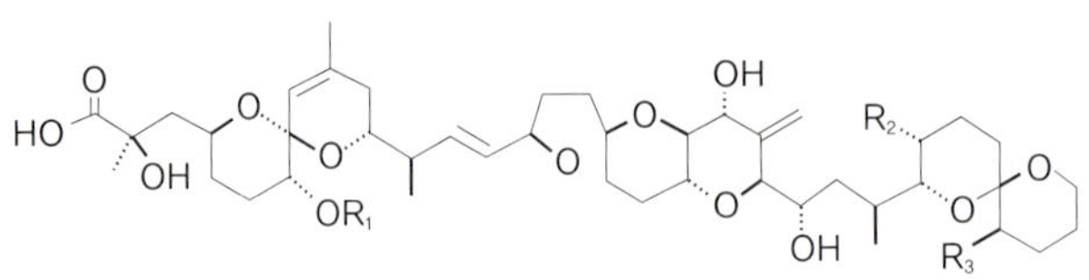

okadaic acid : R_1=H, R_2=Me, R_3=H
DTX$_1$: R_1=H, R_2=Me, R_3=Me
DTX$_2$: R_1=H, R_2=H, R_3=Me
DTX$_3$: R_1=acyl, R_2=Me, R_3=Me

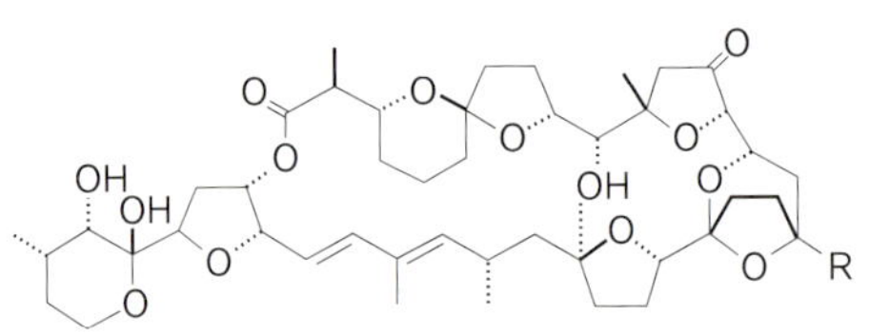

PTX$_1$: R=CH_2OH
PTX$_2$: R=CH_3
PTX$_3$: R=CHO
PTX$_4$: R=COOH

그림 7-5 설사성 패독의 구조

(3) 베네루핀

베네루핀(venerupin) 중독은 1940년대 일본에서 바지락을 섭취하고 발병한 예가 있으며, 우리나라에서도 1960년대에 모시조개에 의한 식중독이 보고되었다. 이 독은 조개의 중장선에 축적되어 있고, 독성은 1~4월이 가장 높고 6~11월에는 무독하다.

잠복기간은 하루 정도이고 오심, 복통, 구토증상이 나타나며 흉부, 견갑부, 대퇴부에 피하출혈반이 좁쌀 크기로 나타난다. 베네루핀은 간 기능저하를 유발하여 황달이 나타나고 심하면 의식장애 및 호흡곤란을 일으켜 사망하게 된다.

(4) 테트라민

테트라민은 깊은 한류에 서식하는 육식성 고둥의 타액선에서 발견되는 독성물질로 섭취 후 30분 정도에 두통, 구토, 오심, 눈 밑의 통증, 두드러기 등의 중독 증상을 일으킨다. 대개 두 세 시간 내에 회복되며 사망하는 경우는 거의 없다.

2. 식물성 자연독에 의한 식중독

1) 버섯독

다양한 종류의 버섯이 식용으로 사용되고 있으나 일부 버섯은 독을 가지고 있어 섭취하면 식중독을 일으킨다. 버섯의 종류에 따라 존재하는 독성분도 다르며 중독 증상도 다르게 나타난다.

(1) 아마톡신류

아마톡신류(amatoxin)에는 아마니틴(amanitine), 아마닌(amanin), 아마닌아미드(amaninamide) 등이 포함되며, 광대버섯, 알광대버섯, 흰알광대버섯, 독우산 등의 버섯에 함유되어 있다.

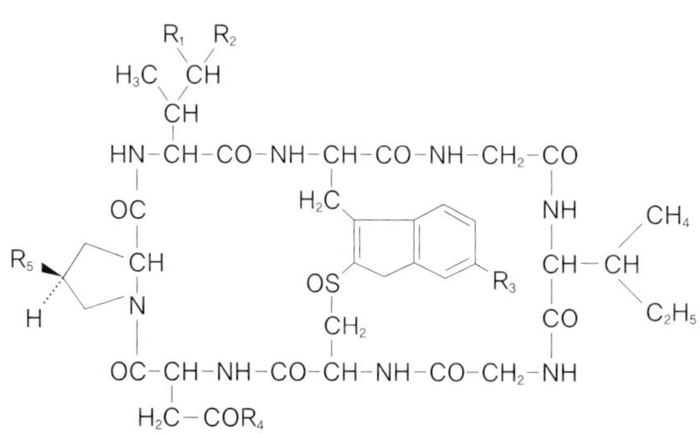

그림 7-6 아마톡신의 구조

아마톡신류는 체내의 RNA 폴리머라아제(RNA polymerase)와 특이적으로 결합하여 효소활성을 저해하며, 간세포와 소화기관의 점막세포, 신장의 뇨세뇨관 세포에 손상을 일으켜 치사율이 70%에 달한다. 중독 증상으로는 구토, 복통, 수양성 설사 등의 위장 장애가 나타난다.

(2) 무스카린

무스카린(muscarine)은 광대버섯, 땀버섯, 솔땀버섯, 독깔대기버섯, 파리버섯 등에 들어있는 맹독성 알칼로이드이다. 무스카린에 의한 중독 증상은 타액 분비, 발한, 구토, 설사 등의 증상과 함께 안구 경련과 동공 축소가 일어난다. 심장 박동수가 저하되며 경련, 혼수, 호흡곤란으로 사망에 이르기도 한다.

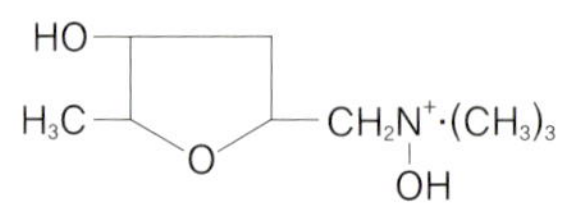

그림 7-7 무스카린의 구조

(3) 실로사이빈

실로사이빈(psilocybin)은 종환각버섯, 미치광이버섯, 목장말똥버섯에 함유되어 있는 유독성분으로 환각증상을 일으키는 물질이다. 실로사이빈에서 인산기가 없는 화합물인 실로신(psilocin)은 흡수가 더욱 빠르다. 섭취 후 수 시간 내에 환각작용이 일어나고, 기억력 감퇴와 지각상실 등의 증세가 나타난다.

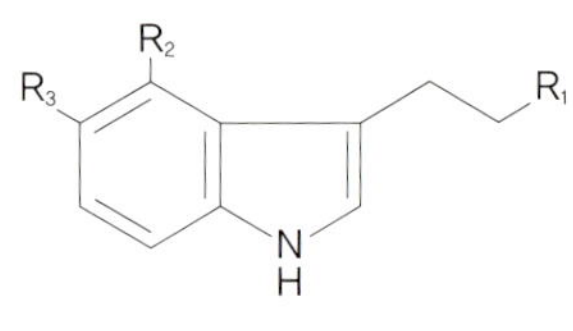

그림 7-8 실로사이빈의 구조

(4) 오렐라닌

풍선끈적버섯은 유독성 물질인 오렐라닌(orellanine)을 함유하고 있는데 이를 섭취하면 신장장애가 일어난다. 그 밖에 증상으로는 구토, 복통, 두통, 갈증, 오한, 귀울림 증상이 나타난다.

(5) 이보텐산

이보텐산(ibotenic acid)은 광대버섯, 마귀광대버섯, 뿌리광대버섯의 유독 성분으로 중독 시 구토, 현기증이 나타나며 환각 증상이 나타나기도 한다. 이보텐산의 분해물질인 무스시몰(muscimol)은 사람의 중추신경계에 영향을 미친다.

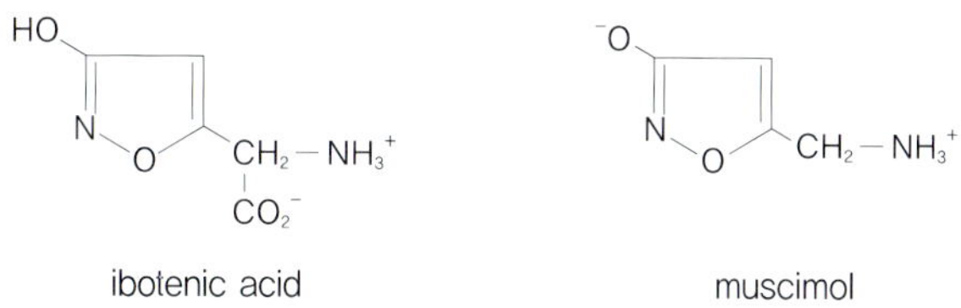

그림 7-9 이보텐산과 무스시몰의 구조

2) 시안 배당체

복숭아, 살구, 청매의 종자에는 시안 배당체(cyanogenic glycoside)가 함유되어 있다. 시안 배당체 자체는 독성이 없으나 효소나 산에 의해 가수분해되면 유독한 시안화수소(HCN, 청산)가 생성되어 시토크롬 옥시다아제(cytochrome oxidase)의 활성을 저해하고 호흡곤란을 일으킨다. 매실, 살구, 아몬드, 벚나무 등의 종자에 포함된 아미그달린(amygdalin)을 다량 복용하면 중독을 일으킬 수 있다. 아미그달린에 의한 중독 증상은 초기에는 구토, 두통, 복통, 설사 등의 소화기장애가 나타나며 심하면 호흡곤란, 중추신경장애가 나타난다. 기타 시안 배당체로는 수수의 두린(dhurrin), 죽순의 타시필린(taxiphyllin), 리마콩(lima bean)의 리나마린(linamarin), 국화과의 로타우스트라린(lotaustalin) 등이 있다.

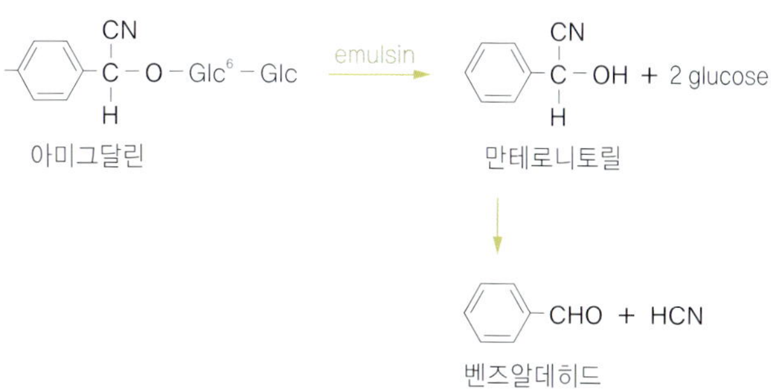

그림 7-10 아미그달린의 분해

3) 솔라닌

솔라닌(solanin)은 감자의 싹과 녹색 부위에 함유된 독성물질로 알칼로이드 배당체이다. 솔라닌은 솔라니딘(solanidine)에 당이 결합되어 있는데 α-솔라닌에는 람노오스가, β-솔라닌에는 갈락토오스와 글루코오스가, γ-솔라닌에는 갈락토오스가 결합되어 있다. 솔라닌은 물에 잘 녹지 않으며 알코올 용액에서는 침상(針狀)의 결정을 형성한다. 가열에 의해서도 잘 파괴되지 않으며 285℃에서 분해된다. 감자 1kg 중에 솔라닌이 0.2~0.4g 이상 함유되어 있으면 식중독을 일으킨다. 중독 증상으로는 구토, 두통, 현기증, 근육마비, 정신착란, 호흡곤란 등이 나타난다.

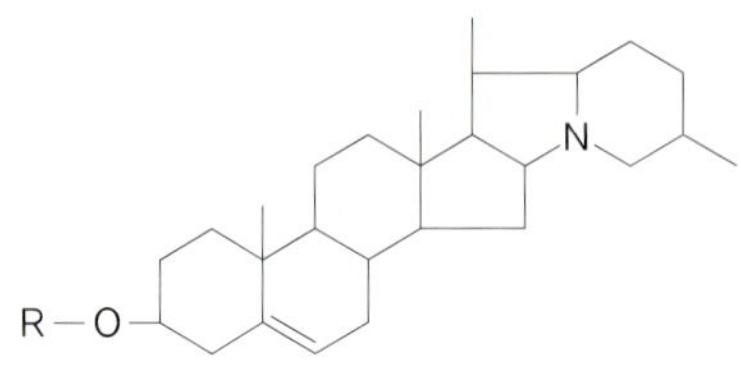

그림 7-11 솔라닌의 구조

4) 시쿠톡신

독미나리(cicuta virosa)는 미나리과의 다년초 식물로 뿌리 부분에 시쿠톡신(cicutoxin), 시쿠톡시닌(cicutoxinin)이라는 맹독성 알칼로이드를 함유하고 있다. 중독증상은 구토, 두통, 복통, 현기증, 경련 등을 일으키며 중증일 때는 호흡곤란을 일으켜 사망할 수 있다.

5) 아코니틴

미나리아재비과에 속하는 바곳(*Aconitum japonicum*)과 미나리아재비(*Ranunculus japonicus*) 등은 맹독성 물질을 가지고 있다.

바곳은 아코니틴(aconitine)이라는 맹독성 알칼로이드 물질을 가지고 있으며, 미나리아재비도 아코니틴계 알칼로이드인 델피닌이라는 유독물질을 가지고 있다. 바곳을 말린 것을 부자 또는 오두라고 하여 한약재로 사용하는데 적량 이상으로 복용하면 중독을 일으킨다. 중독증상으로는 입과 혀가 아프고 얼굴이 저린 등 지각신경에 이상이 오고, 운동신경 장애, 호흡중추 마비 등의 증상도 나타난다.

6) 테믈린

독보리(*Lolium temulentum*)는 화본과의 일년생 초본으로 열매에 테믈린(temuline)이란 수용성 알칼로이드 독성 물질이 들어있다. 테믈린 중독증상으로는 구토, 두통, 어지러움, 경련, 혼수 등이 나타나며 심하면 사망할 수 있다.

7) 고시폴

목화의 종자, 뿌리, 줄기에는 폴리페놀 화합물인 고시폴(gossypol)이 함유되어 있는데 이는 유독물질로 면실유를 제조할 때는 고시폴을 정제해야 한다. 정제가 불충분한 면실유를 섭취하면 중독을 일으킬 수 있다. 중독증상으로는 출혈성 신염, 신장염, 심장비대, 간장장애 등이 나타난다.

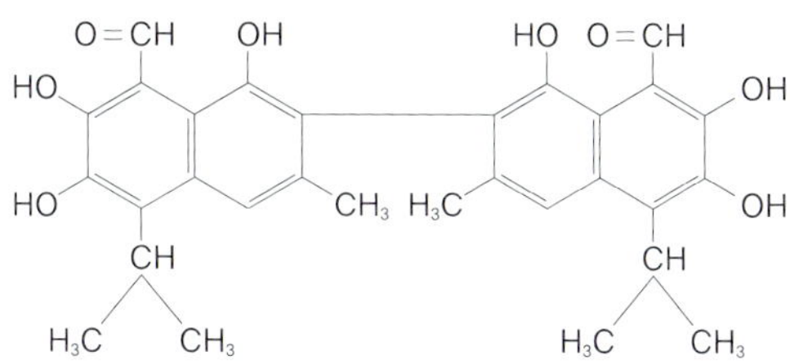

그림 7-12 고시폴의 구조

8) 리신 및 리시닌

피마자(아주까리)의 종자에는 리신(ricin) 및 리시닌(ricinin) 등의 유독 성분이 있어 구토, 복통, 설사, 알레르기 등의 중독증을 유발할 수 있다. 리신은 독성이 크나 열에 의해 쉽게 파괴된다. 리시닌은 소량 함유되어 있어 큰 문제가 되지는 않으나 내열성을 가지고 있다.

9) 리코린

수선화과의 다년초인 꽃무릇(*Lycoris radiata*)은 석산이라고도 하는데 맹독성 알칼로이드인 리코린(lycorine)을 가지고 있다. 이를 섭취하면 구토, 설사, 경련, 중추신경 마비, 호흡 마비 등의 중독증이 유발된다.

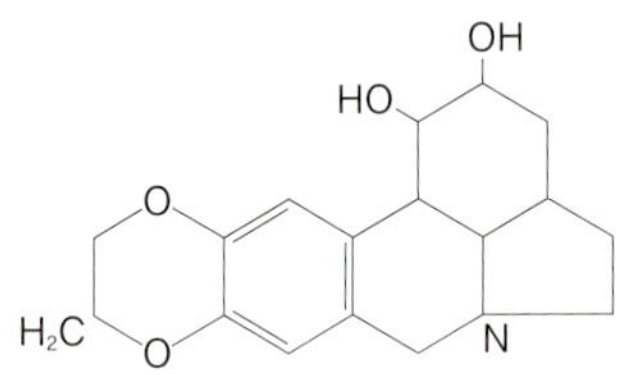

그림 7-13 리코린의 구조

10) 히오시아민

미치광이풀은 가지과의 다년생 초본으로 개별꽃이라고도 하는데 뿌리줄기에 알칼로이드인 히오시아민(hyoscyamin)과 아트로핀(atropine)을 가지고 있다. 중독 증상으로 뇌흥분, 심계항진이 나타나며 호흡이 정지되어 사망한다.

11) 트립신 저해물질

대두, 완두콩, 강낭콩, 땅콩에는 단백질 분해효소인 프로테아제(protease)의 활성을 억제하는 트립신 저해물질(trypsin inhibitor)과 용혈작용을 일으키는 사포닌(saponin) 및 사포게닌(sapogenin)이 들어 있다. 이들은 가열에 의해 활성을 잃는다.

3. 곰팡이독에 의한 식중독

곰팡이에 의하여 생산되는 2차 대사산물인 곰팡이독(mycotoxin)은 사람과 동물에게 급성 또는 만성 장해를 일으킨다. 곰팡이독소로 오염된 식품을 섭취하여 생체에 독작용이 일어나고 병적 증상이 발현되는 것을 진균중독증(mycotoxicosis)라고 한다.

곰팡이독은 곡류, 두류 등의 농산물이 주된 원인식품으로 주로 *Aspergillus*속, *Penicillium*속, *Fusarium*속 및 *Clavicep*속 등에 의하여 생산된다. 곰팡이 자실체는 열에 약해 50~60℃에서 10분 정도 가열처리하면 대부분 사멸되지만 곰팡이독은 일반적으로 열에 매우 안정하여 조리나 가공과정에도 잘 파괴되지 않는다. 곰팡이독은 간장, 신장, 위장, 신경, 조혈 등에 장해를 일으키고 일부 곰팡이독은 발암물질로 알려져 있다.

곰팡이독에 의한 식중독 발생 사례를 보면 1940년대 러시아에서는 *Fusarium*에 의해 생성된 독소로 오염된 곡류를 섭취한 사람들이 백혈구 수가 감소하고 골수가 파괴되는 ATA증(alimentary toxic aleukia, 식중독성 무백혈구증)으로 사망한 사건이 발생하였다. 일본에서도 1946년 동경에서 *Fusarium*에 오염된 밀가루를 섭취하고 다수의 식중독 환자가 발생한 사건이 있었다.

곰팡이독은 장해가 일어나는 생체 내 기관이나 부위에 따라 간장독(hephatotoxin), 신장독(nephrotoxin), 신경독(neurotoxin), 위장독(gastrotoxin) 등으로 분류하고 있다.

표 7-1 곰팡이독의 종류

독 종류	증 상	독 소
간장독	간세포의 괴사, 간경변, 간암 등을 유발	aflatoxin, rubratoxin A, ochration A, cyclopiazonic acid, sterigmatocystin, islanditoxin, luteoskyrin
신장독	신장에 급성 및 만성 장애를 유발	citrinin, citremycetin, kojic acid
신경독	뇌와 중추신경 장애를 유발	patulin, citreoviridin, maltorzine
광과민성 피부염 유발 독	햇빛에 노출되었을 때 과민하게 피부염을 유발	sporidesmin, psoralens

1) 아플라톡신

1960년 영국 농장에서 10만 마리 이상의 칠면조가 폐사하였는데 원인을 확인한 결과 사료의 원료로 진균에 오염된 브라질산 땅콩이 있었으며 진균이 생성한 독소가 원인물질로 판명되어 이 독소를 아플라톡신(aflatoxin)이라고 명명하였다. 아플라톡신은 *Aspergillus flavus*, *A. parasiticus*, *A. nomius*에 의해 생성되는 형광성 대사산물로 독성이 매우 강한 독소이다.

*Aspergillus flavus*는 토양에 널리 존재하는 미생물로 고온다습한 지역에서 땅콩, 옥수수, 쌀, 보리, 밀 등의 농산물에 잘 번식하여 독소인 아플라톡신을 생성한다. 아플라톡신은 강력한 발암성 물질로서 사람과 동물에게 급성 간장장애를 일으킨다. 아플라톡신 B_1은 간의 마이크로좀(microsome)의 대사과정에서 반응성이 높은 epoxide체로 되어 DNA와 비가역적인 공유결합을 형성함으로써 간암을 유발한다. 아플라톡신은 열에 강해 270~280℃ 이상의 열처리를 해야 분

표 7-2 아플라톡신의 종류

Aflatoxin group	Molecular weight	Molecular formula
Aflatoxin P_1	298	$C_{16}H_{10}O_6$
Aflatoxin D_1	286	$C_{16}H_{14}O_5$
parasiticol(Aflatoxin B_3)	302	$C_{16}H_{14}O_6$
Aflatoxin B_1	312	$C_{17}H_{12}O_6$
Aflatoxin Q_1	328	$C_{17}H_{12}O_7$
Aflatoxin G_1	328	$C_{17}H_{12}O_7$
Aflatoxin M_1	328	$C_{17}H_{12}O_7$
Aflatoxin B_2	314	$C_{17}H_{14}O_6$
Aflatoxicol A	314	$C_{17}H_{14}O_6$
Aflatoxicol B	314	$C_{17}H_{14}O_6$
Aflatoxin G_2	330	$C_{17}H_{14}O_7$
Aflatoxin M_2	330	$C_{17}H_{14}O_7$
Aflatoxin B_{2a}	330	$C_{17}H_{14}O_7$
Aflatoxin G_{2a}	346	$C_{17}H_{14}O_8$
Aflatoxicol o-ethyl ether A	342	$C_{19}H_{18}O_6$
Aflatoxicol o-ethyl ether B	342	$C_{19}H_{18}O_6$

해되고, 강산이나 강알칼리에서만 분해되므로 일반적인 조리나 가공과정에서는 파괴되지 않고 독성이 유지된다.

아플라톡신은 대표적인 것으로 청색의 형광을 나타내는 B_1, B_2 및 녹색의 형광을 나타내는 G_1, G_2가 있으며, 유사한 구조를 가진 16종의 물질이 알려져 있다. 아플라톡신은 기본구조로 7,8-dihydrofuro-(2,3-b)-furan(DHFF) 또는 2,3,7,8-tetrahydrofuro-(2,3-b)-furan(THFF)를 가지고 있다.

아플라톡신은 사람과 동물에 위해성이 높기 때문에 세계 각국에서 식품 중의 허용기준치를 설정하고 있다. 우리나라에서는 곡류, 두류, 땅콩, 견과류와 그 가공품에 대하여 아플라톡신 B_1 10㎍/kg을 허용기준치로 하고 있으며, 사료 원료에 대해서는 50㎍/kg을 잠정 허용기준치로 하고 있다. 일본의 경우에는 식품에서는 검출이 되지 않는 것을 기준으로 하고 있으며 사료에서는 10~20ppb 이하로 설정하고 있다. 각국의 아플라톡신 규제치는 표 7-3과 같다.

표 7-3 각국 및 단체의 아플라톡신 규제치

국가명	규제 내용	
한 국	곡류, 두류, 땅콩, 견과류 및 그 단순가공품	10ppb(B_1)
미 국	우유 등	0.5ppb(M_1)
	기타 식품	20ppb(B_1, B_2, G_1, G_2의 총량)
일 본	전 식품	10ppb(B_1)
영 국	너트류	5ppb(B_1)
오스트레일리아	전식품	5ppb(B_1, B_2, G_1, G_2의 총량)
캐나다	너트류	15ppb(B_1, B_2, G_1, G_2의 총량)
스웨덴	너트류	20ppb(B_1, B_2, G_1, G_2의 총량)
	기타 식품	5ppb(B_1, B_2, G_1, G_2의 총량)
러시아	전 식품	5ppb(B_1, B_2, G_1, G_2의 총량)
중 국	곡류, 땅콩	50ppb(B_1)
뉴질랜드	수입식품	15ppb(B_1, B_2, G_1, G_2의 총량)
	수입두류	5ppb(B_1, B_2, G_1, G_2의 총량)
프랑스	유아식 등	5ppb(B_1, B_2, G_1, G_2의 총량)
WHO/FAO	전 식품	20ppb(B_1, B_2, G_1, G_2의 총량)

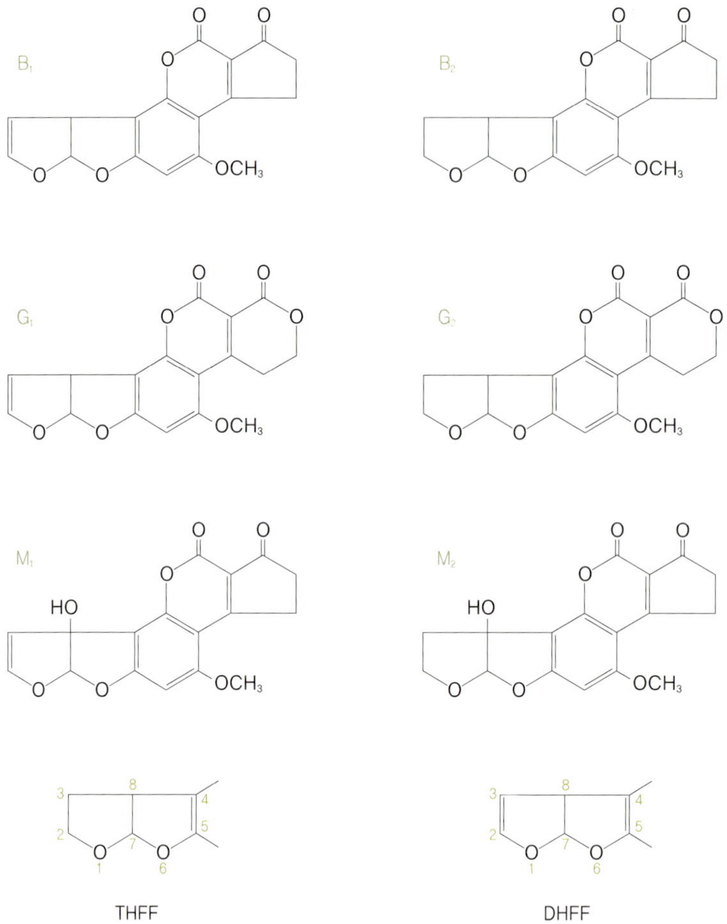

그림 7-14 아플라톡신의 구조

2) 오크라톡신

오크라톡신(ochratoxin)의 생산균은 *Aspergillus ochraceus*이며 오크라톡신 A_1, B_1, C_1, 멜레인(mellein), 4-하이드록시멜레인(hydroxymellein), 4-hydroxyochratoxin A 등 6종류의 독소가 알려져 있다. 오크라톡신은 간장장애, 신장장애를 일으키고 간암 및 신장암을 유발한다. 주로 쌀, 옥수수, 보리, 밀, 콩 등에서 검출되고 있다.

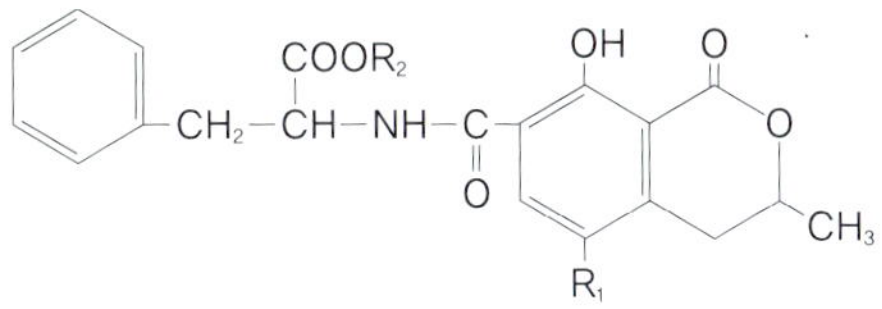

오크라톡신 A_1 : R_1=Cl, R_2=H
오크라톡신 B_1 : R_1=H, R_2=H
오크라톡신 C_1 : R_1=Cl, $R_2=C_2H_5$

그림 7-15 오크라톡신의 구조

3) 루브라톡신

*Penieillium rubrum*은 독성물질인 루브라톡신(rubratoxin)을 생성하며 이는 동물의 간장 손상과 장출혈을 유발하며 간과 비장에 세포변성을 일으키는 만성 독성을 일으킨다. 1957년 Townsend는 *P. rubrum*을 배양하여 루브라톡신 A와 B를 분리하였다.

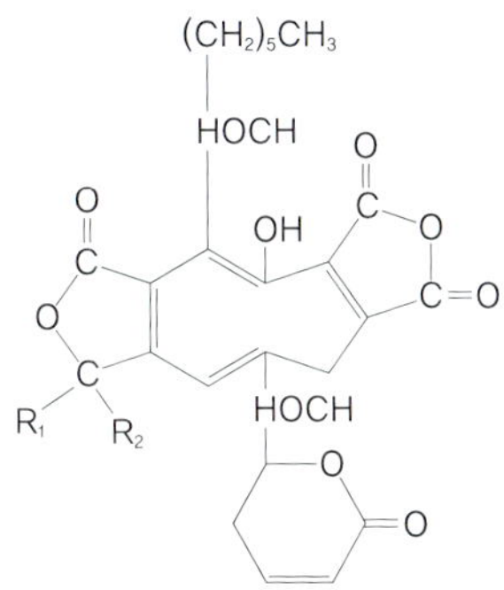

루브라톡신 A : R_1=H, R_2=OH
루브라톡신 B : R_1=R_2=O

그림 7-16 루브라톡신의 구조

4) 파툴린

*Penieillium patulum*은 파툴린(patulin)이라는 대사산물을 생성하는데 이는 신경독으로 이 독소로 오염된 사료를 먹으면 소에게는 뇌부종과 같은 증상이 일어난다. 이 곰팡이독은 *P. ezpansum*, *P. lapidosum*, *P. urtica*, *Aspergillus clavatus*, *A. terreus*, *A. giganteus*, *A. claviforme*, *Byssochlamys nivea* 등에서도 분리되었다. 이 곰팡이독은 쌀, 밀, 콩, 간장, 미역 등의 여러 식품에서 검출되며, 모세혈관 손상, 출혈성 폐부종, 뇌수종 등의 중독증을 일으킨다.

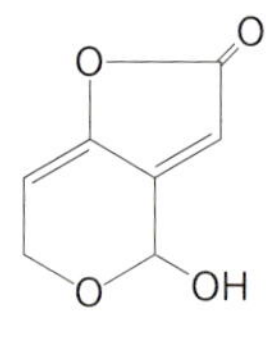

그림 7-17 파툴린의 구조

5) 황변미 독

쌀에 오염된 곰팡이로 인하여 황색으로 변질된 쌀을 황변미(yellow rice)라 하고, 이 곰팡이가 생산한 독소를 황변미 독(Yellow rice toxin)이라고 한다. 황변미를 일으키는 곰팡이는 *Penicillium islandicum*, *P. citrinum*, *P. citreoviride* 등이며 *P. islandicum*은 erythroskyrin, skyrin, rugulosin, luteoskyrin, cyclochlorotine, islanditoxin 등의 독소를 생산한다. Islanditoxin은 간세포를 파괴하여 간경변을 유발하며 luteoskyrin은 지용성 간장독으로 간암을 유발할 수 있다. *P. citrinum*은 독성물질인 citrinin을 생성하며 이것은 신장독으로 neprosis를 일으킨다. *P. citreoviride*는 citreoviridin이라는 대사물질을 생성하는데, 이는 신경독소이다.

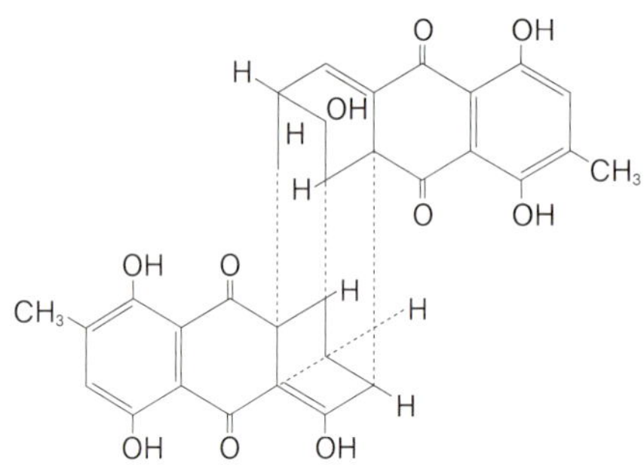

leuteoskyrin

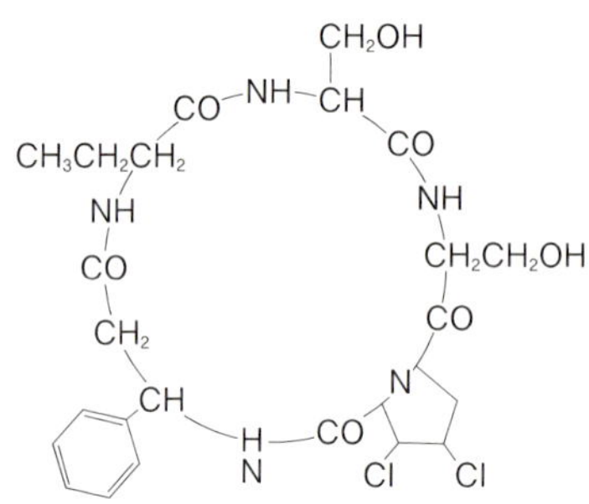

islanditoxin

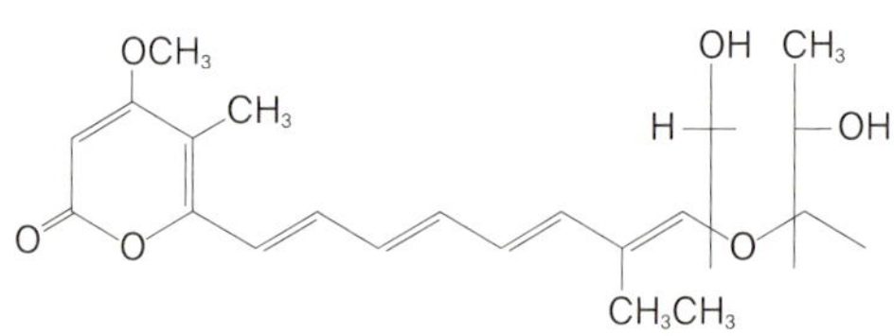

citreoviridine

그림 7-18 황변미 독성물질의 구조

6) 시트리닌

P. citrinum, *P. implicatum*, *P. jensein*, *Aspergillus candidus*, *A. terreus*, *A. niveus* 등은 시트리닌(citrinin)이라는 독소를 생성하는데 이는 신장 손상을 일으켜 독소로 급성, 만성의 네프로제 증후군을 나타낸다.

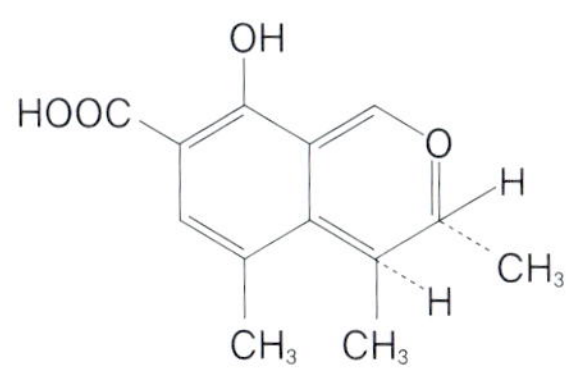

그림 7-19 시트리닌의 구조

7) 퓨모니신

1904년 미국에서 *Fusarium moniliforme*에 오염된 옥수수를 먹은 가축에서 심한 중독현상이 나타난 사건이 보고되었고, 1998년에는 중독을 일으키는 물질로 Fumonisin B_1(FB_1), Fumonisin B_2(FB_2)가 분리되었다. 퓨모니신(Fumonisin)의 이성체 중 FB_1은 오염빈도가 높고 독성이 강해서 말의 뇌백질 연화증(equine leukoencephalomalacia : ELEM)과 돼지의 폐수종(porcine pulmonary edema : PPE)을 유발한다.

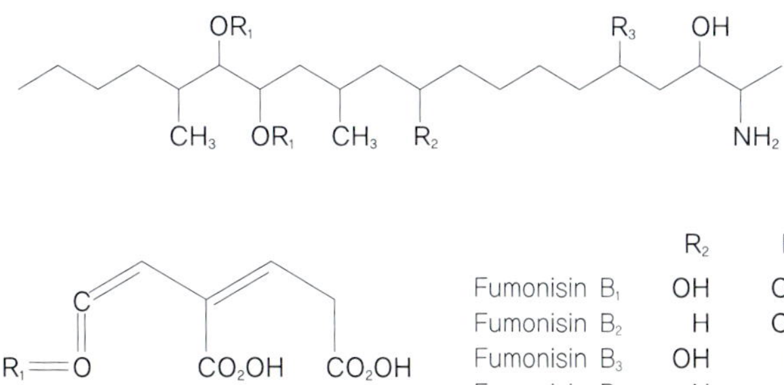

	R_2	R_3
Fumonisin B_1	OH	OH
Fumonisin B_2	H	OH
Fumonisin B_3	OH	H
Fumonisin B_4	H	H

그림 7-20 퓨모니신의 구조

8) 제아라레논

제아라레논(zearalenone)은 *Fusarium graminearum*(Gibberella zeae)의 대사산물로 F-2 toxin 또는 FES(fermentation estrogenic substance)으로 불린다. 동물의 생식기관에 영향을 미쳐 불임증을 일으키거나 비정상적인 발정증후군을 일으키는 독소로서 자외선에는 불안정하나 열에는 비교적 안정하다. *F. roseum*, *F. tricinctum*, *F. oxysporum* 등도 이 독소를 생성하는 것으로 알려져 있다.

9) 맥각독

맥각균인 *Claviceps purpurea*와 *Claviceps paspali*가 개화기에 보리, 호밀과 라이맥 등에 기생하면 맥각병을 유발한다. 맥각균에 오염된 보리나 호밀은 균핵 중에 들어있는 맥각(ergot)으로 인해 색이 흑청색으로 변한다.

맥각독(ergot alkaloids)의 주성분은 ergotamine, ergotoxine, ergometrine과 그 유도체로서 맥각의 급성중독 시에는 구토, 설사, 복통, 두통, 경련, 지각의 이상, 사지의 작렬감 등이 나타나며, 임산부에게는 유산 또는 조산의 증상이 나타난다. 맥각의 만성중독 시에는 경련, 발작, 정신장애 등의 경련형과 말초혈관 순환장애에 의한 사지의 괴저가 발생하는 괴저형의 증상이 나타난다.

memo

Chapter 08

바이러스에 의한 식중독

1. 노로바이러스
2. 로타바이러스
3. A형 간염바이러스

Chapter 08

바이러스에 의한 식중독

최근 세균에 의한 식중독 외에 바이러스에 의한 식중독이 자주 발생하여 바이러스 오염에 대한 주의가 요구되고 있다. 식중독 예방을 위해 식재료 취급과 조리 중 바이러스에 의한 오염을 방지하도록 해야 한다.

1. 노로바이러스

미국의 오하이오주 노워크(Norwalk)에서 식중독이 발생된 이후 이 지역명을 따서 노로바이러스(Norovirus)라고 이름을 붙였다. 노로바이러스는 원형 바이러스로 급성 위장염을 일으킨다. 노로바이러스는 외가닥의 RNA를 가지고 있으며 껍질이 없는 바이러스이다. 노로바이러스는 사람에게만 질병을 유발하는 바이러스로 5개 유전자형(GI, GII, GIII, GIV, GV) 중 2개 유전자형(GI, GII)이 식중독을 유발하는 것으로 알려져 있다. 노로바이러스는 식수와 식품을 잘 오염시키고 감염자의 분변이나 오염된 식품으로부터 전염될 수 있다. 환자의 구토물이나 분변에는 다량의 노로바이러스 입자가 존재한다. 노로바이러스는 감염력이 크고 생존력이 높다. 노로바이러스에 의한 식중독은 연중 발생이 가능하며 2차 발병률이 높다.

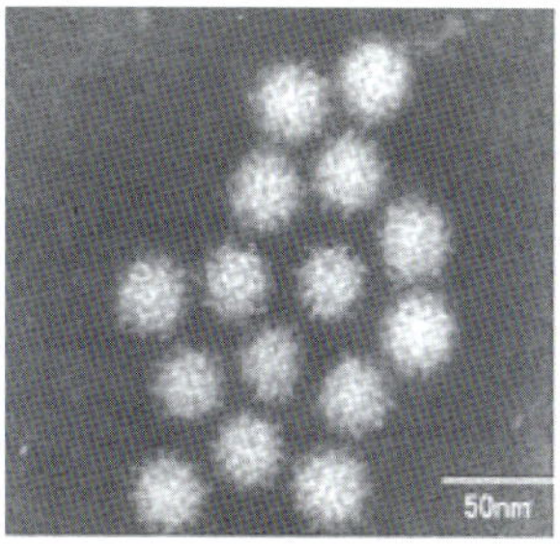

노로바이러스 입자(전자 현미경 사진)

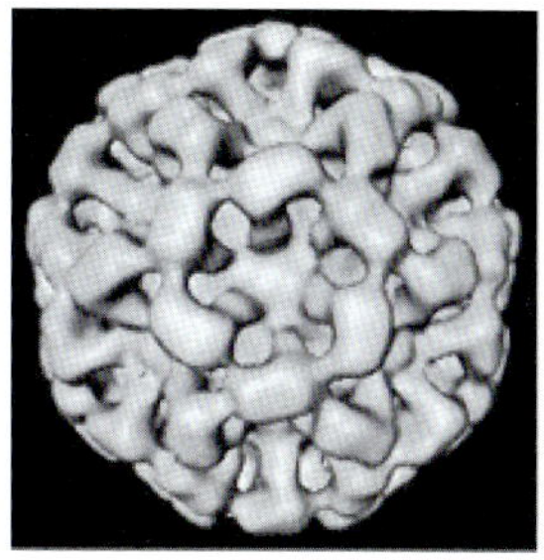

노로바이러스 구조 모형

그림 8-1 노로바이러스의 형태

자료 : 식품의약품안전청

식중독 증상은 섭취 후 24~48시간 후에 오심, 구토, 설사, 복통 등의 경미한 장염 증세를 나타내며 증상이 나타난 후 1~3일 지나면 회복된다. 노로바이러스는 10개만 섭취해도 식중독을 유발할 수 있고 식중독 증상이 없어진 후에도 2주간 전염이 가능하다.

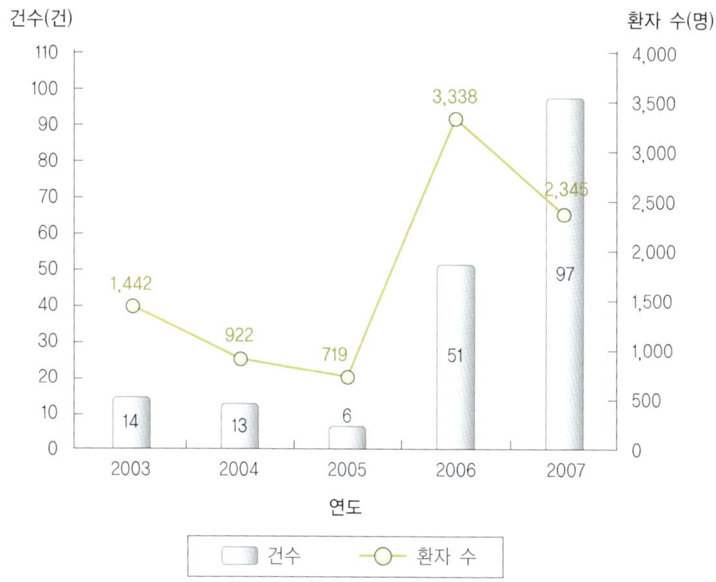

그림 8-2 연도별 노로바이러스 식중독 발생 추이

자료 : 식품의약품안전청

06~07년 월별 발생 건수

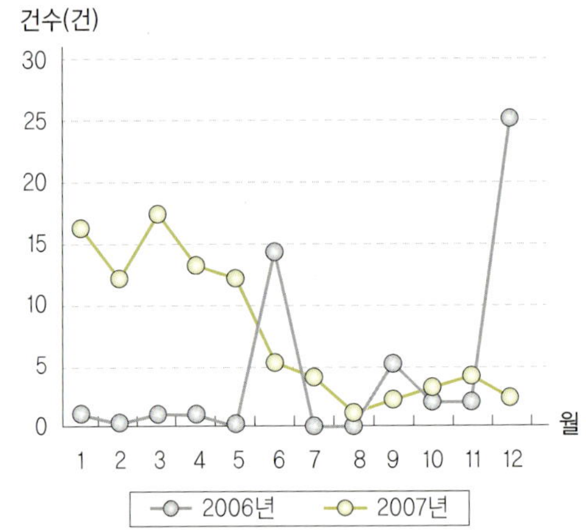

06~07년 월별 발생 환자 수

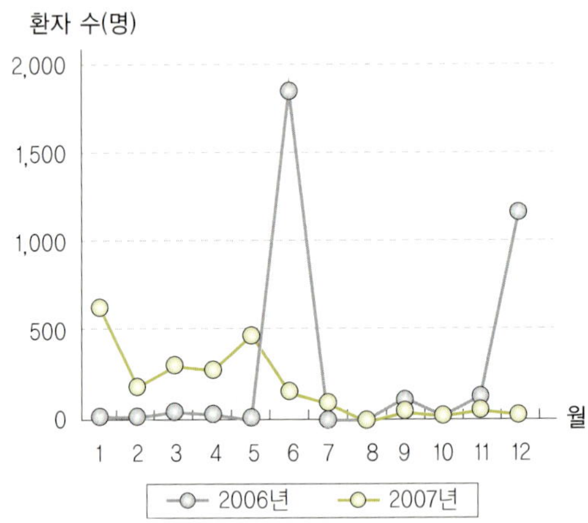

그림 8-3 노로바이러스 식중독의 월별 발생 추이

자료 : 식품의약품안전청

노로바이러스는 85℃에서 1분 이상 가열하면 사멸되므로 물과 식기, 기구 등의 열처리에 의해 예방이 가능하다. 오염이 의심되는 지하수 사용을 자제하고 식수나 세척용으로 사용이 불가피한 경우에는 반드시 끓여서 사용하도록 한다. 감염자의 배설물과 접촉하지 않도록 하며, 접촉한 경우에는 충분히 세척해야 한다. 노로바이러스는 입자가 작고 표면 부착력이 강해 피부에 바이러스가 묻은 경우 비누를 사용하여 흐르는 물에 20초 이상 씻어야 제거가 가능하다. 과일이나 채소는 철저히 씻어 섭취하도록 하며, 굴 등의 어패류는 가열해서 먹도록 한다. 또한 식중독 예방을 위해 화장실, 변기 등은 50배 희석한 염소소독제로 소독하는 것이 좋다.

2. 로타바이러스

로타바이러스(Rotavirus)는 1973년 호주에서 발병한 환자에게서 처음 발견되었으며 바이러스의 모양이 수레바퀴처럼 생겨서 로타라는 이름이 붙여졌다. 로타바이러스는 장염을 유발하는 바이러스로 바이러스의 구조는 2겹의 캡시드로 싸여있고 직경이 약 70nm정도이다. 11개의 이중가닥 RNA를 가지고 있고 항원성에 의해 A~G 혈청형군으로 분류되며 주로 검출되는 것은 A형이다. 잠복기는 1~3일 정도이며 영유아에게 발생하는 경우가 많고 증상은 설사, 구토, 발열, 탈수 등이 나타난다. 대개 1주일 내에 회복되나 바이러스 배설은 증상발현 후 7~8일간 지속된다. 오염된 식수, 식품, 공기로 전파가 가능하다.

3. A형 간염바이러스

A형 간염바이러스(Viral hepatitis A)는 식품이나 물을 매개로 해서 감염되는 간염 바이러스로서 급성 간염을 일으킨다. 잠복 기간은 15일~50일 정도이며 설사, 구토, 발열(38℃ 이상의 열이 3~4일 계속됨), 권태감 등의 증상이 나타난다. 주요 원인 식품은 오염된 식수와 우유, 채소, 샐러드 등의 식품이며 감염자의 배설물도 감염 원인이 된다.

A형 간염바이러스에 의한 식중독을 예방하기 위해서는 조리자의 개인위생을 철저히 하고 식수의 오염을 막고 조리 시 가열을 충분히 하도록 해야 한다.

Chapter 09

식품오염과 잔류물의 안전성

1. 잔류농약
2. 중금속 오염
3. 식품포장재
4. 다이옥신
5. 폴리염화비페닐
6. 방사능오염

Chapter 09

식품오염과 잔류물의 안전성

1. 잔류농약

농약은 모든 농작물에 피해를 주는 해충과 병원균, 바이러스의 방제에 사용되는 것으로 일반적으로 사용 목적에 따라 살충제, 살균제, 제초제 등으로 분류하며, 형태에 따라 유제, 입제, 분제 등으로 분류한다(표 9-1).

1) 농약의 오염경로와 특성

농약은 살균이나 제초의 목적으로 농작물에 사용되고 식품이나, 공기, 물 등을 통해 사람에게 이행된다. 특히 식품의 원료 또는 식품 그 자체에 농약이 남아 있는 것을 잔류농약이라 한다. 농약의 분해속도는 성분의 화학구조와 특성에 따라 다르며 그 잔류기간에 따라 비잔류성, 보통잔류성, 잔류성, 영구잔류성 등으로 구분한다(표 9-2).

농약의 독성은 동물에 대한 투여실험으로 급·만성독성이 결정된다. 급성독성은 간 등의 장기에 부작용을 초래하며 신경계에도 치명적인 영향을 미치는 것이며, 발암성, 유전적 돌연변이성 등은 만성독성으로 나타나는 것이다. 농약은 병충해 방제에 효과가 좋고 장기간 유효하여 잔

표 9-1 농약의 분류

사용 목적에 따른 분류		
분 류	특 성	종 류
살충제	해충의 방제에 사용	소화중독제, 접촉독제, 침투성살충제, 훈증제
살균제	병원성 미생물로부터 농작물을 보호하여 농작물의 질적 · 양적증대 목적으로 사용	살포용 살균제, 종자소독제, 토양살균제
제초제	잡초를 제거하는데 사용	선택적 제초제, 비선택적 제초제
식물성장 조정제	식물의 성장촉진 · 억제, 개화촉진, 착색촉진 등에 사용	–
살균 · 살충제	병원성 미생물과 해충을 동시에 방제	–
보조제	–	전착제, 유화제, 증량제
형태에 따른 분류		
유제, 액제, 분제, 수화제, 입제, 훈증제		
성분특성에 따른 분류		
무기농약	무기물질로 구성	불소계, 비소계, 수은계
유기농약	천 연	로테논, 니코틴
	합 성	유기염소제, 유기인제, 카바메이트제

류효과가 있어야 하지만 원인생물 외에 다른 동물과 인체에는 해를 주지 않아야 한다. 따라서 일반동물과 인체에는 독성이 낮으면서 비교적 잔류기간이 짧은 유기인제 농약이나 카바메이트제 농약, 천연농약을 선호하고 있다.

표 9-2 잔류기간에 따른 농약의 분류

구 분	잔류기간	화학적 분류	예
비잔류성	1~2주	유기인제, 카바메이트제	말라치온, 파라치온 등
보통잔류성	1~18월	–	–
잔류성	2~5년	유기염소제	DDT, BHC, 린데인, 알드린, 헵타크롤
영구잔류성	영 구	금속화합물	페닐머큐리아세테이트, 비산납

자료 : 식품위생관리(2006), 김종규 외, 방통대

2) 무기농약의 종류 및 특성

(1) 불소제

불소제는 유기물과 무기물의 형태가 존재하는데, 불화나트륨(NaF)은 살충력이 강해 오래전부터 동물의 우리 등에 살충제로 사용되어 왔다. 재배용 살충제로 사용된 것은 1924년 마르코비치가 살충제로서 불화물에 대한 연구를 시작한 후부터이며, 몇 가지 불소화합물[sodium(또는 potassium) fluorsilicate, sodium fluraluminate 등]을 소화중독제로 사용하기 시작하였다. 유기불소와 무기 불소제의 종류와 특징으로 표 9-3에 제시하였다.

(2) 비소제

비소제도 유기물과 무기물의 형태로 존재하는데 비소화합물은 생체 내에서 단백질의 변성을 일으켜 세포의 생리기능을 상실하게 하거나 특정한 효소단백질의 -SH기와 결합하여 그 기능을 저해함으로써 독작용을 나타낸다. 비소제의 원료로 쓰이는 비소(As)는 물에 녹지 않으며, 동물이 섭취해도 그대로 배설되어 독성이 나타나지 않는다. 그러나 그 산화물인 삼산화비소(아비산, As_2O_3)나 오산화비소(비산, As_2O_5)는 물에 잘 녹으므로 강력한 살충작용과 식물에 대해 심한 약해작용이 있다.

(3) 기타 금속화합물

구리나 수은의 유기물 또는 무기물의 화합물이 농약으로 사용되는 경우가 있으며, 이들은 사람

표 9-3 불소, 비소, 수은 농약의 종류 및 특성

무기농약		종 류	특 성
불소제	유기불소제	프라톨(살서제), 풋솔(진딧물 살충제)	강한독성, 침투성, 잔류성
	무기불소제	NaF(개미방제, 가죽우리살충)	
비소제	유기비소제	아조진, 데모아로진, 유르바지드	
	무기비소제	비산납	강독성(사용금지)
		비산석회, 비산망간	
수은제	유기수은, 무기수은	–	축적성, 신경장애
구리제	–	보르도액, 황산동	살균제

에게도 독성을 나타낸다. 유기수은제는 살균제로서 종자소독, 토양소독, 벼도열병의 방제 그리고 과일과 채소의 병해 방제 등에 널리 사용되었으나 강한 독성과 축적성 때문에 사용 금지된 것이 많다.

수은제나 납제는 축적성이 강하고 일정량이 축적되면 운동신경이나 뇌신경 등의 신경계에 작용하여 시야축소, 언어장애, 정신착란 등의 중독증상을 일으킨다.

구리제로는 살균제로 쓰이는 보르도액(Bordeaux mixture)과 황산동이 있다.

3) 유기농약의 종류 및 특성

(1) 유기염소제

유기염소제는 화학구조에 염소를 포함하는 고리구조의 염화탄화수소류(chlorinated hydro carbon)이다. 구조에 따라 다섯 가지로 분류하는데 그 특징은 표 9-4와 같다.

유기염소제는 주로 살충제로 이용되며 살균제나 제초제로도 이용된다. 유기염소제는 유기인제에 비해 독성이 적고 급성중독에서 대개 신경독으로 작용하여 식욕부진, 사지마비, 경련 등 중추신경계에 영향을 미치지만, 일반적으로 유기인제에 비해 독성이 낮아 급성중독 사고는 적은 편이다. 그러나 유기염소제는 토양에서도 오랫동안 잔류하므로 물을 오염시킴과 동시에 다른 생물체를 통하여 음식물로 이행, 농축되고 만성중독을 일으킬 가능성이 크다. 이처럼 잔류성이 크며 지용성이기 때문에 인체의 지방조직에 축적될 수 있어 세계 각국에서는 사용금지나 사

표 9-4 유기염소제 농약의 종류와 구조

유기염소제	종 류	구 조
DDT류	DDE, TDE, 에틸란, 메톡시크롤 클로로 벤질레이트	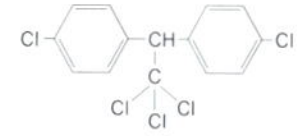 DDT
BHC	α-, β-, γ-(린데인), δ	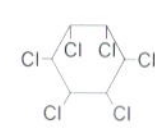 γ-BHC
사이클로데인과 유사 화합물	클로로테인, 헵타클로르, 알드린, 디엘드린	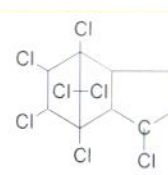 햅타클로르 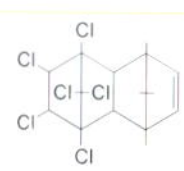 알드린
톡사펜과 관련화합물	염화캄펜놀 60~70% 함유	–
미렉스와 클로르데콘	–	–

용제한을 하고 있다. 중독시 대처법이 없으며, 95% 소실하는데 소요 년 수가 3~10년으로 위험하다.

(2) 유기인제

유기인제는 그 기본구조에 따라 여섯 개 군으로 나눌 수 있으며, 주로 사용되는 것은 정인산의 유도체이다. 즉, 5가의 인이 중심이 되고 이것에 이중결합을 가진 산소 또는 황이 결합되어 있다. 대체로 인산화합물은 티오인산화합물보다 불안정하지만 생리적 작용은 강하다. 예를 들면, 파라옥손은 파라치온보다 불안정하여 가수분해의 속도가 훨씬 빠르며 생쥐에 대한 독성은 파라옥손이 파라치온보다 약 10배 더 강하다.

파라치온과 파라옥손이 살충제로 널리 쓰였으나 포유류에 대한 높은 독성 때문에 다른 제제로 대치되었다. 최근에는 독성이 낮으며, 효력이 크고 선택성이 강한 것들로 수미치온, 말라치온, 페니트로치온, 바이시드, DDVP, 다이아지논, EPN 등이 개발되었다.

유기인제는 주로 살충제로 이용되며 신경독으로 작용하는 제제들이다. 특히 유기인제는 신경세포 내의 신경전달물질인 아세틸콜린의 분해에 관여하는 효소인 콜린 에스테라아제의 작용을 억제한다. 콜린 에스테라아제는 신경자극 전도에 의해 유리된 아세틸콜린을 콜린과 아세트산으로 분해하는 역할을 한다. 유기인제에 중독되면 이로부터 자극전달물질인 아세틸콜린의 분해가 이루어지지 않아 자극전달이 계속되므로 생리적인 이상을 일으켜 중독 상태에 이르게 된다. 곤충류의 뇌신경에는 온혈동물의 뇌신경보다 다량의 아세틸콜린 및 콜린 에스테라아제가 존재하기 때문에 살충작용이 심하게 일어나게 된다.

유기인제 살충제는 살충력이 탁월하고 적용 해충의 범위가 넓다. 특히 파라치온이나 포스드린 등은 작용이 강하여 식입성 해충에 대해서도 효과가 크다. 한편 유기인제는 동 · 식물 체내에서의 분해가 빠르므로 만성중독이 거의 없다. 이것은 에스테르이므로 동 · 식물 체내에서 효소계의 작용을 받아 분해가 용이하며 따라서 체내에서 오래 잔류하지 않는다.

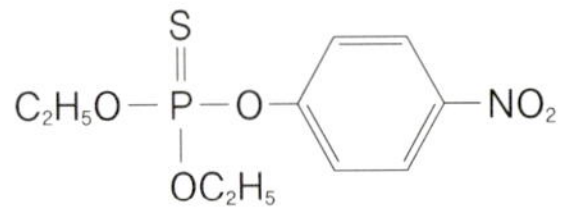

파라치온(Parathion)

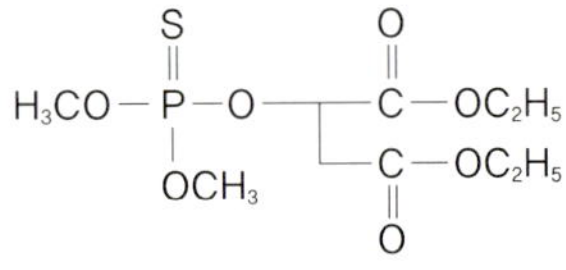

말라치온(Malathion)

그림 9-1 유기인제 농약

급성중독으로 오심, 구토, 발한, 혈압상승, 현기증, 두통, 발열이 나타난다.

유기인제 및 카바메이트제 농약 노출 시 치료법

Tip

- atropin주사 : 자극완화
- 물 섭취 후 구토, 양성비누로 피부세척
- 과일, 채소 : 산성액으로 세척
- 반감기(1~32hr)가 짧으므로 수확 10일 전부터 살포금지

(3) 카바메이트제

카바메이트제는 N-메틸, 또는 N,N-메틸카바메이트의 에스테르이다. 그 구조식에서 R_1이 -H이고 R_2가 $-CH_3$일 경우에 가장 살충력이 강력하고 안정하다고 알려져 있다. 또한 페닐 치환체에 있어서는 오르토(*o*) 위치에 치환기가 있는 것이 가장 살충력이 강하다(그림 9-2).

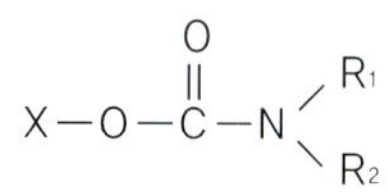

그림 9-2 카바메이트제 농약

카바메이트제 살충제의 작용기전은 유기인제와 유사하게 아세틸콜린 에스테라아제의 활성을 저해한다. 이 때문에 정상적인 신경자극전달이 방해 또는 중단되어 신경의 이상흥분이 일어나는 등 생리작용의 이상이 일어나고 심하면 죽음에 이른다. 이렇게 카바메이트제는 유기인제와 유사하게 작용하지만 그 정도가 유기인제에 비해서는 약하고 가역적이며 인축에 대한 독성이 비교적 낮다. 또 카바메이트제는 화학적으로 안정하여 체내에서 빨리 대사되므로 유기염소제처럼 가축의 체내에 축적되어 만성중독을 일으킬 염려가 적다.

주요 카바메이트제

- 살충제 : 카바릴, BPMC, CPMC, 페토바이카르브, 카보설판, 이소프로카르브, 카보푸란, 프리미카르브, 메토밀, 프로폭수르
- 살균제 : 베노밀과 치오파네이트메틸
- 제초제 : 바르반, 클로르프로팜, 프로팜 및 벤티오카르브 등

(4) 유기수은제

유기수은제는 체내 흡수가 용이하고 배설 속도가 매우 느려 만성중독에 걸리기 쉽다. 주된 증상으로는 피부염, 위장장애, 신경증상을 보인다. 알킬 수은 중독은 시야축소, 언어장애 등으로 회복불능이 되기도 한다. 신경중독(간질과 유사), 식욕부진, 사지마비, 경련이 나타나며 태반을 통해 이행하여 태아에게 영향을 미치기도 한다.

4) 천연농약의 종류 및 특성

천연농약이란 주로 식물에 함유되어 있는 유효성분을 추출하거나 그대로 분말로 해서 살충제로 사용하는 것을 말한다. 니코틴, 로테논 및 피레스린은 널리 사용되고 있는 살충제로서 이들의 장점은 접촉제로서 효과가 빠르며, 다른 합성농약에 비해 식물에 대한 약해작용이 적고 사람에 대한 독성도 낮은 점이다. 그러나 유효성분이 분해되기 쉬워서 남아 있는 시간이 짧고 오랫동안 작용할 수 없으며, 원재료 자원의 제한을 받는 단점이 있다.

(1) 니코틴

니코틴은 담뱃잎 중에 유기산의 염류로 들어 있는 알칼로이드의 일종이다. 니코틴의 살충효과는 접촉독(피부접촉으로 독성작용을 나타냄), 가스독, 식독(섭취 시 독성작용을 보임)으로 작용하지만 주로 휘발된 가스 상태의 니코틴이 곤충의 기문을 통해서 체내에 침입하여 중추신경에 작용, 흥분, 경련, 마비를 일으켜 죽음에 이르게 하는 신경독이다. 이는 신경근육 접합부와 중추신경계의 자동신경절에 있는 니코틴 수용체를 자극해서 아세틸콜린처럼 작용하는 것으로 알려져 있다. 척추동물의 중독 시 구토, 근육쇠약, 근육의 섬유화, 간대성 경련, 호흡곤란 등이 발생한다.

(2) 로테논

로테논은 '데리스'라고도 불린다. 유효성분은 주로 콩과식물의 뿌리에 들어 있으며 함량은 품종, 수령, 수확기 등에 따라 다르다.

로테논은 접촉제, 소화중독제, 기피제로서의 작용을 가지고 있지만 이들 가운데 농약으로서의 실제적 효과의 주체를 이루는 것은 접촉제로서의 작용이다. 피레스린과 비교해 보면 곤충에 대한 마비력은 피레스린보다 약하지만 지효성으로 효과가 확실한 이점이 있어서 피레스린보다 많이 사용한다.

(3) 피레스린

피레스린은 국과 식물인 제충국으로 만든 약제이다. 피레스린이 곤충의 기문 또는 피부를 통해서 침투되면, 침투 즉시 신경을 마비시켜 죽음에 이르게 한다. 즉, 먼저 중추 및 운동신경을 마비시켜서 전도를 일으켜 움직이지 못하게 하며, 마비가 계속되면서 결국에는 죽음에 이르게 되지만 양이 적으면 일시적인 마비에서 다시 소생하게 된다.

2. 중금속 오염

중금속은 동물의 간이나 신장에 축적되어 장기의 이상을 초래한다. 중금속은 체내에서 배설이 아주 느리게 진행되므로 계속해서 금속에 노출되는 경우에는 체내에 서서히 축적된다. 이런 금속이 체내에서 제거되는 정도를 생물학적 반감기라고 하며 이것은 성별, 연령, 노출시간, 개인의 특성 등에 따라 달라진다.

1) 카드뮴

1920년경 일본 도야마현 진쯔강 유역에 허리와 관절에 심한 통증을 느끼고 고통을 호소하는 독특한 증세의 병을 앓고 있는 주민들이 발견되기 시작하였다. 병의 초기에는 등과 허리에 통증이 있고 뒤뚱걸음을 하며, 골연화증과 골다공증을 보였는데 일본말로 '아프다 아프다' 하여 '이타이이타이(いたいいたい)병'이라 불리게 되었다. 수십 년이 지난 후 그 원인은 진쯔강 50km 상류에 있는 한 아연 광산에서 버려진 카드뮴이 다량 함유된 폐수에 의하여 강물과 논밭이 오염되었기 때문이라는 사실이 밝혀지게 되었다. 이곳에서 재배된 농작물은 당시 카드뮴(Cd) 함량이 일반적인 다른 농작물에 비하여 10배 이상 달하였다고 전해지며, 이러한 농작물과 오염된 식수를 오랜 기간 섭취하면서 주민들이 카드뮴 중독에 의하여 일어난 질병임이 알려지게 되었다. 우리나라는 1990년 경남 양산 공단 내의 플라스틱 분쇄기 제조업체의 근로자 두 명이 신종 직업병인 카드뮴 중독으로 판명되어 요양 승인을 받은 것이 최초로 알려져 있다.

카드뮴의 인체노출경로는 식품(83%), 흡연(13.3%), 음용수(3.2%), 대기호흡(0.5%) 등으로 식

표 9-5 현행 식품공전 중 카드뮴 기준 (단위 : mg/kg : ppm)

구 분	식 품	기 준
식품 일반의 규격	패류(생물 기준)	2.0 이하
	쌀, 배추, 시금치	0.2 이하
	옥수수, 대두, 팥, 감자, 고구마	0.1 이하
음료류	과실 · 채소류음료, 탄산음료류, 기타 음료	0.1 이하
인삼 제품류	인삼음료, 홍삼음료, 인삼통병조림	0.1 이하
기타 식품류	재제 · 가공 · 정제 소금	0.5 이하

품을 통한 인체로의 노출이 가장 큰 것으로 보고되고 있다. 급성 카드뮴 중독증상은 카드뮴에 노출되고 수 시간 내에 인후점막의 통증, 두통, 가슴의 통증, 기침, 호흡곤란과 체중상승 등이 일어나는 것으로 보고되어 있으며, 만성중독으로는 신장부의 손상, 퇴화 등이 나타난다.

카드뮴의 건강에 대한 영향은 노출량과 노출기간에 따라 다르게 나타난다. 보통 자연적으로 존재하는 카드뮴의 양은 폐에 손상을 일으킬 만큼 농도가 높지는 않다. 다만 특별한 작업장에서 근무하는 근로자의 경우는 고농도의 카드뮴에 노출될 수 있어서 이러한 경우 작업장의 안전 관리 기준에 따라 작업장 관리가 이루어져야 한다. 특히 일반 물 공급 시스템은 카드뮴의 함량을 정기적으로 검사하고 있으며, 개별 식품에 관해서는 표 9-5와 같은 기준 및 규격을 마련하여 지속적으로 관리 감독하고 있다.

카드뮴 섭취를 줄이기 위해서는 그 근원을 잘 알아야 한다. 카드뮴의 주 오염원은 각종 금속 제련공정, 카드뮴화합물 제조, 안료 등을 꼽을 수 있다. 흡연자의 경우 담배 한 갑당 2~4㎍의 카드뮴을 흡입하는 것으로 알려져 있다. 따라서 담배를 피우지 않으며, 영양가 있는 식품 섭취 등을 통하여 카드뮴의 건강에 대한 피해를 줄일 수 있다.

2) 비 소

비소(As) 중독은 1900년 영국에서 맥주에 비소(As)가 함유되어 7,000여 명의 환자가 발생하고 70여명이 사망하는 사고가 발생하면서 관심을 가지게 되었다.

비소는 체내 -SH기를 갖는 효소의 작용을 저해하여 세포호흡에 장해를 일으킨다. 비소의 표적장기는 뼈, 모발, 손, 발톱으로, 뼈에는 비산칼륨의 형태로 존재하고 모발과 손, 발톱에는

-SH기와 결합하여 축적된다. 흡수된 비소의 대부분은 소변으로 배설되고 대변으로도 소량 배출된다.

비소의 독성은 아비산(삼산화비소, As_2O_3)이 강하다. 사람에 대한 중독량은 5~50mg/70kg, 치사량은 100~300mg/70kg 정도이다. 급성은 심한 구토와 설사를 동반하는 위장형과 근육경직, 안면부종, 심장장애 등이 있다. 만성중독은 영양장애, 신경증상, 흑색증(melanosis) 등을 일으킨다. 손톱에 횡초백선(Mee' s line)이 나타나기도 한다.

3) 수 은

1950년대 일본의 미나마타만에서는 수천 명의 주민들에게 원인을 알 수 없는 전신마비, 시력 또는 청력장애 증세가 발생하였으며 신생아의 경우 뇌성마비 증세를 보이는 사건이 일어났다. '미나마타병 사건' 으로 세상에 알려진 이 사건의 원인은 미나마타만 인근 공장에서 배출된 폐수에 포함된 메틸수은에 오염된 어류를 주민들이 섭취하여 발생하였다.

메틸수은과 같은 유기수은은 무기수은보다 독성이 클 뿐만 아니라 인체 내에서 제거되는 기간이 매우 느리기 때문에 인체 내에 축적될 수 있고 과량 축적 시 심각한 질병을 유발할 수 있다.

우리 몸에 들어온 메틸수은은 거의 혈액으로 흡수되며 4일 이내에 모든 조직으로 분포될 만큼 흡수가 잘 되는 것으로 알려져 있다. 반면에 메틸수은은 인체 내에서 매우 천천히 제거되기 때문에 과량 축적 시 심각한 부작용을 유발할 수 있다.

유기수은은 지방용해도가 높기 때문에 소화관에서 흡수가 빠르고 태반관문도 쉽게 통과하기 때문에 태아에게 치명적 중독을 일으킬 수 있으며 지방성분이 많은 중추신경계통에도 영향을 미친다. 수은은 체내에 흡수되면 주로 뇌, 간, 신장에 축적되며 총 수은량이 30ppm 이상이 되면 수은 중독 현상을 일으키는 것으로 알려져 있다. 수은 중독 시는 운동장애, 언어장애, 난청, 사지마비 등의 만성신경계 질환이 발생하고, 산모가 중독되면 태아의 신경계 부작용을 초래할 수 있다.

수은(Hg)은 상온에서 액체 상태로 존재하는 유일한 금속으로, 주로 온도계, 형광등, 살균제, 살충제, 페인트, 안료 등의 재료로 쓰인다. 무기수은은 토양 등 환경 중 미생물의 활동으로 유기물 형태인 메틸수은으로 전환된다.

현재 식품의약품안전청에서는 심해성 어류, 다랑어류, 새치류를 제외한 해산 어 · 패류와 담수어의 중금속 잔류허용기준을 총수은 0.5mg/kg 이하로 정하고 있으며, 메틸수은은 심해성 어류, 다랑어류, 새치류에 한하여 1.0mg/kg 이하로 규정하고 있다. 또한 수질환경기준(불검출) 및 토양오염기준(4~40mg/kg)을 설정하고있다. 이와 함께 현재 수은건전지는 국내에서 제조 · 수입하지 않고 있으며, 알칼리 · 망간 건전지는 '94년부터 수은 함량을 1ppm 이하로 규제하고 있다.

4) 납

납(pb)은 수도관이나 연판의 접촉, 도자기의 유약, 통조림의 땜납으로 인한 용출로 문제가 되고 있는데 납의 섭취량은 60%가 식품에서 유래하며 일반인의 체내 1일 흡수량은 100~350㎍으로 추정한다.

무기납은 주로 호흡기와 소화기를 통해 인체로 이행되며 유기납은 피부를 통하여 흡수된다. 흡수된 납은 장기나 조직으로 운반되어 축적되는데 혈액과 연부조직에 축적되어 빠르게 교환이 가능한 납, 피부나 근육에 있는 교환이 중간정도인 납, 안정된 상태로 뼈에 존재하는 납 등으로 존재한다. 체내에 축적된 납의 약 2%만이 빠르게 교환이 가능하며 혈액의 납 중 90% 이상이 적혈구에 결합되어 있는데 보통 혈액의 납이 체내흡수 납의 지표로 사용되지만 납은 다른 물질에 비해 빨리 제거되므로 축적량을 반영하지는 못한다. 납의 흡수가 증가하면 혈색소와 적혈구 수가 감소하며 수명을 단축시킨다.

사람에게서 납의 중독량은 1~5mg/70kg이며 특히 비산납은 독성이 크다. 급성의 중독 증상은 구토, 복통, 신경장애 등이며 만성의 증상은 권태감, 피부, 치아의 장애, 근육마비 등이다.

납중독의 판정지표

Tip

- 델타 : 아미노레불린산(소변)
- 코르프로포르피린(소변)
- 델타 : 아미노레불린산수소효소
- 징크 : 프로토포르피린(적혈구)

3. 식품포장재

1) 비스페놀 A

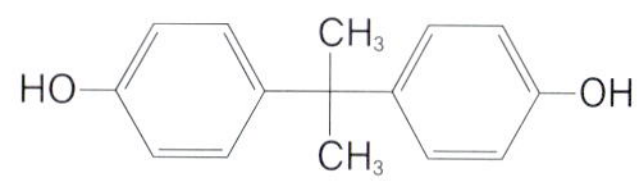

그림 9-3 비스페놀 A

비스페놀 A(2,2-bis[4-hydroxyphenyl]propane)는 주로 폴리카보네이트(polycarbonate, PC)와 에폭시 수지(epoxy resin)의 원료물질로 사용되며, 그림 9-3과 같은 구조를 갖는 화학물질이다.

비스페놀 A는 1891년 러시아의 화학자 디아닌에 의해 처음 합성된 것으로, 생체로 이행되면 생체호르몬과 유사한 분자구조를 가지고 있어 호르몬 수용체를 인식하여 결합하고 활성화 되어 에스트로겐 유사물질로 작용함으로서 내분비 교란을 일으킨다. 비스페놀 A는 쥐에서 초기단계의 유방암과 전립선암을 발병시켰고 수컷의 정자수를 감소시키고 사춘기를 빨리 나타나게 하며 유방과 생식기를 손상, 퇴화시켰다.

비스페놀 A를 원료로 한 폴리카보네이트 수지는 플라스틱이지만 깨지지 않아 젖병, 접시, 컵 등 주방용기나 전자레인지용 기구 등에 이용되어 왔다. 그러나 이 용기에 액체를 넣고 가열하면 비스페놀 A 가 음식으로 이행되어 인체에 영향을 미칠 수 있다.

에폭시 페놀 수지는 기계적 특성이 뛰어나 저장고의 코팅제, 목재나 금속의 이음새, 열쇠고리, 핸드폰 줄의 장식물 재료 등에 사용되는데 이 중에 가장 문제가 되는 것은 캔 음료의 뚜껑 안쪽이나 이음새 부분으로 캔음료의 보온이나 재가열 시 비스페놀 A가 용출된다.

참고로, 국내 유통 중인 유아용 젖병(PC 재질)에 대하여 전자레인지에서 조리한 후의 비스페놀 A 이행량을 조사하기 위해 젖병에 물을 담아 전자레인지에서 1분, 2분, 3분, 4분, 5분간 각각 시간을 달리하여 조리한 후, 용출액 중의 비스페놀 A 함량을 측정한 결과, 모두 검출되지 않았

비스페놀 A의 용출규격

- 우리나라 : PC재질 기구 등의 포장에 대해 25ppm 이하(비스페놀 A 0.6ppm 이하)
- 일본 : 우리나라와 동일
- EU : 비스페놀 A에 대해 0.6ppm 이하
- 미국 · 캐나다 : 별도 규정 없음

Tip

유아용 젖병 사용 시 주의사항 – 비스페놀 A 저감화

- 과도하게 끓이는 경우 젖병과 젖꼭지의 손상을 가져올 수 있다.
- 젖병 안쪽 표면이 긁히거나 손상되어 있다면 즉시 교체하여 한다.
- 끓는 물에 소독 시 젖병은 2~3분간, 젖꼭지와 부속품은 30초 정도만 소독해야 한다.

다. 유아용 젖병을 포함하여 현재 국내 수입되는 식품용 기구 및 용기 · 포장에 대해서는 수입 시 관할 지방 식품의약품안전청에 신고하도록 되어 있으며, 이때 제품의 재질별 정밀검사를 실시하여 적합한 제품에 한하여 수입되고 있다.

2) 프탈레이트

프탈레이트는 열가소성 수지 중 polyvinyl chloride(PVC) 제품의 제조 시 가소제로 첨가되어 유연성을 제공하여 부드럽게 하거나 화장품, 알루미늄 호일, 식품용기의 잉크에 널리 사용된다. 프탈레이트의 종류는 디에틸헥실프탈레이트, 디부틸프탈레이트, 부틸벤질프탈레이트, 폴리에틸렌테레프탈레이트 등이 있는데 다른 것은 비교적 위험하나 폴리에틸렌테레프탈레이트은 안전성이 인정되어 여러 나라에서 사용되고 있다.

가소제 프탈레이트는 플라스틱과 단단한 결합이 어려워 플라스틱에 녹아나온다. 프탈레이트는 대부분의 내분비계 장애물질(환경호르몬)처럼 지용성이어서 버터, 마가린 등의 유지류 식품을 오염시키므로 용기 선택 시 유의하여야 한다.

우리 생활 속에서 프탈레이트류는 PVC튜브에 약 80%, 장난감 및 의료용구에 약 8%, 향수 등 화장품류의 용매로 약 50%까지, PVC파이프에 중량대비 약 10~20% 정도 혼합되어 사용되고 있는 것으로 알려져 있다. 이 밖에도 식탁보, 바닥타일, 가구 장식품, 샤워커튼, 정원호스, 수영장 라인, 비옷, 아기팬티, 인형, 장난감, 신발, 자동차 장식품, 덮개, 포장필름, 포장지, 전선, 케이블선, 의료통, 혈액 보관백, 일회용 의료장비, 수술 장갑 등에도 사용되고 있다.

우리 몸에서 프탈레이트는 급성독성은 낮으나, 지방 대사의 변화, 고환위축, 생체이물 대사의 장애 등이 나타나는 것으로 알려져 있으며, DEHP의 경우 동물실험에서 정소위축과 정자 수 감소를 유발하였고, 혈청에서 testosterone의 감소와 estradiol의 증가가 유도된 것으로 알려졌다.

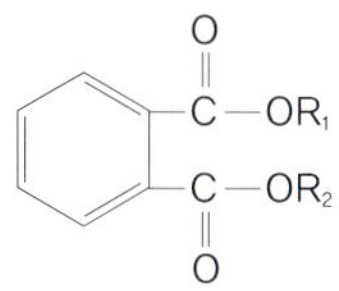

그림 9-4 *o*-프탈산 에스터의 일반구조

현재 프탈레이트는 환경부와 식품의약품안전청에 의하여 관리되고 있다. 환경부에서는 DEHP, DHP, BBP, DPrP, DBP, DCHP, DPP, DEP에 대하여 '내분비계 장애물질' 로 규정하고 있으며, 식품의약품안전청에서는 DEHP에 대하여 식품에 혼화할 우려가 있는 경우 기구 및 용기 · 포장 제조 시 사용금지(PVC재질 용출규격 1.5mg/L)로 규정하고 있다. 또한 젖병 제조 시에는 DBP와 BBP의 사용을 금지하고 있다.

3) 스티렌

스티렌(다이머, 트리머)은 지용성이며 인화성이 매우 큰 무색의 액체이고, 특유한 냄새를 가진 화합물로 화학식은 $C_6H_5CH=CH_2$이다. 스틸렌은 비닐기가 있어 쉽게 중합하므로 폴리스티렌 수지나 폴리에스테르 수지의 단량체 성분이나 도료의 원료로 쓰인다. 폴리스티렌은 도시락, 두부 포장, 요쿠르트병에 사용되고 가스충진하여 발포시킨 폴리스티렌(PS) 용기는 일회용 식기, 컵라면 용기, 도시락 용기로 사용되는데 이때 끓는 물을 부어 익히는 동안 폴리스티렌의 성분인 스티렌다이머나 스티렌트리머가 식품으로 이행된다. 이 물질은 내분비계 장애추정물질로 인정되고 있다. 우리나라 식품의약품안전청에서는 폴리스티렌 컵라면 용기는 전자레인지에서 사용을 하지 말 것을 권하고 있다.

4) 구리, 안티몬

구리(Cu)는 전성과 열전도성이 좋고 비교적 부식되지 않으므로 음식물용 기구나 용기로 사용하기에 적합하다. 구리는 인체에 대해서는 필수원소이지만 반면에 유해하기도 하며, 특히 녹청에 의한 화학성 식중독에 주의하여야 한다. 구리뿐만 아니라 놋쇠, 청동, 양은 등의 구리 합금도 역시 같은 주의가 필요하다. 구리는 중성이나 알칼리성 용액에서는 안정하지만 산성 용액에서는 용출되기 쉬우므로 산성 식품의 조리시에는 구리재질 용기 사용을 주의하여야 한다.

안티몬(Sb)은 식기, 도자기, 고무관 등의 착색료나 에나멜 도료에 사용된다. 또 세공하기 쉽기 때문에 식품제조용 기구나 용기에 사용되기도 한다. 안티몬을 사용한 법랑제 식기가 닳아서 벗겨지면 안티몬이 용출될 수 있다.

산성 식품(특히 음료)이 안티몬을 함유하는 기구와 접촉하면 식품 중의 유기산과 반응하여 토주석과 같은 가용성 염이 생성되어 중독을 일으키는 경우도 있다. 실제로 법랑제 도자기를 제조할 때 안료로 산화안티몬을 사용한 것이 유기산 함유 음료에서 용출되는 사례가 있다.

5) 카드뮴, 아연, 주석

카드뮴(Cd)은 내수성이 좋아 도금에 자주 사용되며 땜납에 주석 대용으로 알루미늄 용제나 유약의 안료 등으로 사용되기도 하고 플라스틱제 용기에 안정제로서 카드뮴의 스테아린산염이 사용되기도 한다. 또 식기나 식품 제조용 기구 등에 사용되기도 한다. 이러한 용기는 중성이나 알칼리성 식품에는 사용할 수 있지만 산성 식품, 특히 산성의 액체에는 녹기 쉬우므로 사용하지 않는 것이 좋다. 특히 아연과 공존하여 용출하면 미량에서도 중독을 일으킬 위험성이 있다.

아연(Zn)은 주로 함석, 백색 안료, 놋쇠 등의 합금으로 널리 사용되고 있다. 아연 도금한 식기구나 용기가 다양하게 많이 사용되는데, 이로부터 아연이 용출되어 중독을 일으킬 수 있다.

중독 사례로는 아연이 함유된 양철판을 사용한 제빵기로 만든 빵을 먹고 중독된 경우, 양동이 중의 아연이 용출된 칼피스를 마셔 중독된 경우, 그리고 아연이 섞인 생철지붕에서 빗물을 받아 마시고 중독된 경우 등이 있다.

식품 용기 및 포장으로 사용하는 금속캔은 철판에 주석을 도금한 것이 많다. 또 합성수지, 특히 PVC의 안정제로 옥틸주석이 사용되며, 그 밖에도 알킬주석이 방부제로서 녹말공업의 정제에 사용되기도 한다.

주석(Sn : Tin)으로 도금하면 철의 용출이 지연되지만 도금이 불안전하여 세공이 있을 때나 산성 물질, 또는 산소 등이 존재할 때는 국부 전류가 흘러 주석이 용해되어 장기간 보관하면 캔이 팽창하여 부풀어 오르는 일이 있다. 또 식기나 통조림관 등에서 주석이 식품에 녹아 들어가는 경우가 있다. 특히 통조림의 경우 수백 ppm의 주석이 검출된 예가 있다. 이러한 문제를 예방하기 위하여 보통의 금속캔 이외에 내면도장을 한 캔을 많이 사용한다.

6) 가공지, 셀로판, 알루미늄박

가공지는 종이를 합성수지와 조합하여 가공한 내수성, 방수성, 유연성, 내유성 등이 강화되고 열접착도 가능해짐으로써 식품 포장에 다양하게 사용되고 있다.

가공지는 종이 제조과정에서 합성수지(멜라민수지, 요소수지 등)가 혼합되는 경우가 있다. 또 제조 후 방습, 방수의 목적으로 왁스 또는 합성수지를 도장가공하거나 알루미늄과 폴리에틸렌 박으로 하거나 또 복합필름으로서 폴리에스테르 및 폴리아미드 등을 라미네이션한 다층 포장용 가공지가 있다.

식품과 직접 접촉하는 종이제품의 착색에는 식품첨가물로 지정된 착색료 이외에는 사용해서는 안된다. 그러나 고지를 재생할 경우에는 무색을 만들기 위해 탈색이나 표백할 때 형광증백제를 사용하는 일이 있다. 많이 사용되는 형광증백제는 디아니모스틸벤설폰산의 유도체이다. 그러나 일부 형광증백제는 폐암과 관련된 논란이 있어 현재는 식품포장지나 냅킨 등에 형광증백제가 혼입된 것이나 존재하는 것은 사용을 금지하고 있다.

셀로판은 재생섬유소의 일종으로 장점은 투명하고 인쇄가 잘되어 내유성, 유기용제에 대한 저항성 등이 우수하며, 또 가스 투과성이 낮은 점이다. 그러나 방습성, 내산성, 내알칼리성, 열접착성이 낮은 단점이 있다.

이러한 단점을 보완하기 위하여 염화비닐이나 염화비닐리덴 등을 코팅한 방습 셀로판이 만들어져서 건조식품의 포장에 많이 사용되고 있다. 또 셀로판은 그 특성을 살리고 단점을 보완하기 위하여 다른 필름과 적층하여 사용되기도 한다. 또 셀로판에 파라핀을 도포한 제품이 일부 식품의 포장에 사용되고 있다.

알루미늄박(aluminum foil)은 무미, 무취이며, 방습, 방기성이 매우 좋고, 유해물의 오염으로부터 식품을 보호하는 역할이 크며, 이취를 흡수하는 성질이 있어 지방질 식품의 포장에 적당하다. 또 광선을 차단하는 성질이 있어 자외선에 의하여 변질되는 식품의 포장에도 적합하다. 그러나 내약품성이 좋지 못하다. 또 염소이온은 알루미늄을 부식시키는 성질이 강하므로 식염을 함유하고 있는 식품을 알루미늄박으로 포장할 경우에는 주의를 요한다. 그 밖에 알루미늄박은 포장할 때 접힌 자리가 갈라질 수 있으며, 이 때 곰팡이나 진드기가 침입하기 쉽다.

7) 유리, 도자기, 법랑, 옹기

유리는 부식되지 않고 냄새가 나지 않으며 내용물을 볼 수 있는 장점도 있다. 그러나 빛을 투과하고 기계적 강도가 약하며 열전도가 낮아 온도의 급변으로 파괴되기 쉬운 단점이 있다. 유리는 식용 기름이나 간장 등 액체식품의 용기로 많이 사용되고, 컵이나 접시 등의 제품으로도 사용된다.

유리제품은 식품의 용기 재질 중 독성이 비교적 적지만 비소나 납 등의 중금속이 문제가 된다. 또 제조 직후의 유리는 그 원료성분인 유리 알칼리가 표면에 함유되어 있어서 사용 중에 유출되는 경우도 있다. 또 붕산을 함유한 유리일 경우 붕산이 용출될 위험성도 있다.

도자기는 소성온도 1,000~1,500℃의 고온에서 처리된 것은 독성이 별로 문제가 되지 않는다. 그러나 유리 또는 도자기 표면에 그림이나 무늬 등을 입힐 때는 비교적 낮은 온도(600~700℃)에서 소성하기 때문에 무늬에 함유된 사산화납, 붕산, 붕사, 산화안티몬, 질산망간 등에서 유래되는 유해금속이 용출되는 경우가 있다. 우리나라의 유기제와 도자기제의 납과 카드뮴 기준규격을 표 9-6에 제시하였다.

표 9-6 유리제 및 도자기제의 납과 카드뮴 용출기준(개정 전과 후)

종 류		개정 전	개정 후
납	유리제(600mL 미만)	5.0ppm 이하	1.5ppm 이하
	유리제(600~1,100mL)	5.0ppm 이하	0.75ppm 이하
	유리제(1,100~3,000mL)	2.5ppm 이하	0.75ppm 이하
	유리제(3,000mL 이상)	2.5ppm 이하	0.5ppm 이하
	유리제(가열조리용 기구)	-	0.5ppm 이하
	도자기제(1,100mL 미만)	5.0ppm 이하	0.75ppm 이하
	도자기제(1,100~3,000mL)	2.5ppm 이하	0.75ppm 이하
	도자기제(3,000mL 이상)	2.5ppm 이하	0.5ppm 이하
	도자기제(가열조리용 기구)	-	0.5ppm 이하
카드뮴	유리제(600~1,100mL)	0.5ppm 이하	0.25ppm 이하
	유리제(가열조리용 기구)	-	0.05ppm 이하
	도자기제(가열조리용 기구)	-	0.05ppm 이하

자료 : 식품의약품안전청

법랑제품은 철판 위에 유리화될 수 있는 성분을 바르고 약 800℃로 가열하여 용착시킨 것으로, 여러 가지 원료들이 사용된다. 특히 법랑 면을 보기 좋고 매끈하게 하기 위하여 붕사, 산화납, 산화아연, 산화비소 등 유해 금속 화합물을 배합하기 때문에 이들이 가열 중에 용출되는 경우가 있다. 또한 법랑제품은 건열 및 충격 등에 의해서 금이 가거나 알칼리에 약해서 성분이 용출될 가능성이 높다. 또 산성에서는 세공에 의해 원재료와 접촉되어 용출될 우려도 크다.

옹기는 김치나 장을 담는 용기로서 장시간 식품과 접촉하는 경우가 많다. 제조과정에서 무연유약을 사용하지 않고 광명단을 사용하거나 또 연료비의 절감을 위하여 저온소성을 하게 되면, 사용 중에 납이 용출되는 경우가 있다. 우리나라에서는 옹기 제조에 납을 함유한 유약을 사용 금지하고 있을 뿐만 아니라 최종 제품인 옹기에서 납이 일정량 이상 용출되면 제제를 가하고 있다.

4. 다이옥신

다이옥신중 염화다이옥신(polychlorodibenzo-*p*-dioxin : PCDD)류는 두 개의 벤젠고리가 두 개의 산소원자에 결합되어 이루어진 세 개의 고리구조로 여기에 1~8개의 염소가 붙어 있는 화합물이다. 또한 고리에 산소원자가 하나인 푸란계 화합물(polychlorinated dibenzofurans : PCDF)도 포함된다. PCDD계의 이성질체가 75개, PCDF계의 이성질체가 135개로 이론적으로 210개의 이성질체가 존재한다. 염소 네 개가 치환된 사염화다이옥신(TCDD) 중에서도 2,3,7,8-TCDD가 가장 독성이 강하다.

다이옥신은 인류가 만든 최악의 독극물로 알려지고 있는데 대기오염물질, 발암물질, 고엽제, 내분비계 장애물질로 분류되고 있다. 국제암연구소(IARC)에서는 다이옥신을 폐암과 자궁내막증을 유발하는 그룹1 발암물질로 지정하였다.

다이옥신은 주로 식품과 음용수로 섭취되며 쓰레기 소각장, 석유화학 발전소, 자동차 배기가스 등이 원인 제공처이다. 다이옥신에 오염된 풀이나 먹이를 섭취한 가축이 2차적 오염원이 될

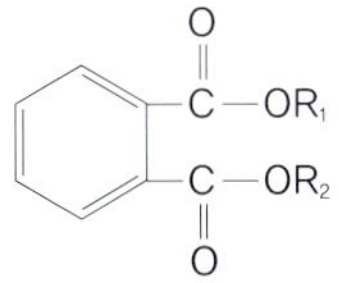

그림 9-5 다이옥신의 기본구조

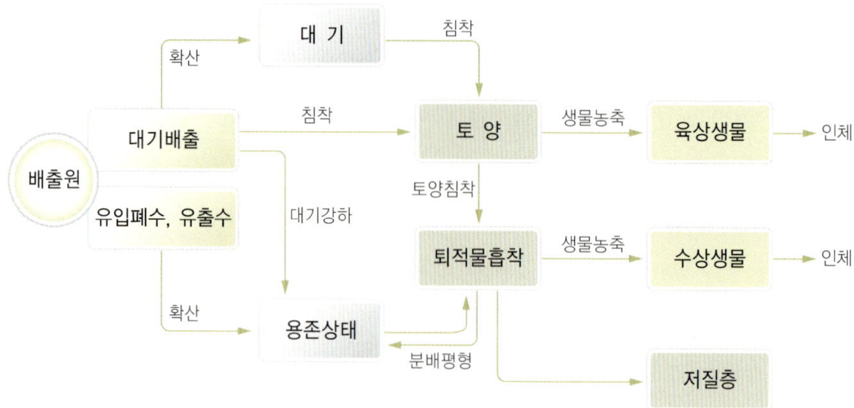

그림 9-6 다이옥신의 이동경로

수도 있다. 또한 산업현장에서 다이옥신 배출량을 줄이고 특히 소각장에서 페인트를 태울 때 배출이 많아지므로 소각하는 물질의 성분을 잘 점검해야한다.

연기에 함유된 다이옥신은 대기로 확산되어 토양으로 가라앉거나 폐수로 유출되어 퇴적물에 흡착되는데 여러 환경에서도 난분해성을 나타내고 먼지나 토양에 흡착되어 높은 잔류성을 보인다. 다이옥신은 더욱이 지용성이어서 어패류나 육류의 지방조직에 함유되어 식품으로 인체에 들어와 축적된다(그림 9-6).

국제암연구소의 발암물질 분류기준

구분		내용	설명
Group 1		확인된 인체 발암물질	(The agent is carcinogenic to humans)
Group 2	2A	인체 발암유력 물질 : 인체 발암 증거가 제한적이거나 부정확하고, 실험동물의 발암 증거는 충분한 경우	(The agent is probably carcinogenic to humans)
	2B	인체 발암가능 물질 : 인체 발암 증거가 제한적이거나 부정확하고, 실험동물 발암 증거도 충분하지 아니한 경우	(The agent is possibly carcinogenic to humans)
Group 3		인체 발암성 있는 물질로 분류할 수 없는 물질 인체 및 실험동물 발암 증거가 제한적이거나 부정확한 경우	(The agent is not classifiable as to its carcinogenicity in to humans)
Group 4		인체 비발암성 물질 발암성을 증명할 증거가 부족한 경우	(The agent is probably not carcinogenic to humans)

5. 폴리염화비페닐

폴리염화비페닐류(Polychlorinated biphenyls : PCBs)는 인공적인 합성을 통하여 생성되어 환경 중에 배출되는 물질로, 자연적으로 생성되지는 않는 것으로 알려져 있다. PCBs는 물에 녹지 않고 산과 알칼리에 안정하며 열에도 안정한 불연성 화합물로 구리 이외의 보통의 금속을 침해하지 않는 성질을 지니기 때문에 1930~1970년대에 이르기까지 전 세계에 약 130만 톤이 생산되어 변압기, 축전기의 절연유, 윤활유, 가소제, 도료, 복사지 등 다양한 용도로 사용되어 왔다.

하지만 일본의 가네미유 사건 등 PCBs의 독성과 잔류성에 관한 환경오염 및 인체피해사례가 보고되면서 유통, 보관, 폐기된 PCBs에 대한 관리의 필요성이 제기되어, 1970년대부터 생산 및 사용을 금지 · 규제하기 시작하였으며 현재는 우리나라를 포함한 많은 국가에서 생산 및 사용이 법적으로 금지되어 있다.

PCBs는 공업용과 도시 폐기물 처리, 기계장치로부터 유출되는 방식으로 환경을 오염시킨다. PCBs는 피부 흡수나 호흡을 통해 쉽게 체내로 전달되기도 하지만 주요 인체노출경로는 토양 중의 PCBs가 식물이나 동물체내로 전달되어 발생하는 식품을 통한 섭취이다. 환경으로 배출된 PCBs가 지용성 물질로 환경에서 잘 분해되지 않고 유기체에 축적되어 먹이사슬을 통해 인체에 영향을 미치게 되는 것이다.

PCBs 중 일부는 다이옥신과 유사한 독성기전을 가지고 있다고 알려졌으며, 또한 PCBs와 같은 유기염소계 화학물질은 호르몬 합성의 변화, 호르몬 저장과 분비의 변화, 호르몬 이동과 제거의 변화, 호르몬 수용체의 인식과 결합의 변화 등의 기전을 통해 체내 내분비계를 교란시킬 수 있다. 또한 에스트로겐 유사물질(xeno-estrogen)과 같은 기능을 가지는 화합물은 유방 세포의 증식을 변화시켜 유방암 발달과 다른 호르몬 관련 질환에 영향을 미치는 것으로 알려져 있다.

PCBs에 대하여 국제암연구소(IARC)에서는 발암물질(Group 2A)로 분류하고 있으며, 미국에서는 환경보호국(EPA)과 식품의약국(FDA)에서 이에 대한 규제를 하고 있다. 국내에서도 여러 가지 환경과 폐기물관리법으로 PCBs에 대한 규제를 정하여 관리하고 있다.

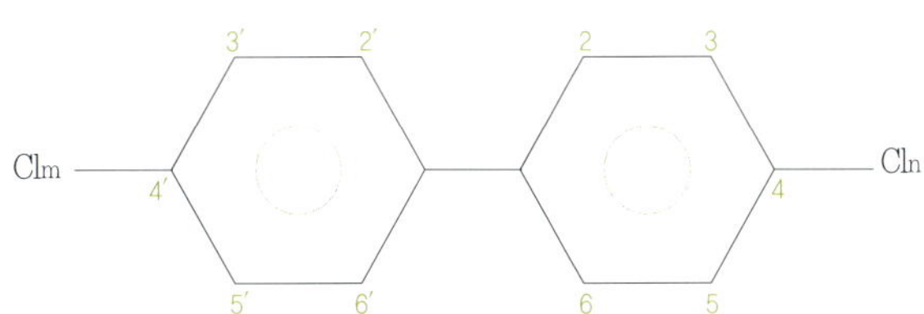

그림 9-7 폴리염화비페닐

6. 방사능 오염

1) 방사능 오염 개요

방사능이란 불안전한 원소의 원자핵이 붕괴하면서 α, β, γ 등의 방사선을 방출하는 현상을 말하며, 프랑스의 물리학자 베케렐(A. H. Bequrel, 1896)에 의해 처음 발견되었다. 핵폭발 실험은 죽음의 재라는 방사능낙진(fall-out)을 생성하며 미국(1945)을 시초로 소련(1949), 영국(1952), 프랑스(1960), 중국(1965) 등이 대기권, 우주, 수중, 지하 등에서 실시함으로써 광범위한 방사능

표 9-7 방사성 핵종과 반감기

특 성	핵 종	반감기
α 방출	^{235}U	7.0×10^{8}년
	^{238}Pu	87.7년
	^{239}Pu	2.4×10^{4}년
	^{240}Pu	6540.0년
	^{241}Am	432.0년
β 방출	^{3}H	12.4년
	^{14}C	5730.0년
	^{35}S	87.3일
	^{89}Sr	50.5일
	^{90}Sr	29.1년
	^{99}Tc	2.1×10^{5}년
	^{129}I	1.6×10^{7}년
γ 방출	^{60}Co	5.3년
	^{103}Ru	39.3일
	^{106}Ru	1.0년
	^{131}I	8.0일
	^{134}Cs	2.1년
	^{137}Cs	30.1년
	^{144}Ce	284.9일
	^{192}Ir	73.8일

자료 : 식품의약품안전청

오염지대를 형성하였다. 체르노빌 원자력 발전 사고(1986년 4월 26일 발생) 때에는 10일 동안 방사능물질이 유출되었으며 인근 국가의 채소, 과일, 유제품뿐만 아니라 핀란드 남부, 스웨덴 등에서도 검출되었다.

2) 방사성 핵종

방사성 핵종(Radionuclide)이란 방사선을 자발적으로 내고 붕괴하는 원자핵으로 ^{238}U를 비롯하여 현재 약 1,700종이 존재한다. 이 중에 식품관련 대표 핵종은 표 9-7과 같다.

3) 단위와 기준규격

방사선의 에너지를 나타내는 단위는 표 9-8과 같으며, 우리나라의 식품 중 방사능 잠정허용기준은 표 9-9와 같다.

표 9-8 방사선의 단위와 특징

단 위		특 징
방사능	Bequrel (Bq)	1초 동안 1개의 방사선을 방출 1 Bq = 2.7×10^{-11} Ci (Ci : Curie, 라듐 1g당의 방사능에 상당)
등가선량	Sivert (Sv)	unit of dose equivalent 1 Sv = 1 J/kg 1 Sv = 100 rem (rem : Roentgen equivalent man)
조사선량	Colugn (C/kg)	공기에 대한 조사선량으로 γ선, X선에 사용 1 C/kg = 3.88×10^{3} R (R : Roentgen)

표 9-9 우리나라의 방사능 잠정허용기준

핵 종	대상식품	기준(Bq/kg, l)
^{131}I	유 및 유가공품	150
	기타식품	300
$^{134}Cs + ^{137}Cs$	모든식품	370

표 9-10 Codex의 방사능 허용기준

식품 내 방사능 핵종	기준량(Bq/kg)	
	영아식	기타식품
^{238}Pu, ^{239}Pu, ^{240}Pu, ^{241}Am	1	10
^{90}Sr, ^{106}Ru, ^{129}I, ^{131}I, ^{235}U	100	100
^{35}S, ^{60}Co, ^{89}Sr, ^{103}Ru, ^{134}Cs, ^{137}Cs, ^{144}Ce, ^{192}Ir	1,000	1,000
^{3}H, ^{14}C, ^{99}Tc	1,000	10,000

표 9-11 EU의 방사능 허용기준

구 분	최대허용량(Bq/kg)			
식품 내 방사능 핵종	어린이식품	유제품	기타식품(소량제외)	액상식품
^{90}Sr	75	125	750	125
^{131}I	150	500	2,000	500
^{239}Pu, ^{241}Am	1	20	80	20
^{134}Cs, ^{137}Cs	우유 및 유제품 : 370			
	다른 식품 : 600			

일본은 모든 식품에 대해 $^{134}Cs + ^{137}Cs \leq 370$ Bq/kg로 규정하고 있다.

국제식품규격위원회(Codex)는 방사능핵종을 20개로 확대하여 식품 중 방사능 핵종관리는 핵 오염사고에만 적용하고 영아의 섭취량 평가를 고려하여 식품에서 가이드라인을 제시하고 있다(표 9-10). 표 9-11은 EU의 규정량이다.

4) 방사성 강하물과 폐기물

수중, 지상, 공중실험에서 배출된 핵분열 생성물은 대류권이나 성층권으로 확산된다. 이 방사성 강하물은 여러 곳으로 이동하면서 장기간에 걸쳐 지표나 수면에 떨어진다. 방사성 강하물은 70~90%가 비에 섞여 지상에 내려온다고 알려져 있으며 이들이 식품을 오염시키는 것도 각각 특징을 가지고 있다.

핵분열 생성물 중에서 단시간에 걸쳐 식품오염에 관계해 온 핵종으로는 핵분열에 의한 생성률이 비교적 크고 반감기가 비교적 긴 ^{90}Sr(28년)과 ^{137}Cs(30년)이 있는데, 이 두 가지와 더불어 반감기가 짧은 ^{131}I 등의 핵종이 식품위생상 중요하게 다루어지고 있다. ^{131}I은 물리적 반감기가 매우 짧은 편으로 약 8일이고 유효 반감기는 약 7.6일이지만 생성률이 커서 문제가 된다.

원자력 발전소에서 배출되는 냉각수(온배수)는 약 7℃이다. 수생생물 중에서 물고기는 냉혈동물로서 체온조절을 하지 못하며 작은 온도 차에도 민감하게 반응한다. 따라서 온배수에 의하여 수산업에서 받는 영향은 크다. 원자로의 온배수를 통하여 방류되는 방사성 핵종은 주로 ^{60}Co이나 ^{53}Mn과 더불어 ^{65}Zn, ^{59}Fe, ^{85}Kr 등이 있다.

5) 방사성 물질의 생체영향

방사성 물질의 장애를 받아 먼저 나타나는 증상은 백혈구, 특히 림프구의 감소이며 이어서 적혈구, 헤모글로빈, 혈소판 등이 감소한다. 즉, 조혈장기가 장애를 가장 많이 받으며 림프세포가 고도의 장애를 받으므로 세균에 감염되기 쉽다. 또 피부의 모낭이 침해당하므로 털이 빠진다. 이 경우에는 전신권태, 식욕감퇴, 피로감 등을 동반한다.

방사성 물질은 장기친화성이 있어서 특정 장기에 축적되어 장애를 일으키는 경향이 있다. 방사성 물질이 체내에 침입하여 처음 침착하는 장기는 주로 간, 비장, 폐, 신장 등이며, 특히 간에 기능장애를 일으킨다. ^{14}C, ^{35}S, ^{45}Ca, ^{89}Sr, ^{90}Sr 및 ^{230}Pu 등은 뼈에 친화성이 강하므로 뼈에 많이 침착하여 간의 장애와 혈액상의 변화를 일으키며 악성 종양도 유발한다.

방사선에 기인하는 암 유발부위는 유방, 갑상선, 폐, 대장, 난소 그리고 다발성골수종 등 인체의 여러 조직이 감수성이 있다. 특히 심각한 문제는 생식세포에 작용하여 유전적 영향을 미치는 것이다.

Chapter 10

유전자재조합식품

1. 유전자재조합식품의 개념 및 개발방법
2. 유전자재조합식품의 개발 동향 및 수입현황
3. 유전자재조합식품의 안전성 평가
4. 유전자재조합식품의 관리 및 표시
5. 유전자재조합식품의 공인검사법

Chapter 10

유전자재조합식품

1. 유전자재조합식품의 개념 및 개발방법

1) 유전자재조합식품의 정의 및 개념

유전자란 생물체가 가진 고유한 형태, 성질 등과 같은 특성에 대한 정보를 가지고 있어 다음 세대에 전하는 물질로서 모든 생물에 들어있는 유전정보의 단위로 DNA(deoxyribonucleic acid)로 구성되어 있다

유전자재조합이란 생물체가 가진 유용한 유전자(예: 추위, 병충해, 살충제, 제초제 등에 강한 성질)를 취해서 그 유전자를 갖고 있지 않은 생물체에 삽입하여 유용한 성질을 나타나게 하는 기술이다. GMO(Genetically Modified Organisms)는 유전자재조합 생물체라고 하며, GMO는 유전자재조합 식물(GMO 식물), 유전자재조합 동물(GMO 동물), 유전자재조합 미생물(GMO 미생물)로 분류된다. 이 중 GMO 농산물을 원료로 제조 가공한 식품 또는 식품첨가물을 GMO 식품, 혹은 유전자재조합식품이라고 부른다(식품의약품안전청).

생물체의 품종을 개량하기 위해서는 자연적인 돌연변이나 인공적인 교잡을 이용한다. 그러나 자연적으로 돌연변이가 일어나는 확률이 낮고, 교잡에 의해서 품종이 개량되는 것도 오랜 시간이 걸리므로 이러한 단점을 극복하기 위해 유전공학을 이용한 품종개량을 하게 되었다. 이것이 유전자재조합 기술이며 유전자재조합 기술을 이용해서 단시간 내에 의도적으로 품종을 개량할 수 있다. 유전자재조합 기술은 같은 생물종에서 뿐만 아니라 서로 다른 생물종에서도 유전자를 얻을 수 있어 품종개량의 폭이 넓다.

2) 유전자재조합식품의 개발 방법

유전자재조합 기술로는 아그로박테리움(Agrobacterium)법, 원형질세포(Protoplast)법과 입자총(Particle-gun)법 등이 이용되고 있다.

(1) 아그로박테리움법

아그로박테리움법은 아그로박테리움(*Agrobacterium tumefaciens*)이라는 미생물이 식물 세포에 자신의 유전자를 이입시키는 성질을 이용한 방법이다. 아그로박테리움은 식물에 근두암종병

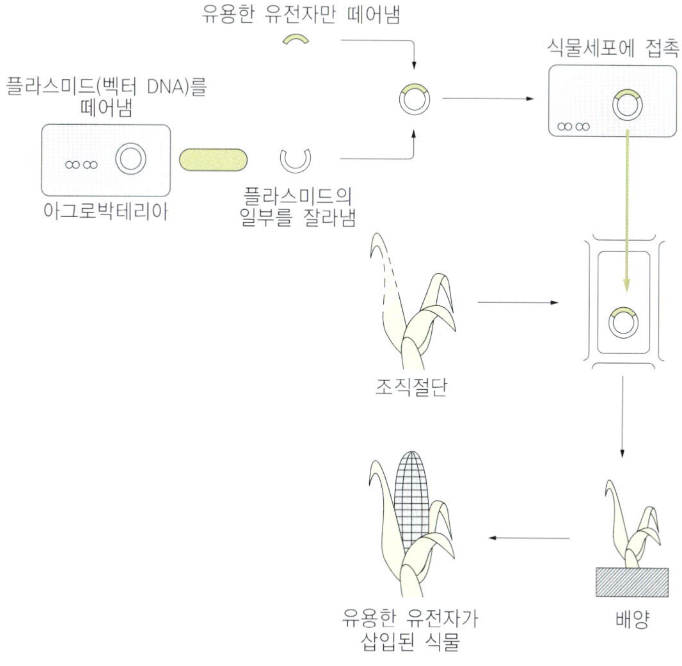

그림 10-1 아그로박테리움법

자료 : 식품의약품안전청

(Crown gall)을 일으키는 토양세균으로서 아그로박테리움이 가지고 있는 플라스미드(plasmid)의 유전자를 식물 염색체에 전달하여 암종세포를 만드는 병원균이다.

플라스미드를 구성하고 있는 유전자 중 식물에 종양을 일으키는 유전자는 제거하고 이용하고자 하는 유용한 목표 유전자를 연결시켜 아그로박테리움에 넣은 후 이를 식물세포에 감염시켜 식물체 내에 그 유전자가 들어가도록 한다.

(2) 원형질체 융합법

원형질체 융합법은 식물체의 세포벽을 효소나 화학물질로 용해시켜 유전자가 들어가기 쉽도록 세포벽이 없는 원형질체(protoplast)로 만들고 미생물에 의한 유전자 도입 방법과 같은 방법으로 목적하는 유용한 유전자를 미생물에 들어가게 하는 방법이다.

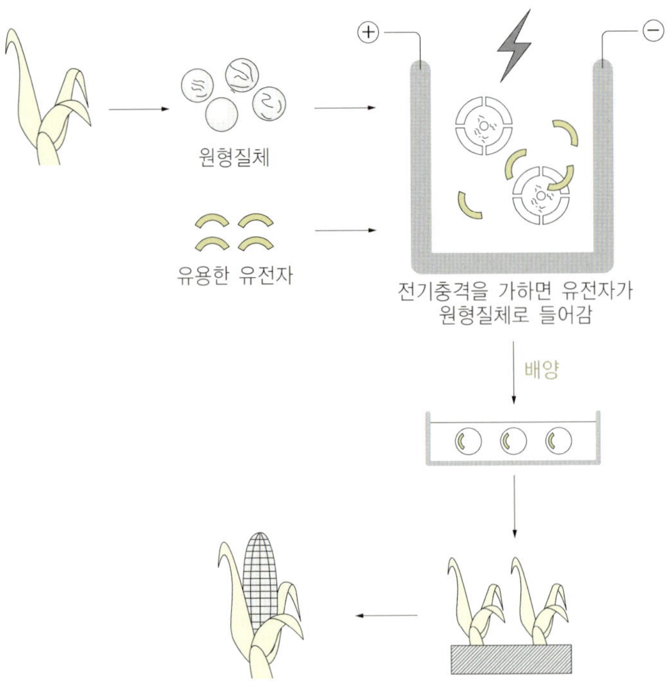

그림 10-2 원형질체 융합법

자료 : 식품의약품안전청

(3) 입자총법

재조합한 유전자를 금 또는 텅스텐 등 금속미립자에 코팅하고 고압가스의 힘으로 미립자를 식물체의 잎 절편 또는 세포에 밀어 넣어 유용 유전자가 물리적으로 식물세포의 염색체에 접촉하여 세포내로 유전자가 들어가도록 하는 방법이다.

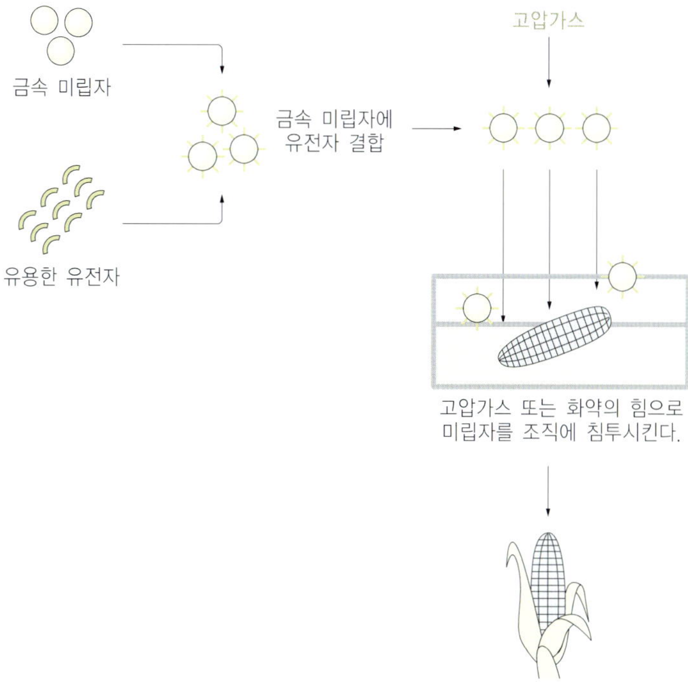

그림 10-3 입자총법

자료 : 식품의약품안전청

2. 유전자재조합식품의 개발 동향 및 수입현황

1) 유전자재조합식품의 개발 동향

Chilton(1977) 등에 의하여 병원성 세균인 *Agrobacterium tumefaciens*가 식물세포의 종양에 해당하는 crown gall을 유발시키는 원리를 연구한 결과 세균 유전체 중 특정 부위가 식물세포로 전이되는 것을 알게 되어, 전이되는 유전자 중의 일부를 다른 유전자로 대체하면 식물의 특성을 유전자의 전이를 통해 변화시킬 수 있음을 증명하였다.

그 후 가나마인신 항생제에 대한 저항성을 가진 담배와 페튜니아가 개발되었고, 제초제 내성을 가진 담배의 재배실험도 수행되었으며, 목화, 콩, 벼, 옥수수, 밀 등의 농작물에서 형질 전환이 이루어졌다.

유전자재조합식품이 상품화되기 시작한 것은 1988년에 쉽게 물러지지 않는 토마토인 FLAVR SAVR®가 개발되어 1994년 미국의 Calgene가 이를 판매한 것이며, 그 후 제초제 저항성 콩인 Roundup Ready®와 해충 저항성 옥수수인 YieldGard®, 해충 저항성 목화인 Bollgard®도 상품화되었다.

유전자재조합 기술로 개발된 주요 농작물은 대두, 옥수수, 감자, 면실, 토마토, 캐놀라 등으로 농작물에 제초제 내성, 해충 내성, 바이러스 내성, 영양 성분 변형 등의 특성이 도입되었다.

표 10-1 유전자재조합 농작물의 형질변환 목적 및 생산현황

형질 변환 목적	주요 농작물	재배종	재배 면적비(%)
제초제 내성	대두, 옥수수	590	27.7
해충 내성	옥수수, 감자	492	23.1
바이러스 내성	-	244	11.5
곰팡이 내성	-	62	2.9
영양성분 조성 변형	유채, 대두, 감자	570	26.8
과숙 지연	토마토	-	-
백신 효과	감 자	-	7.9
광합성 증가	-	-	-

자료 : http://www.verity.fda.gov

2) 유전자재조합 농산물의 수입현황

우리나라에서는 유전자재조합 대두, 옥수수, 면실 등을 수입하고 있으며 미국으로부터 수입하는 양이 많은 비중을 차지하고 있다. 유전자재조합 대두와 옥수수의 경우 수입한 국가와 수입량을 보면 아래 표 10-2와 같다. 세계적으로 유전자재조합 농산물의 생산량이 매년 증가하고 있

표 10-2 유전자재조합 대두의 수입현황

(단위 : 건, 톤, 천 달러)

구 분	2003년			2004년			2005년		
	건 수	중 량	금 액	건 수	중 량	금 액	건 수	중 량	금 액
계	62	1,233,762	309,466	62	1,005,697	364,383	51	1,018,517	295,853
미 국	49	964,874	241,290	39	776,403	272,851	31	570,815	165,207
브라질	10	249,433	62,858	18	229,233	91,514	16	447,692	130,644
중 국	2	55	9	4	41	15	4	10	2
북 한	-	-	-	-	-	-	-	-	-
호 주	-	-	-	-	-	-	-	-	-
아르헨티나	1	19,400	5,309	-	-	-	-	-	-
우즈베키스탄	-	-	-	1	20	3	-	-	-
일 본	-	-	-	-	-	-	-	-	-

구 분	2006년			2007년			2008년(4. 30)		
	건 수	중 량	금 액	건 수	중 량	금 액	건 수	중 량	금 액
계	55	886,070	239,104	49	1,030,329	354,668	14	206,171	109,010
미 국	18	319,530	90,350	19	449,701	148,163	14	206,171	109,010
브라질	30	562,015	147,501	23	569,100	202,142	-	-	-
중 국	4	25	9	1	5	1	-	-	-
북 한	-	-	-	-	18	9	-	-	-
호 주	-	-	-	-	0.1	1	-	-	-
아르헨티나	-	-	-	-	-	-	-	-	-
우즈베키스탄	-	-	-	-	-	-	-	-	-
일 본	3	4,500	1,244	4	11,505	4,353	-	-	-

자료 : 식품의약품안전청

표 10-3 유전자재조합 옥수수의 수입현황 (단위 : 건, 톤, 천 달러)

구 분	2003년			2004년			2005년			2006년			2007년			2008년		
	건수	중량	금액	건수	중량	금액	건수	중량	금액	건수	중량	금액	건수	중량	금액	건수	중량	금액
계	-	-	-	-	-	-	-	-	-	1	12	5	6	99	63	-	-	-
미 국	-	-	-	-	-	-	-	-	-	1	12	5	1	60	33	-	-	-
중 국	-	-	-	-	-	-	-	-	-	-	-	-	5	39	30	-	-	-

자료 : 식품의약품안전청

으며 우리나라에서의 수입량도 증가하고 있는 추세이다. 2002년 유전자재조합 재배면적을 보면 유전자재조합 대두는 세계 총 재배면적의 51%를 차지해 가장 높은 비율을 나타내었고, 옥수수, 목화, 캐놀라 등이 각각 9%, 20%, 12%를 차지하고 있었다. 유전자재조합 농작물의 종자 시장 규모는 2000년에 42.5억 달러이었으나 2010년에는 250억 달러에 이를 것으로 예상하고 있어 농작물의 약 80% 정도가 유전자재조합 농산물로 대체될 것으로 전망하고 있다.

3. 유전자재조합식품의 안전성 평가

1) 신규성

유전자재조합으로 개발된 식품이 기존에 섭취하던 식품의 성분이나 함량과 비교하여 차이가 없다면 유전자재조합식품은 기존의 식품과 동등하여 안전하다고 볼 수 있다. 그러나 새로 개발된 유전자재조합식품의 어떤 성분이 오차범위를 벗어나 기존의 식품과 함량이 크게 다른 경우에는 신규성으로 본다. 그러나 신규성 자체가 안전성을 평가하는 기준으로 이용되는 것은 아니다.

2) 알레르기성

알레르기란 분자량이 10~70KDa인 단백질에 의해 주로 일어나며 알레르기원에 대한 비정상적인 면역반응이 일어나는 것을 말한다. 유전자재조합 식품에는 유전자재조합으로 삽입된 유전자에 의해 만들어지는 단백질이 존재하므로 이들이 알레르기를 일으키지 않는지 확인해야 한다.

알레르기에 대한 안전성을 평가하기 위해서 신규 도입된 단백질의 특성을 검토하고 대표적 알레르기원과 구조적 유사성이 있는 경우에는 알레르기를 일으키는지 확인해야 한다.

3) 항생제 내성

유전자재조합체를 만들 때 유전자재조합이 제대로 이루어졌는지 확인하기 위하여 항생물질 내성을 가진 표식유전자를 함께 삽입한다. 항생제 내성 표식유전자로 사용되는 대표적인 것으로 가나마이신 내성 유전자가 있다. 항생제 내성을 가진 유전자에 의해 우리 건강에 좋지 않은 영향을 미치지 않는지, 또한 항생제 내성 유전자에 의해 장내 세균들이 항생물질 내성을 나타내지 않을까 하는 부분도 확인되어야 한다. 그러나 실제로 식품에 함유된 유전자는 식품가공 과정에서 가열처리에 의해 변성되고 소화기관에서 효소나 위산에 의해 분해되므로 유전자가 미생물에 이전되어 발현될 가능성은 거의 없다고 보고 있다.

4) 독 성

해충 내성 유전자재조합 농작물은 유전자재조합에 의해 만들어진 물질이 해충의 소화관 내의 효소에 의하여 해충에 유해한 독소로 전환됨으로써 살충효과를 나타낸다. 따라서 이들 물질을 사람이 식품으로 섭취했을 때 사람에게도 유해할지 모른다는 우려가 있으므로 독성에 대한 평가가 필요하다. 현재 시장에 유통되고 있는 유전자재조합 농작물이 건강에 나쁜 영향을 주었다는 사례는 보고되고 있지 않으나 지금까지 먹어왔던 농작물과 비교하여 신규성이 있는 물질에 대해서는 식품 등으로 이용하기에 앞서 만성독성이나 유전독성 등과 같은 독성실험이 선행되어 안전성이 평가되어야 할 것이다.

4. 유전자재조합식품의 관리 및 표시

유전자재조합식품을 관리하기 위하여 각 나라에서는 표시제도 등 관리기준을 마련하고 있다. 우리나라에서도 소비자에게 올바른 정보를 제공하여 알 권리와 선택할 권리를 보장하기 위하여 「유전자재조합식품 등의 표시기준」을 마련하였다.

법적근거로는 농산물의 경우 농산물품질관리법에 따른 유전자변형 농산물 표시요령(농림수산식품부 고시 제2007-43호)에 의하며, 가공식품의 경우는 식품위생법에 따른 유전자재조합식품의 표시기준(식품의약품안전청 고시 제2009-83호)에 의한다. 세부내용은 유전자재조합식품의 표시기준(고시 제2009-83호)에 고시되어 있다. 현재 농산물의 표시관리는 농림수산식품부에서 관장하고 있다.

1) 표시 대상

표 10-4 유전자재조합식품의 표시 기준

구 분	표시를 해야 하는 경우	표시를 하지 않는 경우
농산물	• 식품의약품안전청이 승인한 모든 GM 농산물	• GM농산물과 구분관리된 농산물 – 구분유통증명서 또는 정부증명서 제출 ※ 3% 이하는 비의도적 혼입치로 인정
가공식품 및 건강기능식품	• GM 농산물을 주요 원재료로 사용하여제조·가공한 모든 식품	• GM 농산물과 구분관리된 농산물을 사용한 경우 – 구분유통증명서 또는 정부증명서 제출 ※ 3% 이하는 비의도적 혼입치로 인정 • GM 농산물을 사용하였어도 – GM 농산물이 함량 5순위에 해당되지않는 경우 – 최종제품에 GM 성분이 남아 있지 않은 경우 ※ 간장, 식용유, 당류, 주류(맥주, 위스키, 브랜디, 리큐르, 증류주, 기타 주류 등)

2) 표시 의무자

식품제조·가공업, 즉석판매제조·가공업, 식품첨가물제조·가공업, 식품소분업, 유통전문판매업, 식품등수입판매업 및 건강기능식품제조업, 건강기능식품수입업 또는 건강기능식품유통전문판매업 영업을 하는 자

3) 유전자재조합 표시대상 품목

- 규격 외 일반가공식품의 두류가공품 중 콩가루
- 규격 외 일반가공식품의 곡류가공품 중 옥수수가루

- 규격 외 일반가공식품 중 콩 또는 콩가루 함유 두류가공품
- 규격 외 일반가공식품 중 옥수수 또는 옥수수가루 함유 곡류가공품
- 장기보존식품 중 콩 통 · 병조림, 콩 레토르트
- 장기보존식품 중 옥수수 통 · 병조림, 옥수수 레토르트
- 과자류 중 과자
- 빵 또는 떡류
- 두부류 또는 묵류 중 두부, 전두부, 유바, 가공두부
- 음료류 중 두유류
- 특수용도식품 중 영아용 조제식
- 특수용도식품 중 성장기용 조제식
- 특수용도식품 중 영 · 유아용 곡류조제식
- 특수용도식품 중 기타 영 · 유아식
- 특수용도식품 중 특수의료용도식품
- 특수용도식품 중 체중조절용 조제식품
- 특수용도식품 중 임산 · 수유부용식품
- 장류 중 메주
- 장류 중 한식된장, 된장, 조미된장
- 장류 중 고추장, 조미고추장
- 장류 중 청국장
- 장류 중 혼합장
- 조림식품
- 기타식품류의 전분 중 옥수수전분
- 기타식품류 중 팝콘용 옥수수가공품
- 건강기능식품 중 영양보충용제품
- 기타 콩, 옥수수, 면화, 유채, 사탕무(이를 싹 틔워 기른 콩나물, 새싹채소 등을 포함)를 주요 원재료로 사용한 식품
- 그 밖에 위의 식품을 주요원재료로 사용한 식품

5. 유전자재조합식품의 공인검사법

우리나라에서는 유전자재조합식품의 안전성 심사를 의무화하고 표시제의 사후관리를 위해 수입식품과 국내 유통되고 있는 식품에서 유전자재조합체 함유 여부를 확인하기 위해 공인시험법을 실시하고 있다.

식품의약품안전청에서는 2001년 유전자재조합식품의 표시제 실시에 앞서 「유전자재조합식품 검사지침」을 제·개정하였고, 2005년 유전자재조합식품의 공인시험법으로 「식품의 기준 및 규격」을 개정 고시하였으며, 그 후 식품의 기준 및 규격을 개정하여 검사 가능 품목을 확대하고 있다.

「식품의 기준 및 규격」 중 유전자재조합식품과 관련된 내용으로 유전자재조합식품의 시험법 신설 근거로서 식품공전의 수록범위에 유전자재조합식품 등의 표시기준을 추가하였으며, 유전자재조합식품의 안전성 평가심사 결과 적합하다고 확인된 것만을 식품 원료로 사용하도록 하는 관련 조항을 식품공전에 신설하였다. 또한 유통되고 있는 유전자재조합식품의 사후안전관리체계를 확립하기 위해서 유전자재조합식품의 시험방법이 신설되었다.

유전자재조합식품의 시험법으로 식품 중에 함유되어 있는 재조합 유전자 또는 그에 유래하는

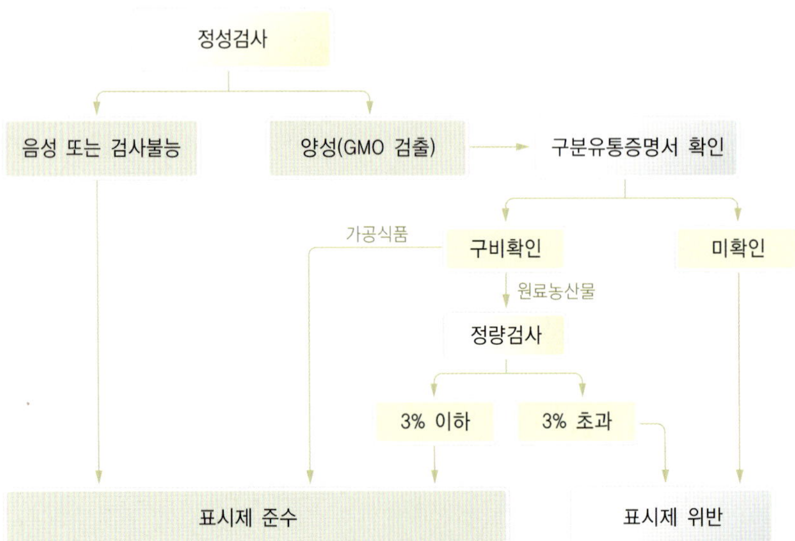

그림 10-4 유전자재조합식품의 검사절차

자료 : 식품의약품안전청

외래 단백질에 관한 시험법이 기술되어 있다. 재조합된 유전자의 분석방법으로 중합효소연쇄반응(Polymerase Chain Reaction : PCR)에 대하여 설명되어 있으며, 외래 단백질의 분석방법으로 효소연결면역흡착검사법(Enzyme-Linked Immunosorbent Assay : ELISA)과 간이신속검사키트를 이용할 수 있는 방법이 포함되어 있다.

공인시험법은 곡류나 두류와 같은 농산물이나 단순 분쇄 가공 농산물의 경우 재조합 유전자와 외래 단백질의 분석방법을 모두 적용할 수 있으며, 재조합 유전자의 정성분석과 정량분석을 모두 할 수 있다. 한편 가공식품의 경우에는 제조·가공과정 중 단백질이 변성되거나 분해될 수 있으므로 재조합 유전자의 분석방법 중 정성분석 방법만을 적용한다.

유전자재조합식품의 분석은 원료 농산물이나 가공식품으로부터 DNA를 추출하여 정성 PCR과 정량 PCR을 거쳐 판정한다(그림 10-4).

Chapter 11

식품제조·가공 중의 유해물질과 안전성

1. 다환방향족탄화수소
2. 이환방향족 아민
3. 니트로사민
4. 에틸카바메이트
5. 아크릴아마이드
6. 3-MCPD
7. 아크롤레인과 지방과산화물질

Chapter 11

식품제조 · 가공 중의 유해물질과 안전성

식품의 구성 성분은 제조와 가공 중에 다양한 변화가 일어난다. 따라서 원재료에서 존재하지 않았던 특정 물질이 새롭게 생성되어 인체에 유해한 물질로 작용하게 된다.

1. 다환방향족탄화수소

다환방향족탄화수소(polycyclic aromatic hydrocarbon : PAH) 는 2개 이상의 벤젠고리가 선형으로 각을 지어 있거나 밀집된 구조로(그림 11-1) 이뤄진 유기화합물로 화학연료나 유기물이

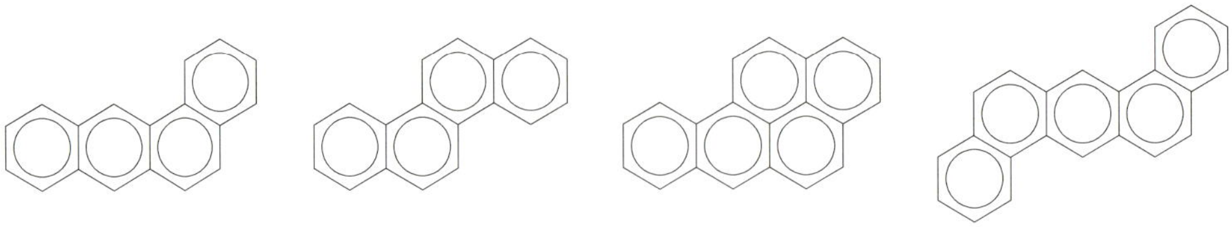

benzo[*a*]anthracene　　Chrysene　　benzo[*a*]pyrene　　benzo[*a*, *h*]anthracene

그림 11-1 다환방향족탄화수소

표 11-1 각종 생식품 및 가공조리식품의 총 PAH 함량

(ng/g, ppb)

식품명	총 PHA 함량	식품명	총 PHA 함량	식품명	총 PHA 함량
오징어(통)	0.61	숯불석쇠구이(돈육)	10.18	바나나	0.17
오징어(slice)	0.04	숯불석쇠구이(소고기)	0.78	사 과	0.15
쥐치(건)	0.03	숯불오븐구이(돈육)	0.06	감	0.12
멸치(건)	0.72	숯불오븐구이(소고기)	0.03	귤	0.004
참 치	0.57	가스오븐구이(소, 돼지)	0.03	시리얼	6.1
꽁 치	0.76	숯불바비큐(닭고기)	9.50	포테이토칩	2.25
가자미	0.16	나무바비큐(닭고기)	1.89	국 수	2.8
대구(통)	0.11	애호박	1.34	라 면	1.98
대구(slice)	0.38	오 이	0.35	햄버거	1.81
황새기	0.09	콩나물	0.32	코코넛기름	13.45
대 합	1.01	시금치	0.25	고추기름	8.69
굴	0.54	마 늘	0.17	옥수수기름	5.78
홍 합	0.45	상 추	0.13	참기름	5.03
베이컨	1.07	깻 잎	0.06	대두유	4.00
소시지	0.34	무	0.04	미강유	3.13
훈제햄	0.38	파	0.02	마가린	2.17
햄	0.11	양배추, 배추, 당근	0	올리브유	2.04
생고기	0.00	배	0.26	쇼트닝	1.49

자료 : 식품의약품안전청

불완전 연소되어 만들어지며, 자동차 배기가스나 담배연기처럼 공기에 많다. 고리 수나 결합방식에 따라 100여 종이 있으나 모두 발암성이 있는 것이 아니고 벤조피렌, 벤즈[a]안스라신, 디벤

벤조피렌을 줄이는 방법

Tip

- 김구이, 생선구이 등 직화구이나 고온에서 튀기거나 굽는 요리를 피할 것
- 훈연식품의 섭취를 제한, 바비큐나 프라이팬 요리도 제한
- 열처리를 하지 않은 식용유를 이용(콩기름, 엑스트라버진 올리브오일)
- 매연이 강한 환경에서 재배된 재료의 샐러드를 제한
- 흡연 삼가

IRIS의 발암물질 분류기준

Group A	인체 발암물질	Human carcinogen
Group B	유력한 인체 발암물질 B1 : 역학연구에서 발암성의 제한된 증거를 갖는 물질 B2 : 동물 발암성의 충분한 증거가 있는 물질로서 인체에 대한 증거가 불충분하거나 자료가 없는 물질	Probable human carcinogen
Group C	가능한 인체발암물질	Possible human carcinogen
Group D	인체 비발암성 물질	Not classifiable as to human carcinogen
Group E	인체 비발암성 물질	Evidence of non-carcinogen for human

조[ah]안스라신, 크리센 등이 발암이나 돌연변이성으로 작용한다. 이 중 가장 강력한 발암성과 오랜 잔류성으로 알려진 벤조피렌은 심하게 구운 직화구이 생선이나 햄버거, 육류훈제품이나 조리되지 않은 생식품과 식물성기름에 함유되어 있다(표 11-1). 벤조피렌은 국제암연구소(IARC)에서 그룹1의 발암물질로 규정하고 있다(9장 참고). 참고로 IRIS의 발암물질 분류기준을 나타내었다. 벤조피렌은 용혈로 인한 빈혈과 면역저하가 급성으로 나타나고 만성으로는 생식과 발달 이상, 암유발 등이 나타난다.

2. 이환방향족 아민

이환방향족 아민(Heterocyclic aromatic amines : HCAs)은 소고기, 돼지고기, 닭고기, 생선, 특히 근육부위를 고온에서 조리할 때 생성되는 암을 유발시킬 수 있는 화학물질로 아미노산과 크레아틴이 고온에서 반응하여 생성되며(그림 11-2) 현재 PhIP, IQ 등 17종이 확인되었다. 국제암연구소(International Agency for Research on Cancer : IARC)의 독성분류에 따르면 IQ는 Group 2A에 속하며 PhIP 등 7종이 Group 2B에 속한다(표 11-2).

우유, 달걀, 두부 및 간 같은 조직보다는 근육질이 풍부한 고기에서 많이 생성되며 오븐 구이, 구이(baking) 보다는 튀김, 구이(broiling), 바비큐 시 많이 생성된다. 200℃를 250℃로 상승시킨

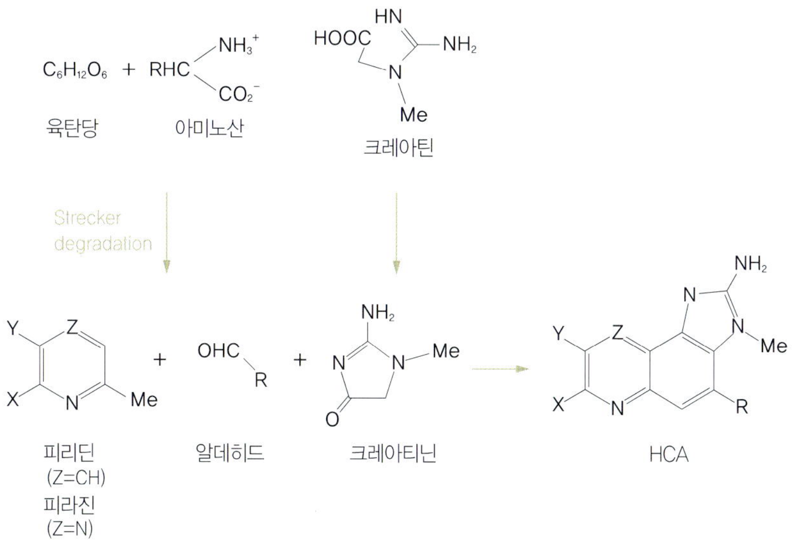

그림 11-2 돌연변이원의 생성기전

결과 3배 더 생성되며 100℃ 이하로 조리하는 찜(stewing), 끓임(boiling), 수란(poaching)의 경우 무시할 수준으로 생성된다. 조리시간이 길수록 많이 생성되므로 well-done 보다는 medium으로 조리하는 것이 안전하다.

실험을 통해 보면, 전자레인지로 2분간 데워 생성된 육즙을 버리고 조리하면 전구물질의 제거로 HCAs의 생성이 90% 정도 감소하였으며 패스트푸드 레스토랑의 다섯 가지 고기제품을 평가

표 11-2 이환방향족 아민과 유해성

HCAs	IARC Group
IQ (2-Amino-3 methylimidazo[4,5-f]quinoline)	2A
MeIQ (2-Amino-3,4-dimethylimidazo[4,5-f]quinoline)	2B
MeIQX (2-Amino-3,8-dimethylimidazo[4,5-f]quinoxaline)	
PhIP (2-Amino-1-methyl-6-phenylimidazo[4,5-b]pyridine)	
Glu-P-1 (2-Amino-6-methyldipyrido[1,2-a:3',2'-d]imidazole)	
Glu-P-2 (2-Aminodipyrodo[1,2-a:3',2'-d]imidazole)	
A-α-C (2-Amino-9H-pyrodo[2,3-b]indole)	
MeA-α-C (2-Amino-3-methyl-9H-pyrodo[2,3-b]indole)	

한 결과 낮은 수준으로 검출(온도 및 시간의 요인)되었다는 보고가 있다. 가정의 조리식품에 의해 HACs에 대한 노출 가능성이 더 클 것으로 우려된다.

3. 니트로사민

니트로사민은 아질산과 이급 아민이 산성조건에서 반응할 때 생성되는 발암물질이다(그림 11-3).

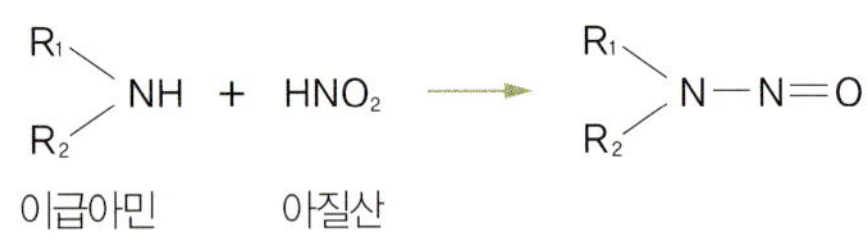

그림 11-3 니트로사민의 생성

니트로사민은 현재 300여 종이 알려져 있으며, 이들 중 90% 이상이 동물실험에서 ppb농도로 암을 유발한다. 니트로사민이 생성될 가능성이 높은 식품은 식육 및 어육제품, 우유 및 유제품, 맥주 등이며 특히 식품 제품에서는 가능성이 높다. 아질산은 햄, 소시지의 발생과 보존에 사용되며 동물성식품의 이급아민과 반응하여 니트로사민을 생성한다. 그림 11-4는 가장 중요한 나트로사민들이다.

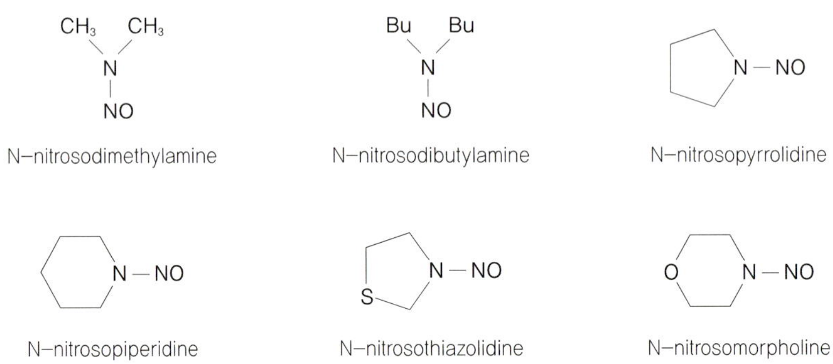

그림 11-4 대표적인 니트로사민의 구조

4. 에틸카바메이트

에틸카바메이트(ethyl carbamate, 우레탄)는 임상이나 실험동물에서 마취제로 사용되어 왔으며, 식품에서는 발효과정 중에 생성되는 물질이다.

알코올 음료에서는 발효과정 중 생성되는 우레아, 시트룰린 등이 에탄올과 반응하여 에틸카바메이트가 생성된다(그림 11-5).

식품 중의 에틸카바메이트는 1971년에 포도주에서 살균제로 사용되어진 디에틸카보네이트(diethyldicarbonate)와 발효생성물인 암모니아가 반응하여 생성된다고 보고된 후 다양한 발효식품(요구르트, 치즈, 간장, 포도주 등)에서 에틸카바메이트가 검출되는 것으로 밝혀졌다.

현재까지 정확한 생성기전은 알려지지 않고 있으나, 발효과정 중 생성되는 N-carbamyl phosphate, 우레아, 시트룰린 등이 에탄올과 반응하여 에틸카바메이트가 생성되는 것으로 알려져 있다. 캐나다 정부에서 1986년에 유통 중인 알코올 음료에서 에틸카바메이트 함량을 조사한 결과 씨가 있는 과일(자두, 복숭아, 체리 등)을 원료로 한 과실주에서 에틸카바메이트가 높게 검출됨을 언론에 발표하면서 국제적으로 이슈화되었다.

우리나라의 경우도 1996년 이후 발효식품인 김치, 간장, 주류 등에서 에틸카바메이트의 함량을 조사하고 있으며 조사결과 우려할 만한 수준은 아니었다(표 11-3, 4). 국제식품규격위원회(Codex) 및 대부분의 국가에서는 식품 중 에틸카바메이트의 관리를 위하여 알코올 음료 제조공정 중 저감화 추진을 권고하고 있다.

IARC에서는 1974년에 잠재적 발암가능성이 있는 물질인 Group 2B로 분류하고 있다. 에틸카바메이트는 설치류 2종(rat, mouse)에서 유전독성물질, 다장기(multisite) 발암물질로 평가되며 유해영향 발생이 일정비율 나타날 것으로 예측되는 통계적 산출용량인 BMDL(bench mark dose level)는 0.3~0.5mg/kg bw/day로 설정되어 있다.

$$\underset{\text{우레아}}{H_2N-\underset{\underset{O}{\|}}{C}-NH_2} + \underset{\text{에탄올}}{C_2H_5OH} \rightarrow \underset{\text{에틸카바메이트}}{NH_2-\overset{\overset{O}{\|}}{C}-O-C_2H_5} + H_2N_5$$

그림 11-5 발효식품에서 에틸카바메이트의 생성

표 11-3 우리나라 식품 내의 에틸카바메이트 함량

(단위 : ㎍/kg)

식 품	시료 수	범 위	평 균
배추김치	14	0.12 ~ 4.26	1.41
깍두기	2	n.d. ~ 0.34	0.17
총각김치	11	n.d. ~ 2.17	0.72
동치미	1	n.d.	n.d.
나박김치	7	n.d. ~ 0.06	0.01
열무김치	11	0.09 ~ 1.04	0.40
왜간장	7	3.6 ~ 58.9	19.44
재래간장	4	1.4 ~ 49.2	16.69
된장	12	n.d. ~ 3.76	1.06
쌈장	7	n.d. ~ 1.00	0.46
고추장	4	n.d. ~ 1.1	0.56
드링크발효유		n.d. ~ 0.33	0.10
호상발효유	12	n.d. ~ 1.87	0.64
야쿠르트	7	n.d. ~ 0.14	0.02
치즈	11	n.d. ~ 0.18	0.08

주 : n.d = 불검출

자료 : 식품의약품안전청

표 11-4 우리나라 주류의 에틸카바메이트 검출량(2004년)

(단위 : ㎍/kg)

시료명	시료 수	검출수준	평 균
소주	7	0.83 ~ 10.07	2.99
맥주	6	0.45 ~ 0.77	0.56
탁주	7	0.4 ~ 0.93	0.59
과실주	7	3.48 ~ 689.87	170.88
위스키	5	13.85 ~ 30.0	20.08
청주	5	8.42 ~ 30.3	20.19
약주	5	5.64 ~ 40.0	13.55
포도주	3	1.67 ~ 11.7	5.23

자료 : 식품의약품안전청

에틸카바메이트는 급성독성으로 감각상실과 세포변이를 유발하며 동물에서 발암성이 관찰되었다.

5. 아크릴아마이드

아크릴아마이드는 폴리아크릴아마이드 제조 시 사용되는 화학물질로 폴리아크릴아마이드는 음용수 및 폐수 처리 시 사용되는 것으로서, 입자 및 기타 불순물 제거 시 사용되는 물질이다. 또한, 접착제, 종이, 화장품 등 제조 시 사용되며 폴리아크릴아마이드는 소량의 아크릴아마이드를 포함하고 있다.

2002년 4월, 스웨덴 식품규격청(Swedish National Food Authority)에서 특정식품을 고온조리할 경우 아크릴아마이드가 높은 수준으로 생성된다는 사실을 보고한 바 있다. 그 후 네덜란드, 노르웨이, 스위스, 영국 및 미국에서도 고온에서 조리 및 열처리한 식품에서 아크릴아마이드가 검출됨이 확인되었다. 이전에는 작업 및 흡연 시 노출되는 아크릴아마이드가 문제시 되었다.

현재 아크릴아마이드의 생성원인 및 메커니즘은 고온에서 조리 및 가공하였을 때, 자연적으로 식품에서 생성되는 것으로 알려져 있으며(그림 11-6), 가열시간에 따라 아크릴아마이드 수준이 증가한다. 가장 높게 검출된 식품은 전분질 식품(감자 및 시리얼 제품)이다. 가정에서 조리하는 식품이나, 예비조리 및 가공 포장된 식품에서도 아크릴아마이드 수준이 높게 검출되었다.

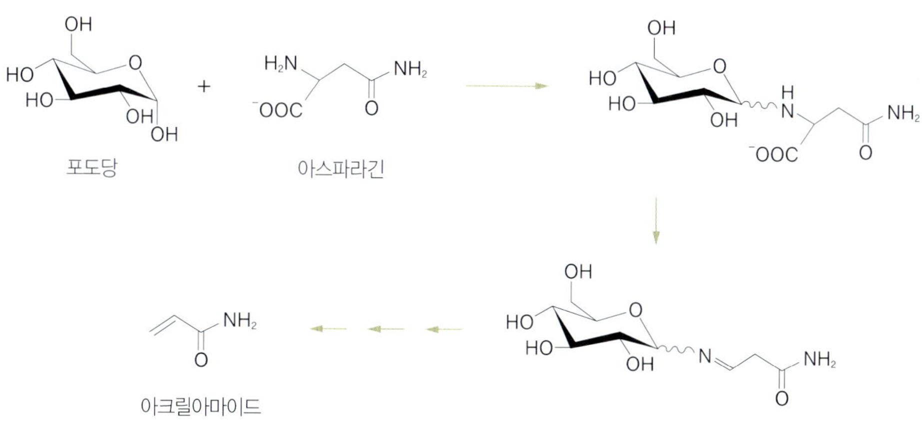

그림 11-6 추정된 아크릴아마이드의 생성경로-마이얄 반응

자료 : 식품의약품안전청

국제암연구소(IARC)에 따르면 아크릴아마이드는 Group 2A로 분류되며 동물실험에서 아크릴아마이드는 식품 조리 시 나타나는 기타 발암원과 같이 유사한 잠재적인 발암성이 나타났다. 사람의 경우 식품 중 발암을 일으키는 인자의 상대적인 잠재능(cancer-causing agent)에 대해서는 잘 알려지지 않은 상태이나 식이로 섭취되는 아크릴아마이드 수준은 기타 알려진 발암원보다는 위험성이 높은 것으로 추정되고 있다.

지속적으로 아크릴아마이드에 노출시킬 경우 종양이 발생한다는 사실이 동물실험을 통해 확인되었다. 하지만 사람의 경우 직업적으로 아크릴아마이드에 노출되는 작업자를 대상으로 한 연구결과에서, 공기 및 피부로 접촉되는 아크릴아마이드의 수준으로는 발암이 나타나지 않는다는 결과를 나타내어 사람에 대한 위해근거를 판단하기에는 무리가 있다.

Acrylamide 저감화 방안

Tip

- 식품을 고온에서 장시간 조리하지 않는다. 그러나 식육 및 식육가공품의 경우 식중독 유발 미생물을 사멸시키기 위하여 충분히 가열을 하여야 한다.
- 소비자들은 과실, 채소를 충분히 섭취하고 튀기거나 기름진 식품의 섭취를 적당히 하는 등 균형된 식사를 한다.

6. 3-MCPD

3-MCPD(3-monochloro-1,2-propandiol)는 chloro-propanol 그룹에 속하는 화합물로서 식품제조과정 중에 생성되는 물질이다. 식물성 단백가수분해물인 HVP(hydrolyzed vegetable protein)를 제조하는 중에 생성된다는 것이 1980년대에 최초로 보고되었다. 1990년대부터 HVP로 만드는 수프, 소스류 등에서 제조과정이나 저장 중에 생성되어 식품에 오염되며 특히 산분해를 거쳐 제조되는 산분해간장에서 대부분 검출되고 있음이 점차적으로 알려졌다. 그러나 간장은 식품을 제조 · 가공 · 조리함에 있어 풍미를 돋우기 위한 목적으로 사용되며 전 세계적으로 섭취되는 조미식품이므로 식품 중 검출이 국제적으로 이슈화가되고 있다. 우리나라의 경우도 1985년 8월 및 1996년 2월 두 번의 간장파동으로 사회적인 문제가 되었다. 따라서 제조공정 중 저감화를 추

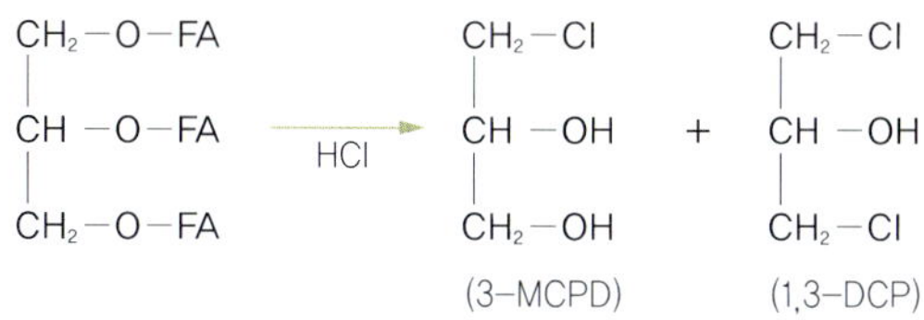

그림 11-7 지방산으로부터 MCPD의 생성

진하고 있으며 소비자의 건강보호를 위하여 우리나라, EU 등에서 2002년부터 기준을 설정하여 관리하고 있다. 국제식품규격위원회(Codex)에서도 기준을 설정하고 있다.

반응은 글리세롤에 붙은 3개의 지방산에 염산의 염소기가 치환되어 생성되며, 생성량은 3-MCPD >2-MCPD >1,3-DCP >2,3-DCP순이다(그림 11-7).

표 11-5는 각국의 3-MCPD 잠정허용기준을 제시하고 있으며 표 11-6은 각국의 간장과 HVP에서 검출량을 나타내고 있다.

3-MCPD는 실험동물에서 불임을 유발한다는 보고는 있으나 인체독성은 알려지지 않고 있으며 발암물질로 규명된 바는 없다.

표 11-5 3-MCPD의 잠정허용기준

국 가	식 품	사용량
한 국	산분해간장	0.3mg/kg 이하
	혼합간장	1.0mg/kg 이하(건조물 기준)
Codex	HVP	0.4ppm
미 국	액체조미료(HVP 포함)	1ppm
EU	HVP	0.02ppm
	간장류	0.02ppm
호 주	HVP	0.2ppm

자료 : http://foodnara.go.kr

표 11-6 간장, HVP 검출량

국 가	시료 수	검출률(%)	검출수준(mg/kg)
한 국	442	29	0.02～0.82
싱가포르	421	89	0.01～110.8
미 국	55	85	0.005～876
호 주	39	46	0.005～150
영 국	40	48	0.01～30.5

자료 : 식품의약품안전청

3-MCPD 저감화 방안 Tip

- 지방함량이 적은 콩의 재배
- 염산분해 간장제조 시 염산의 사용량 규제

7. 아크롤레인과 지방과산화물질

아크롤레인(acrolein)은 유지를 고온으로 가열할 때 연기에 존재하는 물질인데 DNA의 변이를 초래하고 세포의 수복능력을 감소시키며 종양억제 유전자에 결합해 발암의 주요한 원인으로 작용하는 것으로 알려져 있으며 PAH보다 10,000배 더 강한 발암물질이다. 아크롤레인은 매연과 담배연기에 존재하며 폐암의 발병요인으로 알려져 있다. 중국의 비흡연 여성에게서 폐암이 많으나 방글라데시에서는 비흡연성 폐암이 많지 않은 것으로 튀김 요리를 많이 하는 중국의 여성이 고온 가열한 식용유에 노출되면서 발병의 원인이 되었음을 알 수 있다. 지질의 고온가열로 글리세롤이 생성되고 이것에서 두분자의 물이 떨어져 나오면 아크롤레인이 된다(그림 11-8). 따라서 기름은 건냉암소에 보관하여 산화를 막고 튀긴 음식은 바로 먹음으로써 저감화 할 수 있다.

유지는 열, 빛, 금속과 산소에 노출되면 유리라디칼이 형성되고 여기에 산소가 결합하여 과산화물을 생성한다. 이것은 불안정한 물질로 곧 여러 가지 분해과정을 거쳐 알코올, 알데히드, 케톤 물질을 만들고 이들은 서로 결합하여 중합체를 만들기도 한다. 이때 생성된 과산화물은 생체

그림 11-8 유지의 고온가열로 인한 아크롤레인의 생성

단백질과 효소의 활성을 저해하고 생체막에 이상을 초래하며 DNA 가교결합으로 노화물질인 리포푸신을 형성하는데 이것은 동맥경화를 유발하고 발암의 활성인자로 작용한다.

산화물의 생성정도는 산가나 과산화물가 등의 측정으로 알 수 있으며 가능한 식물성유는 산소에 노출 시 오래 보관하지 않고 높은 온도로 가열하지 않는 것이 바람직하다.

Chapter 12

식품첨가물

1. 식품첨가물의 정의 및 규격

2. 식품첨가물의 종류 및 특성

Chapter 12

식품첨가물

식품산업의 발달로 가공식품의 생산과 소비가 증가하면서 식품의 저장기간 연장(보존성 향상), 기호 및 품질 향상, 영양가의 보강, 제조공정상의 필요 등 여러 가지 목적으로 다양한 식품첨가물이 사용되고 있다.

식품첨가물 중에는 천연물도 있지만 대부분은 인공적으로 합성된 화학적 합성물이다. 화학적 합성물이 식품첨가물로 사용되기 위해서는 엄격한 독성 시험을 거쳐 정부 기관에 의하여 안전성이 승인되어야 하며 사용대상 식품과 사용량이 제한되어 있다. 안전한 화학적 합성물이라도 사용방법, 사용량, 순도 등에 따라 인체에 유해한 영향을 주기도 하므로 세심한 주의가 필요하다.

식품첨가물은 적절히 사용하면 식품의 기호성, 영양성, 상품성을 향상시킬 수 있지만 식생활을 통해 지속적으로 섭취되는 것이므로 잠재적 위험성이 따르며 인체에 대한 높은 안전성이 요구된다.

1. 식품첨가물의 정의 및 규격

1) 식품첨가물의 정의

식품첨가물은 식품을 가공, 제조, 조리할 때 식품의 보존성향상(저장기간연장)이나 기호성과 품질을 향상시키며 영양적 가치를 높이기 위해 첨가하는 물질로 다음과 같이 여러 가지로 정의되고 있다.

우리나라 식품위생법(제1장 제2조)에서는「식품첨가물이라 함은 식품을 제조 · 가공 또는 보존함에 있어 식품에 첨가 · 혼합 · 침윤 기타의 방법으로 사용되는 물질(기구 및 용기 · 포장의 살균 · 소독의 목적에 사용되어 간접적으로 식품에 이행될 수 있는 물질을 포함한다)을 말한다」라고 정의하고 있다.

한편 국제식품규격위원회(Codex)에서는「식품첨가물이란 영양가의 존재 여부와 관계없이 식품의 일반적 구성성분이 아니고 일반적으로 사람이 섭취하지 않으며 식품의 저장, 수송, 포장, 충진, 처리, 조리, 가공, 제조를 목적으로 식품에 의도적으로 첨가되는 물질이다. 또한 식품첨가물은 물질 자체 또는 그 부산물이 직접 또는 간접적으로 식품의 구성성분이 되거나 특성에 영향을 미칠 것으로 예견되는 물질이다」라고 정의하고 있다.

식품첨가물로 사용되기 위해서는 다음과 같은 구비조건을 만족시켜야 한다.

■ 식품첨가물로서의 조건

- 인체에 유해한 영향을 미치지 않을 것
- 사용목적에 따른 효과를 소량으로도 충분히 나타낼 것
- 식품의 제조가공에 필수불가결할 것
- 식품의 영양가를 유지할 것
- 식품에 나쁜 이화학적 변화를 주지 않을 것
- 식품의 화학분석 등에 의하여 그 첨가물을 확인할 수 있을 것
- 식품의 미관을 좋게 할 것

이러한 식품첨가물 재료는 여러 가지 목적으로 사용되는데, 두부응고, 빵의 팽창처럼 식품의 제조 공정시 필요하기 때문이거나 보존성, 기호성, 영양성 등의 향상을 위해 사용된다(표 12-1).

표 12-1 첨가물의 사용 목적

목 적	첨가제	사용 예
보존성 향상, 식중독 예방	보존료, 산화방지제	라면, 과자
기호성 및 품질향상	조미료, 감미료, 산미료, 착색료, 발색제	탄산음료, 치즈, 버터, 햄, 소시지
영양가 향상	비타민, 아미노산, 미네랄 등 강화제	콘플레이크, 일부 우유
제조공정 상 반드시 필요	두부응고제, 베이킹파우더(팽창제)	두부, 빵

2) 식품첨가물의 지정

우리나라 식품위생법에 의하면 화학적 합성품의 경우 경험적으로 무해한 것이라도 식품위생법으로 지정된 것이 아니면 식품첨가물로 사용, 판매할 수 없다. 보건복지부 장관은 화학적 합성품 중 사람의 건강을 해칠 위험이 없는 것을 식품첨가물로 지정하게 되는데, 이를 '첨가물지정제도(permitted list system)' 라고 한다.

식품첨가물을 지정할 때는 다음 사항을 기초로 하여 검토한다.

- 식품첨가물은 안전성이 실증되고 있거나 확인된 것이어야 한다.
- 식품첨가물의 사용이 식품 소비자에게 이익이 되어야 한다.
- 식품첨가물은 사용 목적에 대한 충분한 효과가 기대되어야 한다.
- 식품첨가물은 원칙적으로 첨가한 식품의 화학분석 등에 의해 첨가를 확인할 수 있는 것이어야 한다.

그림 12-1 가공식품의 주표시면과 일괄표시면

식품첨가물의 지정을 위해 식품의약품안전청장에게 신청서와 관련 자료를 제출하면 식품의약품안전청장은 안전성 등을 검토한 후 규격 및 기준을 지정 고시한다. 1962년에 처음으로 217품목이 식품첨가물로 지정, 공포되었으며, 현재 우리나라에서는 화학적합성품 424품목, 천연첨가물 201품목, 혼합제제 7종 등 632품목이 지정되어 있다. 이미 지정된 식품첨가물이라도 재검토하여 위생상 유해함이 판명되거나 안전성이 보장되지 않는다고 판단되면 이를 삭제한다.

3) 식품첨가물의 기준 및 규격

식품첨가물에는 천연품과 화학적 합성품이 있다.

(1) 천연품의 기준과 규격

화학적 합성품보다 안전한 것으로 여겨지지만 화학적 합성품과 같이 식품의약품안전청장이 지정 고시한 것만 사용하고 판매할 수 있다. 단, 개별기준 및 규격이 고시되지 아니한 천연첨가물에 대하여는 '한시적 기준 인정 제도' 가 적용된다. 한시적 기준 인정이란 제조 · 가공업자가 제출한 식품첨가물의 성분 규격, 제조, 가공, 사용, 보존 등의 방법 등에 대해 식품위생검사기관에서 검토한 후 식품의약품안전청장이 당해 제품에 대해 한시적으로 인정하는 제도이다.

(2) 화학적 합성품의 기준과 규격

화학적 합성품이란 식품위생법 제2조 3항에 의하면 「화학적 수단에 의하여 원소 또는 화합물에 분해반응 외의 화학반응을 일으켜 얻은 물질」이다. 화학적 합성품에는 화학 물질을 원료로 화학적으로 합성된 것과 동물, 식물, 광물 등의 천연물이나 그 추출물을 원료로 화학반응을 일으켜 생성된 것이 있다.

식품의약품안전청장이 지정한 화학적 합성품이나 천연품 중에는 그 자체는 완전 무해하더라도 불순물 또는 기타 유해물이 혼입되어 있으면 위생상 위해를 일으킬 수 있으므로 첨가물의 성분 규격이 정해져 있다. 또한 사용기준, 제조기준을 정하여 사용목적, 사용대상 식품, 사용량 등을 규제하고 있으며, 보존 시 주의가 필요한 것은 보존기준을 규정하고 있다.

- **사용기준** : 식품첨가물의 일일섭취허용량(ADI), 식품의 섭취량, 유효농도 등을 고려하여 결정하며, 안전성이 큰 식품첨가물에는 사용기준이 정해져 있지 않다.

- 표시기준 : 식품첨가물이라는 표시뿐 아니라 명칭, 제조장소, 제조 업소명이나 수입 업소명, 제조연월일 등을 표시해야 하며, 사용방법이나 보존기준이 정해진 첨가물에 대하여는 사용방법이나 보존방법도 표시해야 한다. 식품첨가물 제제도 식품첨가물처럼 표시를 해야 한다. 즉 착향료 이외의 식품첨가물을 함유한 혼합제제의 경우 혼합된 화학적 합성품의 명칭과 함량(%)을, 천연색소제제의 경우 색가를 표시해야 한다. 이와 같은 식품첨가물 및 혼합제제 표시는 용기나 포장의 보기 쉬운 곳에 한글로 기재해야 하고, 표시가 기재된 용기나 포장 위에 다시 포장을 하는 경우에는 투명한 포장을 하여 표시를 쉽게 투시할 수 있게 하거나 외포장에 다시 기재하도록 정해져 있다.

식품의약품안전청장은 식품첨가물의 규격과 기준을 수록한 식품첨가물공전을 작성해야 한다. 식품첨가물 공전은 첨가물의 적정한 사용을 일반에게 널리 주지시키고 오차방지를 위해 식품의약품안전청장이 작성하는 것이다. 식품첨가물공전은 1973년 11월에 처음 발행되었으며, 식품첨가물공전의 주된 내용은 다음과 같다.

- 총칙
- 제조기준
- 참가물의 일반사용기준
- 품목별 규격 및 기준
- 일반시험법
- 시약, 시액, 용량분석용 표준용액 및 표준용액

4) 식품첨가물의 안전성 평가

식품첨가물은 생리학적 · 약리학적 · 생화학적 실험을 통한 안전성을 평가하는데 그 사용량은 해를 일으킬 수 있는 농도보다 훨씬 낮은 농도이어야 하며 사용조건의 변화에 따라 일어날 수 있는 유해효과가 없어야 하고 계속 재평가되어야 한다. 따라서 식품첨가물의 사용량을 결정할 때는 다음을 고려하여야 한다. 상세한 내용은 제4장에 설명되어 있다.

2. 식품첨가물의 종류 및 특성

1) 보존료

보존료는 미생물에 의한 손상을 방지하여 식품의 저장 수명을 연장시키는 식품첨가물을 말하며 소르빈산, 안식향산 등이 있다. 보존료의 주작용은 정균작용이지만 사용량을 증가시키면 살균작용을 하기도 하며, 식품 중의 효소나 미생물이 분비하는 효소 작용을 억제하기도 한다.

보존료의 효과는 미생물의 오염 정도, 식품의 pH, 열처리, 용해도 등의 영향을 받으므로 사용 시 주의해야 한다. 많이 오염될수록 보존료의 효과가 떨어지고 부패 또는 변패 직전의 식품에는 효과가 없다. 산형 보존료의 경우 pH가 낮을수록 큰 효과를 나타내는데, 이것은 보존료의 항균

보존료의 조건

Tip

- 변패를 일으키는 각종 미생물의 증식을 일정하게 저지할 것
- 독성이 없거나 극히 낮을 것
- 공기, 빛, 열에 안정하고, pH에 의해 영향을 받지 않을 것
- 식품의 보존이 확실하고 식품의 성분에 변화를 주지 않을 것
- 장기간 효력을 나타내는 것
- 무미, 무취, 자극성이 없으며, 내열성, 수용성일 것
- 사용이 쉽고 싼 가격일 것

표 12-2 허용 보존료의 종류와 사용량

명 칭	사용량(산 형태로)	
안식향산과 그염	과실, 채소류, 음료	0.6g/kg 이하
	마요네즈, 잼류	1g/kg 이하
파라옥시안식향산메틸	캡슐류	1g/kg 이하
소르빈산과 염	치즈	3.0g/kg 이하
	젓갈류, 된장, 고추장	1g/kg 이하
프로피온산과 염	빵, 케이크류	2.5g/kg 이하
	잼류	1g/kg 이하

효과가 미생물의 세포막을 쉽게 투과할 수 있는 비해리 분자의 농도에 비례해서 증가하기 때문이다. pH가 낮아지면 비해리 분자가 많아져서 항균효과가 증가한다. 따라서 산을 적당량 첨가하여 pH를 조절하면 방부효과를 증가시킬 수 있다. 현재 허용 보존료 중 파라옥시안식향산에스테르류만이 비산성 보존제이고 나머지는 산성 보존제이다. 또한 가열할 때 보존료를 첨가하면 미생물의 사멸시간을 단축시키는 효과를 볼 수 있으며, 미생물은 용해된 보존료만을 이용하므로 물에 잘 녹지 않는 산 형태보다는 가용성 염의 형태로 식품에 첨가해야 효과가 좋다. 표 12-2에는 허용 보존료의 종류와 산 형태의 사용량이 제시되어 있다.

2) 살균제

살균제는 미생물을 단시간 내에 사멸시키기 위해 사용하는 식품첨가물을 말한다. 허용 살균제에는 표백분(bleaching powder), 고도표백분(calcium hypochlorite), 차아염소산나트륨(sodium hypochlorite), 이염화이소시아뉼산나트륨(sodium dichloroisocyanurate) 등이 있다. 살균제는 보존료와 같이 독성이 적고 지속성이 있으며 식품에 좋지 않은 영향을 주지 않는 효과가 큰 것이어야 한다.

표백분은 유효염소를 25~40% 함유한 것이며 고도표백분은 유효염소를 60% 이상 함유한 것을 말한다.

과산화수소(H_2O_2)를 제외한 살균제는 염소계 살균제이다. 염소계 살균제는 유효염소의 산화력에 의해 살균효과를 나타낸다. 염소계 살균제는 특유의 냄새가 있어 주로 음료수, 채소, 과일 등을 소독할 때 사용된다. 차아염소산제제는 참깨에 사용하면 안되고, 과일과 채소의 살균목적으로 사용해야 하며 최종 식품의 완성 전에 제거하여야 한다. 과산화수소는 표백효과가 있어 표백제로 분류되기도 한다. 염소계 살균제의 살균효과는 pH의 영향을 받는다. 이것은 비해리형이 살균효과를 나타내기 때문이며, pH가 낮을수록 비해리형이 많이 존재하므로 pH가 낮을수록 더 강한 살균력을 보인다.

3) 산화방지제

산화방지제(항 산화제)란 지방의 산패와 색깔변화와 같은 산화에 의한 품질저하를 방지하여 식품의 저장 기간을 연장시키는 식품첨가물이다. 대표적으로는 부틸히드록시톨루엔(butylated hydroxy-toluene : BHT), 부틸히드록시아니졸(butylated hydroxy anisole : BHA), 몰식자산프

표 12-3 허용 산화방지제의 종류와 사용량

명 칭	사용량(산 형태로)	
BHT, BHA	식용우지, 식용유지	0.2g/kg 이하
	마요네즈	0.06g/kg 이하
PG	식용우지, 식용유지	0.1g/kg 이하
에리소르브산과 염	기준 없음	
아스코르빌 스테아레이트	식용우지, 식용유지, 식용돈지	0.5g/kg 이하
아스코르빌 팔미테이트	마요네즈	0.5g/kg 이하
	영 · 유아용 곡류제조식	0.28g/L 이하

로필(propyl gallate : PG), 에리소르브산, 아스코르브산 등이 있다.

이밖에 그 자신은 산화방지제 작용은 없으나 산화방지제의 작용을 증강시키는 물질로 유기산(구연산, 사과산 등), 축합인산염(폴리인산염, 메타인산염 등) 등이 있다. 이들 상승제(synergist)는 산화를 촉진하는 금속을 불활성화시키고 산화된 산화방지제를 안정화시키는 역할을 한다.

천연 산화방지작용을 갖는 물질이 있으나 식품의 산화방지제로는 합성 산화방지제인 BHT, BHA, PG 등이 많이 사용된다. 최근 합성 산화방지제의 안전성이 문제되면서 천연 산화방지제를 이용하려고 노력하고 있다.

현재 허용되고 있는 산화방지제의 종류와 사용량은 표 12-3과 같다.

4) 조미료

조미료는 식품 본래의 맛을 한층 기호에 맞도록 하고 식욕을 촉진시키기 위해 사용하는 첨가물이다.

조미료는 아래와 같이 분류할 수 있다.

- **핵산계 조미료** : 5′-이노신산 나트륨(sodium 5′-inosinate), 5′-구아닐산 이나트륨 disodium 5′-guanylate), 5′-리보뉴클레오티드 이나트륨(sodium 5′-ribonucleotide & calcium 5′-guanylate), 5′-리보뉴클레오티드칼슘 (calcium 5′-ribonucleotide)등
- **아미노산계 조미료** : L-글루탐산 나트륨(sodium L-glutamate : MSG), DL-알라닌(DL-alanine), 글리신(glycine), L-아스파라긴(L-asparagine), 타우린(taurine) 등

■ 유기산계 조미료 : D－주석산 나트륨(sodium D-tartrate), DL－주석산 나트륨(sodium DL-tartrate), 구연산 삼나트륨(trisodium citrate), DL－사과산 나트륨(sodium DL-malate) 등

핵산계 조미료는 단독으로 사용하는 것보다 글루탐산나트륨과 함께 사용할 때 상승효과를 보인다. 5′－리보뉴클레오티드이나트륨은 pH 3이하에서 장시간 가열하면 효과가 감소되며, 된장이나 절임식품에 사용하면 효소에 의해 분해되어 효과가 떨어진다. 조미료는 사용기준이 정해져 있지 않아 사용식품이나 사용량에 제한을 받지 않는다. 그러나 과량 사용 시 중국음식점 증후군(chinese restaurant syndrome)을 유발하는 등 인체 유해성 논란이 있는 글루탐산나트륨(MSG)은 가능한 적게 사용하는 것이 좋다.

5) 감미료

감미료(sweetening)는 식품중에 단맛을 부여하는 (단당류와 이당류를 제외한) 식품첨가물로 천연 감미료와 인공 감미료가 있다. 인공 감미료는 설탕에 비해 단맛이 강하고 가격이 저렴하며, 대부분 열량원으로서의 역할을 하지 못한다. 인공 감미료 중 삭카린은 그 독성에 대해 많은 논란이 있었으나 1999년 5월 FDA에서 인체에 무해하다고 발표함으로써 일단락되었다. 삭카린은 물에 녹지 않으므로 식품에 첨가할 때는 나트륨염이나 칼륨염 형태로 사용하며 사용식품과 그 양을 규정하고 있다.

현재 허용되고 있는 감미료와 사용기준은 표 12－4 와 같다.

삭카린나트륨을 사용 가능한 식품은 젓갈류, 절임식품, 조림식품, 김치류, 음료류, 어육가공품, 건강기능식품 뻥튀기이며, 사용량은 0.1g/kg 이하에서 1.2g/kg 이하이다.

표 12-4 허용 감미료의 종류와 사용량

명 칭	사용량	
사카린나트륨	절임식품	1.08g/kg 이하
	어육가공품	0.18g/kg 이하
글리실리진산 이나트륨	된장, 간장 식품에만 사용	기준 없음
D-소르비톨	기준없음	
아스파탐	빵, 건과류	0.5% 이하

6) 산미료

산미료(acidifier)는 식품에 신맛을 부가하거나 산도를 증가시킬 목적으로 사용되는 식품첨가물이며 미각을 자극하여 식욕을 촉진시키기는 역할도 한다. 허용 산미료에는 구연산(citric acid), 글루코노-δ-락톤(glucono-δ-lactone), 빙초산(glacial acetic acid), DL-사과산(DL-malic acid), 아디프산(adipic acid), 이산화탄소(carbon dioxide), 인산(phosphoric acid), 젖산(lactic acid), L-주석산(L-tartaric acid), DL-주석산(DL-tartaric acid), 푸마르산(fumaric acid), 푸마르산일나트륨(monosodium fumate), 초산(acetic acid) 등이 있으며 각 산미료의 사용기준은 규정되어 있지 않다.

7) 착색료

착색료란 식품에 색소를 부여하거나, 복원하는데 사용되는 식품첨가물이며, 인공적으로 합성된 화합물과 천연 추출물이 있다. 주로 안정성과 착색성이 좋은 합성착색료를 사용해 왔으나 합성착색료의 안전성 문제가 대두됨에 따라 천연착색료의 사용이 증가되고 있다. 천연착색료는 가격이 비싸고 안정성과 착색성은 좋지 않으나 안전성이 높고 색조가 자연스럽다.

착색료로 사용되기 위해서는 인체에 독성이 없고 체내에 축적되지 않으며 미량으로 효과가 있고 물리화학적 변화에 안정하며 값이 싸고 사용하기 편리해야 한다.

(1) 천연착색료

천연착색료로는 아나토 색소, 치자 색소, 홍화 색소, 코치닐 색소, 감초 색소, 파프리카 색소, 홍국 색소, 클로로필, 캐러멜 등이 사용된다. 각 색소의 특징은 다음과 같다.

- **아나토색소** : 황색을 띠는 아나토 나무의 추출액으로 주성분은 빅신(bixin)이며 착색성은 좋으나 빛과 열에 불안정
- **치자색소** : 치자 색소에는 황색, 청색 및 적색 색소가 있다. 황색 색소의 주성분은 크로신(crocin)과 크로세틴(crocetin)으로 착색성, 내광성, 내열성이 좋으며 산성에서는 불안정하다. 적색 색소와 청색 색소는 치자 열매에서 추출된 이리도이드 배당체인 제니포사이드(geniposide)와 단백질 분해 혼합물에 β-글루코시다제를 작용시켜 얻는다. 적색 색소는 내열성, 내광성, 염착성이 좋고 물과 에탄올에 잘 녹으며, 청색 색소는 내열성, 내광성이 좋은

수용성 색소이다.

- **홍국색소** : 홍국균(*Monascus purpureus, Monascus anka*)이 생산하는 적색, 자색 및 황색 색소로 적색소의 주성분은 모나스코르빈(monascorbin)과 안카플라빈(ankaflavin), 황색, 자색의 주성분은 모나스코브라민(monascorubramine), 황색소의 주성분은 모나신(monascin)이다. 홍국 색소는 열에 안정하나 빛에는 불안정하며, 잼, 토마토케첩, 수산 연제품, 조미료, 프레스 햄 등의 착색에 사용되고 있다.

(2) 합성착색료

합성착색료에는 타르(tar)색소, 타르색소의 알루미늄레이크, 비타르계 색소가 있으며, 현재 사용이 허가된 합성착색료의 종류와 사용기준은 아래와 같다. 타르색소는 독성이 강한 것이 많으

- 식용타르색소(8가지) : 아조계 색소(적색 2호, 적색 40호, 황색 4호, 황색 5호), 키틴산계 색소(적색 3호), 트리페닐메탄계 색소(청색 1호, 녹색 3호), 인디고이드계 색소(청색 2호)의 8가지
- 알루미늄레이크(6가지) : 녹색 3호, 적색 40호, 청색 1호, 청색 2호, 황색 4호, 황색 5호의 알루미늄레이크 6가지

식용타르색소 국내 사용기준(개정안)

– 식용타르색소 14품목 –

녹색3호 · 적색40호 · 청색1호 · 청색2호 · 황색4호 · 황색5호 및 그 알루미늄 레이크와 적색3호 · 적색2호

아래의 식품에 사용하여서는 아니 됨

1. 면류, 2. 단무지, 3. 특수용도식품(정제의 제피 또는 캡슐은 제외), 4. 건강기능식품(정제의 제피 또는 캡슐은 제외), 5. 유가공품, 6. 두유류, 7. 발효음료류, 8. 과일 · 채소류음료, 9. 인삼 · 홍삼음료, 10. 두부류 또는 묵류, 11. 젓갈류, 12. 김치류, 13. 절임식품(밀봉 및 가열살균 또는 멸균처리한 절임제품은 제외), 14. 조림식품, 15. 천연식품〔식육류, 어패류(고래고기 포함), 채소류, 과실류, 해조류, 두류 등 및 그 단순가공품(탈피, 절단 등)〕, 16. 벌꿀, 17. 장류, 18. 식초, 19. 소스류, 20. 토마토케첩, 21. 잼류(기타 잼류 제외), 22. 고춧가루 또는 실고추, 23. 향신료가공품〔고추냉이 가공품(와사비) 및 겨자가공품 제외)〕, 24. 카레, 25. 식육가공품(소시지류 제외), 26. 어육가공품, 27. 식용유지류, 28. 다류, 29. 빵류, 30. 마요네즈, 31. 레토르트식품, 32. 즉석섭취 · 편의식품류, 33. 복합조미식품, 34. 코코아버터, 35. 땅콩 및 견과류 가공품, 36. 코코아분말, 37. 조미김, 38. 과 · 채가공품류, 39. 추출가공식품, 40. 알가공품, 41. 커피, 42. 과자(한과류 제외), 43. 캔디류, 44. 초콜릿류, 45. 빙과류, 46. 탄산음료, 47. 혼합음료, 48. 시리얼류

므로 안전성이 확보된 것만 식용색소로 모두 14품목만 지정되어 있다.

식용타르색소는 대부분 수용성이므로 유지식품에는 알루미늄레이크(lake)가 사용된다. 알루미늄레이크는 알루미늄(염화알루미늄, 황산알루미늄 등)에 알칼리(탄산나트륨 등)를 작용시켜 만든 수산화알루미늄에 식용타르색소의 수용액을 첨가하여 레이크화한 것으로 색소 함량은 10~30%정도 이다. 알루미늄레이크는 변색이나 퇴색이 잘 일어나지 않고 착색 효과가 오래 지속된다. 예를 들어 당을 입힌 과자나 껌을 레이크로 착색하면 입이나 손에 색소가 묻어나지 않는다.

8) 발색제

발색제는 자신은 색을 가지고 있지 않지만 식품의 유색물질과 반응하여 색을 내거나 고정화, 안정화시키는 첨가물질이다.

대표적인 발색제는 아질산염이다. 아질산염은 햄이나 소시지의 염지과정에 사용되어 색을 내고 고정화한다. 또한 보툴리늄균의 독소 생성을 억제하는 작용이 있어 미국 등에서는 보존제로 분류되고 있다. 아질산염은 헤모글로빈의 철을 산화시켜 메트헤모글로빈(methemoglobin)을 생성하거나 아민과 결합하여 발암성인 니트로사민(nitrosoamine)을 형성한다. 아질산염과 질산염의 사용기준은 아래의 식품 이외에 사용하여서는 안된다. 사용량은 아질산이온으로서 아래의 기준이상 남지 않도록 사용해야 한다.

- 식육가공품(포장육, 식육추출가공품, 식용우지, 식용돈지 제외) 및 경육제품 : 0.07g/kg
- 어육소시지류 및 어육햄류 : 0.05g/kg
- 명란젓 및 연어알젓 : 0.005g/kg

발색을 촉진시키기 위해 사용되는 첨가물인 발색 보조제에는 육류 발색 보조제와 식물 색소 발색 보조제가 있다. 육류 발색 보조제는 육류의 발색을 촉진하는 물질로 아스코르브산과 그 염, 에리소르브산과 그 염 등이 사용된다. 이들은 아질산염의 발색을 촉진하며, 염 형태로 사용하면 pH 저하에 따른 육류 보수성의 감소를 막을 수 있다. 식물 색소 발색 보조제는 과일과 채소의 발색을 촉진하는 물질로서 황산 제1철(ferrous sulfate)이 널리 사용된다. 황산 제1철의 철 이온은 안토시안계 색소와 결합하면 선명한 청록색을 띤다.

표 12-5 표백제의 종류

분류	종류	작용	특징
산화표백제	과산화수소, 과산화벤조일, 차아염소산나트륨	산화	잔존하지 않아도 색이 복원되지 않음 조직파괴, 영양손실
환원표백제	메타중아황산나트륨, 메타중아황산칼륨, 아황산나트륨, 산성아황산나트륨, 차아황산나트륨, 무수아황산	환원	잔존하지 않으면 색이 복원됨. 아황산에 의한 표백

9) 표백제

표백제는 식품에 존재하거나 생성되는 일반색소 및 발색성 물질을 무색의 화합물로 변화시키고, 저장 중에 색소 산화 등에 의해 퇴색, 변색 또는 착색되는 것을 억제하기 위해 사용되는 첨가물이다.

표백제는 그 작용에 따라 산화표백제와 환원표백제로 나누어진다. 이들의 특징은 표 12-5와 같다.

우리나라에서 표백제의 사용이 허용되는 식품에는 박고지, 당밀, 엿, 과일주, 건조과일, 새우살, 설탕, 건조감자 등이며 허용량은 0.02g/kg 이하~5g/kg이하이다.

10) 밀가루 개량제

밀가루 개량제는 제빵의 품질이나 색을 증진시키기 위해 밀가루나 반죽에 추가되는 식품첨가물이며 이것을 첨가하면 제분 후 밀가루의 표백과 숙성시간을 단축 시키고 제빵성이 향상된다. 일반적으로 밀가루 개량제는 산화반응에 의해 표백작용과 숙성작용을 함께 하지만, 종류에 따라 표백작용은 거의 없고 숙성작용만 하기도 한다. 허용된 밀가루 개량제와 사용기준은 표 12-6과 같다.

과산화벤조일은 명반, 인산의 칼슘염, 황산칼슘 및 전분 중 1종 또는 2종 이상을 희석한 것으로 밀가루 이외에는 사용이 금지되어 있다. 주로 산화에 의한 표백작용을 하며 과량 사용하면 비타민 B_1 등이 손실될 뿐 아니라 숙성이 너무 빨리 진행되어 오히려 제빵성이 떨어진다. 과황산암모늄은 표백작용은 약하지만 글루텐의 성질을 좋게 하여 제빵성을 향상시킨다. 이들 개량제와 염소, 이산화염소 등은 밀가루에 직접 첨가하는 밀가루 개량제이다. 한편 스테아릴젖산칼슘과 스테아릴젖산나트륨은 표백작용은 하지 않지만 글루텐의 안정성과 탄력성을 증가시켜 빵

표 12-6 허용 밀가루 개량제와 사용량

명 칭	사용량
과산화벤조일(희석)[1](diluted benzoyl peroxide)	0.3g/kg 이하(소맥분)
과황산암모늄(ammonium persulfate)	0.3g/kg 이하(소맥분)
염소(chlorine)	2.5g/kg 이하(밀가루)
이산화염소(chlorine dioxide)	30mg/kg 이하(밀가루)
스테아릴젖산나트륨(sodium stearoyl lactylate)	기준 없음(빵, 면, 소스류)
스테아릴젖산칼슘(calcium stearoyl lactylate)	기준 없음(빵, 식물성조림, 난백)

[1] 과산화벤조일($C_{14}H_{10}O_4$)을 명반, 인산의 칼슘염류, 황산칼슘, 탄산칼슘, 탄산마그네슘 및 전분 중 1종 또는 2종 이상을 희석한 것

반죽의 특성을 좋게 하고 노화방지 효과가 있다.

11) 착향료

착향료는 식품에 향기를 부여 또는 증강하기 위해 사용하는 첨가물로 천연향료, 합성향료, 조합향료 등으로 나뉜다. 천연향료는 동 · 식물에서 추출, 정제된 것이다.

- **천연향료** : 안전성은 높지만 원료가 제한되어 있고 가격이 비싸다. 천연향료에는 에센셜 오일(essential oil), 추출물(extract), 올레오레진(oleoresin), 팅처(tincture) 등이 있다. 이 가운데 에센셜 오일이 가장 널리 이용된다.
- **합성향료** : 천연성분과 동일하게 합성한 것으로 천연향료와 합성향료는 단독으로 사용하기도 하지만 대부분 이들을 적절히 혼합한 조합향료 형태로 이용한다. 조합향료는 천연 향에 가깝게 만든 모방향료(imitation flavor)라 할 수 있으며, 식품에 사용되는 향료의 대부분을 차지한다.
- **조합향료** : 향이 오래 지속되고 가격이 저렴하다. 대표적인 착향료는 바닐린, 개미산게라닐이 있다.

12) 피막제

피막제(glazing agent, coating agent)는 식품의 외형에 보호막을 만들거나 광택을 부여하는 식품첨가물을 말하며, 과일이나 채소의 신선도를 유지하기 위해 첨가되는 물질이다. 즉 식품의 표면에 피막을 만들어 호흡을 조절하고 수분증발을 막아 신선도를 유지시킨다. 몰포린지방산염, 초산비닐수지(polyvinyl acetate) 등이 대표적인 피막제로 몰포린지방산염은 황갈색의 기름모양 또는 밀납모양의 물질로, 과실류 또는 과채류의 표피에 피막제 이외의 용도로는 사용하여서는 안되며, 초산비닐수지(polyvinyl acetate)는 껌 및 인삼껌기초제, 과실류 또는 과채류 표피의 피막제로만 사용 가능하다.

13) 유화제

유화제는 식품에 두개 또는 그 이상의 막을 안정한 에멀젼 형태로 만드는 식품첨가물을 말하며, 물과 기름의 계면에 작용하여 계면장력을 낮춤으로써 분산상의 응집을 막는 것으로 계면활성제라고도 한다. 유화제는 유화액의 특성에 적합한 HLB(hydrophilic-lypophilic balance)값을 갖는 것을 사용해야 한다. 유화제의 HLB는 친수성과 소수성의 균형을 나타낸 것으로 HLB값이 7 이하일 경우에는 친유성, 11~20은 친수성, 8~11은 중간형으로 분류된다. 유화제는 단독으로 사용하는 것보다 다른 것과 적당히 배합하면 상승효과를 볼 수 있다. 허용 유화제에는 글리세린지방산에스테르, 솔비탄지방산에스터, 프로필렌글리콜지방산에스터 등의 지방산에스터와 천연유화제인 레시틴 등이 있다.

유화제는 아이스크림, 마요네즈의 유화, 빵이나 카스테라의 유연성 지속 및 노화방지 등의 목적으로 식품가공에 이용되는데 대부분 사용기준이 없지만 보통 0.1~0.5% 이하를 사용한다.

14) 이형제

이형제(release agent)는 빵 제조 시 빵 반죽을 분할기에서 분할하거나 구울 때 달라붙지 않고 형태를 유지시키기 위해 사용하거나 비스킷 제조 시 컨베이어에서 쉽게 분리되도록 하기 위해 이용되는 첨가물이다. 현재 허용된 이형제에는 유동 파라핀이 있다. 유동 파라핀의 사용량은 빵 0.15%, 캡슐류 0.6%, 건조 과실 및 채소류 0.02% 이하이다.

15) 영양강화제

영양강화제는 식품의 영양적 가치를 향상시키거나 식품가공 과정에서 손실된 영양소를 보충하기 위해 사용된다. 영양강화제는 식품의 특성에 적합한 것을 선택해야 하며 대부분의 강화제는 사용 제한이 없지만 칼슘제, 요오드칼륨, 황산동 등에 대해서는 사용기준이 정해져 있다.

영양강화제를 사용한 식품에는 '영양강화식품' 이라는 표시를 하고 제품검사를 받아야 한다. 대상 식품에는 쌀, 보리, 빵, 장류, 버터, 마가린, 분유, 과자, 청량음료 등이 있다. 허용 영양강화제는 비타민류, 필수아미노산류, 철염류, 칼슘염류 등으로 나누어진다.

Chapter 13

식품 관련 전염병, 기생충, 위생동물

1. 경구전염병
2. 인축공통 전염병
3. 기생충
4. 진드기류
5. 곤충류
6. 쥐

Chapter 13

식품 관련 전염병, 기생충, 위생동물

전염병이란 병원성 미생물이 생물에 감염을 일으키고 전파되어 가는 것을 말한다. 전염성질환은 사람과 사람 사이에 전파되는 것과 다른 생물 사이에 전파되는 것이 있다. 우리나라에서는 전염병의 전염속도와 생명에 미치는 위해정도를 기준으로 1군, 2군, 3군, 4군 전염병으로 분류하고 있다(표 13-1). 이외에도 지정 전염병이라고 하여 제1군 내지 제4군 전염병 외에 유행여부의 조사를 위하여 감시활동이 필요하다고 인정되어 보건복지부장관이 지정하는 전염병이 있다. 또 생물테러 전염병은 고의로 또는 테러 등을 목적으로 이용된 병원체에 의하여 발생된 전염병으로서 보건복지부장관이 고시하는 것이다. 그 외 인수공통전염병은 동물과 사람 간에 상호 전파되는 병원체에 의하여 발생되는 전염병으로서 보건복지부장관이 고시하는 전염병을 말한다.

1. 경구전염병

전염병이 집단적으로 발생하여 유행하는 데는 표 13-2와 같이 감염원(병원체), 감염경로(환경), 감수성(숙주)의 세 가지 조건이 필요하다. 이 중에 특히 병원체가 음식물과 물, 식기구, 손가락 등을 통해 입으로 들어가 소화기를 경유하여 감염을 일으켜서 설사 등의 증상을 나타내는 것을 경

표 13-1 각종 전염병과 특징

분 류	특 징	종 류
제1군 전염병(6종)	전염속도가 빠르고 국민건강에 미치는 위해정도가 너무 커서 발생 또는 유행 즉시 방역대책을 수립하여야 하는 6종의 전염병	콜레라, 페스트, 장티푸스, 파라티푸스, 세균성이질, 장출혈성대장균감염증
제2군 전염병(10종)	예방접종을 통하여 예방 또는 관리가 가능하여 국가예방접종사업의 대상이 되는 질환 중 10종의 전염병	디프테리아, 백일해, 파상풍, 홍역, 유행성이하선염, 풍진, 폴리오, B형간염, 일본뇌염, 수두
제3군 전염병(18종)	간헐적으로 유행할 가능성이 있어 지속적으로 그 발생을 감시하고 방역대책의 수립이 필요한 18종의 전염병	말라리아, 결핵, 한센병, 성병, 성홍열, 수막구균성수막염, 레지오넬라증, 비브리오패혈증, 발진티푸스, 발진열, 쯔쯔가무시증, 렙토스피라증, 브루셀라증, 탄저, 공수병, 신증후군출혈열(유행성출혈열), 인플루엔자, 후천성면역결핍증(AIDS)
제4군 전염병(19종)	국내에서 새로 발생한 신종전염병증후군, 재출현전염병 또는 국내 유입이 우려되는 해외유행전염병	황열, 댕기열, 애볼라열, 라싸열, 보툴리즘, 법에 의한 방역대책의 긴급한 수립이 필요하다고 인정되어 보건복지부령이 정하는 전염병
지정전염병		A형 간염, C형 간염, vCJD

자료 : 식품위생학, 구난숙 외, 파워북

표 13-2 전염병의 3요소와 전염병 발병의 6요소

전염병 3요소	발병의 6요소	요 건
감염원	병원체	양적으로나 질적으로 질병을 일으킬 수 있을 만큼 충분해야 함
	병원소	
감염경로	병원소로부터 병원체 탈출	병원체에 감염될 수 있는 환경조건이 구비되어야 함
	전파	
	새로운 숙주로의 침입	
감수성	숙주의 감수성	병원체에 대한 면역성이 없어야 하며 감수성이 있어야 함

병원체와 병원소

Tip

- 병원체 : 세균, 바이러스, 원충류 등
- 병원소 : 병원체가 증식하면서 증식을 계속하고 다른 숙주에게 전파시킬 수 있는 상태로 저장되는 장소(인간병원소, 동물병원소)
- 보균자 : 임상적인 증상이 없는 병원체 보유자(잠복기 보균자, 회복기 보균자, 건강 보균자(불현성환자))

표 13-3 경구전염병과 세균성 식중독의 차이

특 성	경구전염병	세균성 식중독
감염정도	2차감염	종말감염
필요한 균량	미량	다량
잠복기	긴편	짧은 편
면역성	있음	없음
예방조치	거의 불가능	균의 증식을 억제하면 가능
음용수	음용수로 인해 감염됨	음용수로 인한 중독은 거의 없음

자료 : 식품위생학, 구난숙 외, 파워북

구전염병이라 한다.

1) 경구전염병의 특성과 분류

경구전염병은 병원성 미생물이 음식, 손, 기구, 음료수 등을 통하여 경구적으로 감염되는 질병으로, 경구전염병과 세균성 식중독의 차이는 경구전염병은 2차감염이 빈번하게 일어나는데, 세균성 식중독은 2차 감염이 거의 일어나지 않는다(표 13-3). 또한 경구전염병은 극소의 미량인 균량에서도 감염을 일으키기 쉬운 반면, 세균성 식중독에서는 다량의 균이 필요하다.

감염원에 따라 경구전염병을 분류하면 세균성, 바이러스성, 원충성이 있다. 감염경로는 직접감염과 간접감염이 있는데 직접감염은 환자나 보균자의 직접접촉으로 병원체가 입으로 들어간 것이고 간접감염은 식품이나 물 등 중간 매개체를 통하여 병원체가 입으로 들어가는 것이다.

경구전염병을 예방하기 위해서는 감염원(병원체), 감염경로(환경), 숙주의 감수성에 대해 적절한 대책을 세워야 한다.

감염원(병원체)에 따른 경구전염병의 분류

- 세균 : 콜레라, 장티푸스, 파라티푸스, 세균성 이질, 디프테리아, 성홍열
- 바이러스 : 유행성 간염, 전염성 설사증, 급성회백수염
- 원생동물 : 아메바성 이질

2) 콜레라

이 전염병은 호열자라고 하며 콜레라 독소에 의해 심한 위장증상과 전신증상을 보이는 급성전염병이다.

(1) 특 징

*V. Cholerae*균은 1.0~5.0 × 0.3~0.6㎛의 그람 음성간균으로, 한 개의 편모가 있어서 운동성이 활발하며 아포나 협막은 없다. 현재 분리된 콜레라균의 생물학적형(biotype)에는 인도지방 등에서 유래한 진성콜레라균(Classical)과 이의 생물학적 변이형인 엘토르(El Tor)형이 있으며, 주요 혈청군으로는 O1과 1992년 인도와 방글라데시에서 발견된 O139(*V. cholerae* Bengal)가 있다.

콜레라균은 pH 6.0 이하나 56℃에서 15분간 가열하면 균이 죽는다. 끓는 물에서는 순간적으로 죽으며, 실온에서는 약 2주, 물에서는 수일간, 그리고 하천과 해수에서는 더 오래 생존한다. 냉장이나 냉동상태에서는 증식되지는 않으나 균이 죽지 않는다.

(2) 발병과 증상

전형적인 증상은 보통 복통은 없으며, 심한 경우 쌀뜨물 같은 설사와 함께 구토, 발열, 복부통증이 있을 수 있고, 극심한 설사로 인해 심한 탈수현상을 초래하여 적절한 치료를 하지 않으면 사망할 수도 있다. 무증상 감염자나 만성보균자가 존재할 수 있으며, El Tor형은 무증상 또는 경미한 감염의 빈도가 높다. 고전적인 콜레라형의 경우, 환자 : 불현성보균자의 비율이 1 : 4 정도인데 비해, El Tor형의 경우 1 : 36이어서, 콜레라에 감염되었을 가능성이 있는 모든 의심자를 격리하지 않을 경우 주변 환경에 콜레라가 확산될 위험이 높아진다. 치료하지 않는 경우 전형적인

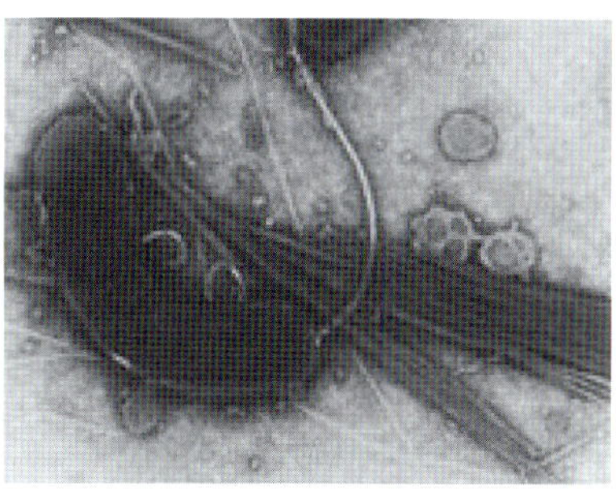

그림 13-1 콜레라균

자료 : 식품의약품안전청

환자의 25~50%에서 치명적일 수 있으나, 최근의 El Tor 형의 경우에는 적절한 치료를 하는 경우 사망률은 1% 미만이다.

(3) 예 방

제일 효과적인 방법은 오염된 음식물이나 식수의 섭취를 금하는 것이다. 물은 반드시 끓여 먹고, 음식물을 준비하거나 취급할 때 철저히 끓이거나 익혀서 먹어야 한다. 개인위생관리를 철저히 하며 음식물을 취급하기 전과 배변 뒤에 손을 씻어야 한다.

특히 개발도상국을 여행하는 여행자에게서 나타나는 경미하며 일시적인 설사가, 경미한 콜레라 때문에 발생한다는 가설이 제기되고 있다. 따라서 위험지역 방문 시에 경구용 예방백신 투여를 고려할 필요가 있다. 그러나 아직 콜레라 경구백신의 효과가 기대에 미치지 못하고 있기 때문에, 투여 여부에 대해서는 전문의의 충분한 고려가 필요하다.

3) 장티푸스

장티푸스(typhoid fever)의 병원균은 살모넬라 타이파이(*Salmonella typhi*) 이다.

(1) 특 징

장티푸스는 살모넬라 타이파이균 감염에 의한 급성 전신성 열성 질환이다. *S. typhi*는 사람만이 병원소이며, 길이가 2~3㎛, 직경이 0.6㎛ 정도의 그람 음성간균이다. 협막이 없고 아포도 만들지 않지만 운동성은 있다. *S. typhi*는 O항원과 H항원이 있어서 분류나 진단에 이용된다. 인체 외에서 *S. typhi*가 생존할 수 있는 시간은 대변에서는 60시간 내외, 물에서는 5~15일, 얼음에서는 3개월 내외이며, 아이스크림에서는 2년, 고여 있는 물에서는 6개월, 우유에서는 2~3일, 육류

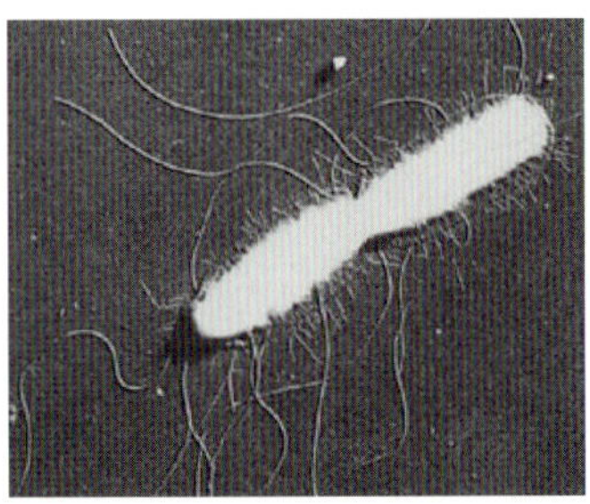

그림 13-2 장티푸스균

에서는 8주, 과일에서는 6일 등으로 되어 있으며 생존기간이 비교적 길고 추위에도 강해 위생상태가 나쁜 지역에서 유행이 계속되는 원인이 되고 있다.

(2) 발병과 증상

잠복기간은 보통 1~3주이나, 균의 수에 따라서 다르다. 발열, 두통, 권태감, 식욕부진, 상대적 서맥(맥박이 서서히 뛰는 것), 비종대, 장미진(모세혈관이 충혈되어 생기는 장미빛 작은 반점), 건성(마른) 기침 등이 주요한 증상 및 징후이다. 발열은 서서히 상승하여 지속적인 발열이 되었다가 이장열이 되어 해열되는 특징적인 열 형태를 갖는다. 치료하지 않을 경우 병의 경과는 3~4주 정도이다. 일반적으로 설사보다 변비가 많다. 백혈구, 특히 호산구의 감소가 특징적이고 경증이 흔하나 중증의 비전형적 증상도 일어난다. 치료하지 않을 경우 회장의 파이어판에 궤양이 생겨서 간헐적인 하혈이나 천공이 생기기도 한다. 중증에서는 중추신경계 증상도 생긴다. 지속적인 발열, 무표정한 얼굴, 경도의 난청, 이하선염도 일어날 수 있다. 합병증으로는 장천공, 장폐색, 관절염, 골수염, 급성 담낭염, 농흉 등이 있다. 사망률은 10%이지만 조기에 항생제로 치료하면 1% 이하로 감소시킬 수 있다. 재발은 말기 치료의 5~10%에서 발생하고, 항생제 요법이 행해진 경우의 10~20%에서 생긴다. 경증 혹은 불현성 감염이 유행지역에서 흔하다. 2~5%는 영구보균자가 된다.

(3) 예 방

개인위생 및 철저한 환경위생이 가장 중요하다. 장기 보균자에 대한 관리가 중요하며, 2년간 보균검사를 실시한다. 현재 사용되는 장티푸스 백신은 Vi polysaccharide 백신과 경구용 생백신의 두 가지가 있다.

국가에서는 장티푸스의 표준예방 접종지침을 정하고 있다.

장티푸스의 표준예방접종지침-예방접종 대상자

- 장티푸스 보균자와 밀접하게 접촉하는 사람(가족 등)
- 장티푸스가 유행하는 지역으로 여행하는 사람이나 파병되는 군인
- 장티푸스균을 취급하는 실험실 요원
- 간이급수시설 지역 중 불완전 급수지역 주민이나 급수시설 관리자
- 집단급식소, 식품위생접객업소 종사자

4) 파라티푸스

(1) 특 징

파라티푸스(Parathyroid fever)는 파라티푸스균(*Salmonella paratyphi*)에 의하여 일어나며 A, B, C형이 있다. 장티푸스와 동일하며 남성에게서 많다. A형은 청장년, B형은 청소년에게 많으며, C형은 우리나라에서 보고된 예가 없다. 우리나라에서 발생된 파라티푸스는 거의 B형(A형의 10배)이다.

(2) 증 상

장티푸스와 같은 열병으로 나타나며 일반적으로 가볍다. B형은 발열증상을 나타내고 식중독과 같이 급성이나 가볍고 치사율도 낮기 때문에 그냥 지나쳐 버리는 경우가 많다. 잠복기는 1~10일로 장티푸스와 거의 같다. 감염경로는 장티푸스와 같고 여름철에 많이 발생한다.

5) 세균성 이질

이질(bacillary dysentery, 쉬겔로시스)에는 세균성 이질과 아메바성 이질이 있는데 일반적으로 이질은 세균성 이질을 말한다.

(1) 특 징

*Shigella*는 운동성이 없고 협막도 없으며 아포도 만들지 않는 그람음성의 비교적 작은 간균이다. *Shigella*속(genus)에는 4종(species)의 혈청형이 있다. *S. dysenteriae*는 A군이고 12개의 혈

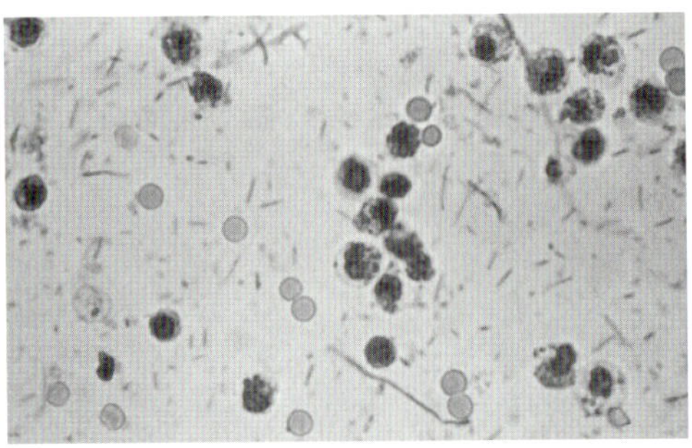

그림 13-3 이질균

자료 : 식품의약품안전청

청형 아속으로 나누어지며, *S. flexneri*는 B군이고 6종의 혈청형 아속으로 되어 있고, *S. boydii*는 C군이며 18종의 혈청형 아속으로 나누어지고, *S. sonnei*는 D군이며 혈청군은 한 개로 되어 있다. *Shigella*는 대변으로 배설되지만 실온에서 24시간 방치되면 현저하게 균수가 감소되어 배양되기 어렵다. *Shigella*는 neurotoxin, enterotoxin, cytotoxin과 같은 몇 가지의 체외독소를 만들며, 항균제에 대한 내성이 잘 생기는 특징이 있다. *S. dysenteriae*가 자연계에서 살 수 있는 시간은 물에서 2~6주, 우유나 버터에서 10~12일, 과일이나 채소에서 10일, 의복에서 1~3주, 습기가 있는 흙에서 수개월, 위액에서는 2분, 60℃에서 10분, 5% 석탄산수에서는 수분 동안 생존한다. 다른 세균성이질균은 이보다 저항력이 약간 강하다. 아메바성 이질은 원충인 아메바가 원인이며 불현성 감염이 많다. 이 균은 열이나 건조에 약하며, 3~4주의 잠복기를 지나 설사와 혈변을 보이는데 이를 예방하기 위해서는 철저한 위생관리가 필요하다.

(2) 발병과 증상

이질의 증상은 고열과 구역질, 때로는 구토, 경련성 복통, 후중기(배설후에 남는 불쾌한 동통, tenesmus)를 동반한 설사가 주요 증상이며 대개 대변에 혈액이나 고름이 섞여 나온다. 이는 세균의 침입으로 인해 미세농양이 생기기 때문이다. 환자의 1/3은 수양성 설사의 양상을 보인다. 소아의 경우 경련을 보이기도 한다. 균종이나 환자의 감수성에 따라 경하거나 증상 없이 지나기도 한다. 증상은 보통 4~7일이 지나면 회복된다. *S. dysenteriae*가 가장 심한 증상을 보이고, *S. flexneri*, *S. sonnei*로 갈수록 임상증상이 약해진다. *S. dysenteriae* 1은 종종 독성 거대결장증이나 용혈성 요독증후군을 일으켜 사망에 이르기도 하는데, *S. sonnei*는 임상 경과가 짧고 예후도 양호하다. *S. flexneri*의 경우 합병증으로 Reiter 증후군(관절염, 결막염, 요도염의 증후를 수반하는 질환)을 일으키기도 한다.

(3) 예 방

경증 이질은 1일 2~3회 설사를 하므로 오진하기 쉬워 건강한 사람과 생활하는 경우가 있는데 이것이 감염원 역할을 한다. 예방은 환자 및 보균자의 격리, 환경위생 향상, 위생교육을 통해 가능하다. 이질이 의심되는 사람에게 음식을 다루지 않게 하고 작업자는 화장실 사용 후 손을 깨끗이 씻는다. 음식은 적절한 온도까지 가열하며 교차오염을 막고 식품을 씻을 때 음용수를 사용하면 도움이 된다. 열에 약하며 5% 석탄산이나 승홍수에 사멸된다. 치료는 설파제나 항생물질 치료로 가능한데, 설파제는 술폰아미드제 및 솔포기를 가진 화학치료제를 말하며 화농성질환과

이질 예방을 위한 실천 사항 Tip

- 상하수도 완비와 음료수 정화, 염소 소독이 관리에 있어 중요하다.
- 음식을 만들기 전 또는 배변 후에는 손을 깨끗이 씻도록 한다.
- 모든 우유나 식료품은 살균하고, 상업용 우유의 생산 과정, 보관방법, 배달과정을 위생적으로 감독한다.
- 조리용 음식물이나 음료수의 적절한 품질관리를 한다. 음식물을 통조림할 때는 냉각수나 염소 소독한 물을 사용하고 갑각류나 어패류는 정기적으로 검사한다.
- 유행지역에서는 물을 반드시 끓여먹고, 조리사나 식품 유통업자는 식품을 적절히 냉동하고 항상 청결을 유지한다.
- 샐러드 보관이나 냉동식품을 다룰 때 주의할 사항에 대해 지도한다. 이는 가정이나 공공 식당에서도 마찬가지이다.
- 청결정도가 불분명할 때는 식품을 선별하여 조리하거나 익혀서 먹고, 과일의 껍질을 벗겨 먹는다.
- 유아기에는 모유 영양을 장려하고 모든 우유나 물을 소독한다.
- 보균자는 식품을 다루는 업무나 환자의 간호에 종사해서는 안 된다.

세균성 질환의 치료에 사용된다.

6) 디프테리아

인후, 코 등의 상피조직에 국소적 염증을 일으키며, 체외독소를 분비하여 혈류를 통해 신체 각 부위에 이동하고 심근, 신경조직에 결합해서 장해를 일으키는 급성질환이다.

(1) 특 징

그람 양성 간균인 코리네박테리움 디프테리아(*Corynebacterium diphtheriae*) 중 독소 생산주가 디프테리아를 일으킨다. 독소 생산주는 gravis, intermedium, mitis의 세 가지가 있고, 이 중 gravis가 가장 중증질환을 유발한다. 독소 비생산균에 의한 감염증은 대부분 경증으로 나타나고, 심내막염의 원인이 된다. 디프테리아균은 전신의 거의 모든 점막에 침범할 수 있다. 감염된 디프테리아균은 독소를 생성하여 세포단백질 생성을 억제해 조직괴사를 유발하고 막을 형성한다.

또한 생성된 독소는 혈류를 타고 전신에 퍼져 다양한 증상을 유발한다. 코리네박테리움 디프테리아에 의해 발병되는데 그람 양성간균으로 아포와 편모는 없다. 일광, 열, 화학약품에 대한 저항력이 비교적 약하다.

(2) 발병과 증상

전형적인 디프테리아는 2~5일의 잠복기를 갖고, 발병은 서서히 시작된다. 발병초기의 증상은 비전형적이고, 발열은 38.5℃를 넘지 않는다. 가장 흔한 발생부위는 인두와 편도로, 인두부위를 검사하면 발병 1일째는 발적만 관찰되다가 1일이 경과하면 인두부위에 소량의 삼출물이 보이기 시작해 발병 2~3일째에는 전 인두부위를 뒤덮는 막을 이루게 된다. 특징적인 막은 회색을 띠고, 인후부위점막에 강하게 부착되어 억지로 떼어내려 하면 출혈을 일으키기도 한다. 전경부의 림프절이 종대되어 소위 "Bull-neck appearance"를 보인다. 치료하지 않더라도 이 막은 발병 1주일 후부터는 소실되고, 이와 동시에 발열 등의 증상도 호전되기 시작한다. 인두부위 이외에 후두부도 약 25%에서 침범되고, 비강은 약 2%에서 침범된다. 코 디프테리아(nasal diphtheria)는 화농성 분비물이 특징적이고, 진행되면 혈성 분비물도 발생한다. 그 외 인후두부 침범에 이어 이차적으로 피부(그림 13-4), 구강, 질, 결막 등에서도 발생할 수 있다. 후두 디프테리아는 특히 4세 이하의 소아에서 잘 발생하는데, 점차 쉰목소리를 보이며, 쌕쌕거리는 소리가 특징이며, 진단이 늦어지면 사망에까지 이르는 치명적인 질환이다.

디프테리아의 가장 치명적인 합병증은 기도 폐색(크룹)이다. 삼출물 막이 기관과 상부 기도까지 진행하여 폐렴이나 상기도 폐색을 유발하기도 하고, 이차적으로 중이염이나 부비동염을 일으키기도 한다. 사망을 포함한 대부분의 합병증은 디프테리아 독소에 의해 발생하는 급성 전신독성(acute systemic toxicity), 심근염, 신경독성에 기인한다. 조기 심근염(early myocarditis)은 발병 3~4일 경에 발생하는데 이는 전신독성의 한 증상으로 발현되므로 일반적으로 치명적이다. 빈맥, 심음과 맥압의 감소 등 심근염이 의심되는 상황에서는 심장초음파나 심전도 등의 면밀한 검사가 필요하다. 후기 심근염(late myocarditis)은 대부분 발병 2주 후에 생긴다. 신경독성

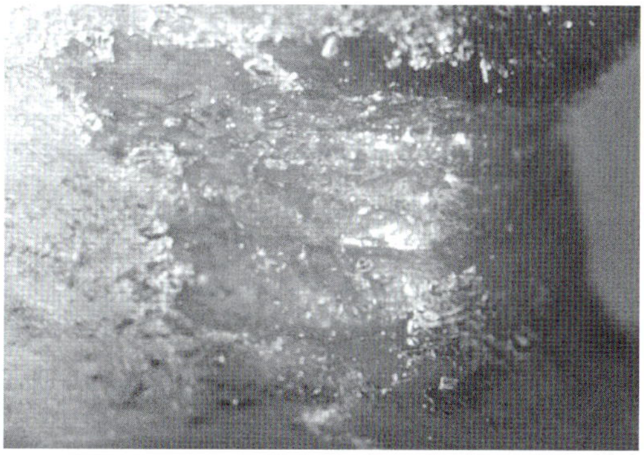

그림 13-4 디프테리아에 의한 피부 병변

은 약 20%에서 발생하며, 발병 2~8주 후에 시작된다. 주로 구개, 횡격막, 안구근육 등의 운동신경을 침범하지만 대부분에서 회복된다. 드물게는 혈소판감소증이나 단백뇨를 유발하기도 한다. 대략적인 사망률은 5~10%이나, 영유아나 노인층에서는 더 높게 나타난다. 이러한 사망률은 지난 50여 년간 큰 변화를 보이지 않고 있다.

(3) 예 방

예방에는 조기진단이 중요하며 음식물의 오염방지, 환자나 보균자의 접근금지, 예방접종이 필요하다.

7) 바이러스성 간염

바이러스성 간염(Viral hepatitis)은 현재 A, B, C, D, E, G형이 발견되었는데, 이중에 경구 감염에 의한 간염에 속하는 것은 A, E형 바이러스이고, 혈액감염에 의한 것은 B, C, D형이며, B형만 DNA바이러스이고 나머지는 RNA바이러스이다. 표 13-4는 주된 바이러스성 간염에 대해 간략히 설명하고 있다.

8) 폴리오

폴리오(소아마비=급성회백수염)는 급성회백수염이라 하며 중추신경계의 증상을 나타내고 때로는 영구적인 마비를 초래하는 급성의 열성 전신질환이다.

(1) 특 성

폴리오바이러스는 Picornaviridae과에 속하는 장바이러스(Enterovirus)로 28nm 크기의 RNA 바이러스이다.

3가지 혈청형(1형, 2형, 3형)이 있으며 혈청형 간의 교차 면역은 없다. 3형 모두 폴리오를 유발하며 1형이 가장 마비 경향이 높고, 3형은 중간, 2형은 마비가 드물다. 폴리오 바이러스의 숙주는 오직 인간이며 일반 환경에서 열, 광선, 포름알데하이드, 염소 등에 의해 빠르게 불활성화된다.

전파양식은 인간에서 인간으로의 직접감염, 특히 분변-경구 경로로 감염된다. 환경위생이 잘 정비된 지역에서는 인두, 후두 감염물로 감염된다. 현성, 불현성 감염에 관계없이 바이러스에

표 13-4 바이러스성 간염

분류	원인	특징	감염원	증상
A형	A형 간염 바이러스	• 바이러스 직경이 27nm의 구형의 단일사슬 RNA바이러스 • 산에는 안정하지만 100℃, 5분간의 가열처리에 불활성화	• 감염자의 분변, 혈액, 혹은 이것에 오염된 음식이나 물 • 발병직후 타액으로도 감염됨	38℃ 이상의 발열, 전신권태감, 식욕부진, 오심, 구토, 황달, 복통, 설사, 두통, 예후가 좋아서 1~2개월 안에 간기능이 정상화
B형	B형 간염 바이러스	• 여름철에 가장 많이 발생 • 청소년 감염이 많음 • 저항성이 커 60℃, 30분간 가열해도 생존하며 1ppm의 염소물에서도 사멸하지 않고 건조에 내성	• 주사침 사고, 약물 남용자의 불결한 침, 장기이식, 성접촉, 산모와 태아의 수직 감염 • 잠복기는 15~50일	• 전구기 : 오심, 구토, 설사 • 발열기 : 오한, 고열 • 황달기 : 2, 4주~수개월 • 회복기 : 2~6주에 치유 • 발병이 잠행성으로 간기능 장애 유발
C형	C형 간염 바이러스	• 소형의 RNA바이러스로 크기가 35~65 nm	• 혈액의 수혈이나 혈액제에 의해 전파, 주사침 사고, 장기이식, 성접촉 등	• 전신권태감, 식욕부진, 복부불쾌감, 오심 • 발병율은 B형 간염보다 낮으나 만성 가능성

자료 : 식품위생학, 구난숙 외, 파워북

감염된 후 36시간이면 인두, 72시간에는 분변에서 바이러스가 검출되며, 각각 약 1주일, 3~6주간 지속된다. 근래 문제가 되고 있는 폴리오 백신과 관련된 마비환자는 대부분 2, 3형 폴리오바이러스에 의한 것이다.

(2) 발병과 증상

폴리오는 임상적으로 95% 이상이 불현성 감염(asymptomatic)으로 나타나며, 약 4~8%는 비특이성 부전형(minor non-CNS illness) 회백수염, 약 1~2%는 비마비성 무균성 뇌막염(aseptic meningitis)의 형태를 보이고 1% 미만에서 마비성(paralytic) 회백수염의 형태로 발생한다. 회백수염에서 감각장애는 오지 않는다. 부전형 회백수염은 식욕부진, 구역, 구토, 두통, 인후통, 변비, 복통을 수반하는 단기간의 열성 질환으로, 인후통을 호소한다. 비마비성 무균성 뇌막염은 부전형 회백수염의 증상을 보이나, 두통, 구역, 구토가 더욱 심하고, 경부 강직, 사지의 통증과 강직, 방광마비 및 변비가 올 수 있다.

마비성 회백수염은 비마비성 회백수염에서 보이는 증상 외에 골격근이나 두개근의 허약이 보이며, 수 일 간의 무증상 기간이 지나면 마비 상태로 악화된다. 이완성 마비(flaccid paralysis)가

신경손상을 나타내는 가장 명백한 임상증상이다. 척추형 회백수염(spinal poliomyelitis)에는 경부, 복부, 체간, 횡경막, 흉곽, 사지의 근력이 약해진다. 구형 회백수염에는 뇌신경이 지배하는 근육에 약화가 오며, 호흡이나 순환장애가 따르기도 한다. 구척추형 회백수염은 자극 과민성, 지남력(때와 장소 등, 주위를 인식하는 기능) 상실, 기면, 진동 등이 있고 말초 또는 중추 신경마비가 온다.

(3) 예 방

예방접종이 필수적인데 경구용 생독 세이버 백신이나 사독 백신인 소크 백신을 접종한다. 사망과 후유마비증의 방지에 역점을 두어 치료한다.

2. 인축공통 전염병

인축공통 전염병이란 식품을 매개로 하여 일어나는 전염병 가운데 사람과 동물을 공동 숙주로 하는 병원체에 의해 일어나는 전염병으로 척추동물과 사람 사이에서 이행될 수 있는 질병(기생충 질환, 세균성 질환, 바이러스성 질환)이다.

감염경로는 사람이 감염된 식육, 우유를 먹거나 감염동물, 동물조직에 접촉하여 직접 감염되는 경우, 배설물과 오염물에 접촉한 파리, 쥐 등에 의해 병원균이 음식물에 감염된 다음 이 음식물을 사람이 섭취하여 감염되는 경우이다.

1) 결 핵

(1) 특 징

결핵은 결핵균(*Mycobacterium tuberculosis*)이 우리 몸에 침범하여 발생하는 질병이다. 결핵은 기원전 7000년 경 석기시대의 화석이나 이집트의 미라에서도 결핵을 앓은 흔적을 발견할 수 있다. 이처럼 오랫동안 인류의 건강과 생명을 위협해 온 결핵은 19세기 중반까지 그 원인을 알지 못하다가 1882년 독일의 세균학자 Robert Koch에 의해 '결핵균'이라는 미생물이 원인인 것으로 밝혀졌다. 모든 신체부분을 침범하는 만성전염병으로 병원체는 우형 결핵균이다. 이 균은 호기성의 가늘고 긴 간균으로 아포와 편모가 없어 비 운동성이고 협막을 형성하는 내산성, 내건성이며 우유 살균시 파괴된다.

(2) 발병과 증상

사람의 결핵은 주로 인형 결핵균에 의해 일어나지만 소의 결핵을 일으키는 우형 결핵균이 감염된 우유나 유제품을 거쳐 사람에게 경구적으로 감염되기도 한다. 결핵은 매우 천천히 진행하는 병이기 때문에 초기에는 뚜렷한 증상을 느끼지 못하는 경우가 많다. 하지만 폐결핵 초기에는 가래가 없는 마른기침을 하다가 점차 진행하면서 가래가 섞인 기침이 나온다. 하지만 기침은 결핵뿐 아니라 감기, 기관지염, 흡연 등 대부분 호흡기 질환의 가장 흔한 증상이므로, 2주 이상 계속되는 기침은 반드시 결핵 여부를 의심해야 한다.

객혈이란, 폐에서 피가 나는 것으로, 폐결핵 환자에서 육아종 내부의 고름이 가래와 함께 섞여 나올 때 빨간 피가 묻어나올 수 있다. 실제로 대부분 결핵 환자는 가래에 소량의 피가 섞여 나오는 정도이다.

결핵균은 우리 몸의 영양분을 소모시키고(소모성 질환) 조직과 장기를 파괴하기 때문에 환자의 상당수는 기운이 없고 입맛이 없어지며 체중이 감소하는 증상이 나타나기도 한다. 결핵은 일반 감기 몸살과 달리 39~40℃에 이르는 고열은 잘 나타나지 않는다. 대신 오후가 되면서 약간 몸이 좋지 않다 싶을 정도의 미열이 발생했다가 식은땀이 나면서 열이 떨어지는 증상이 반복되는데, 전형적인 결핵 환자는 잠을 잘 때 식은땀을 많이 흘려 베개가 젖을 정도가 되기도 한다.

초기에 폐결핵을 치료하지 않으면 폐 여기저기에 육아종(육아조직으로 이뤄진 염증성 결절)과 공동이 생기면서 폐조직이 망가지기 때문에 폐기능이 점점 나빠지고, 결국에는 조금만 움직여도 숨이 찬 호흡곤란 증상이 발생할 수 있다.

(3) 예 방

예방은 투베르쿨린 반응을 실시하여 감염여부를 조기에 발견하고 예방접종을 한다. 우유로부터의 감염을 방지하려면 우유살균을 철저히 한다. 예방은 BCG(bacille de Calmette-Guerin vaccine)를 경구투여하거나 우유와 유제품을 살균 처리한다. 환자의 치료는 항생물질 INAH(이소니코틴산히드라지드), PAS(파라아미노살리실산), Streptomycin으로 치료한다. 결핵은 소모성질환으로 체력의 보충을 위해 고단백식사가 필요하며, 이와 함께 체내 단백질 대사를 도와주는 조효소 역할을 하는 비타민 B_6 (피리독신)의 보충제 섭취를 권장한다.

2) 탄 저

탄저(anthrax)는 소, 말, 양 등의 가축에 급성패혈증을 일으키며 동물의 치사율은 75~100%이다. 그 중 소의 탄저가 가장 많다.

(1) 특 징

탄저는 비탈저라고도 하는데 병원체는 바실러스 안스라시스이고 그람양성 간균이고 호기성이며 아포를 형성한다. 아포는 습열에서 100℃, 2~5분에 파괴되고 건열에서는 150℃, 30~60분 견디며 10% 포르말린에 15분 처리로 사멸된다.

(2) 발병과 증상

탄저는 세계적으로 널리 퍼져 있으며 조류는 체온이 높기 때문에 감염되지 않는다. 탄저에는 피부탄저(접촉), 장탄저(경구), 폐탄저(호흡기)가 있으며 생물학적 무기로 사용할 수 있을 정도로 치명적이다. 사람에의 감염은 주로 피부 상처를 통하나 경구 또는 흡입에 의하기도 한다. 가축 사육업을 하는 사람이 감염되며 경구침입된 아포는 소장에서 증식하고 혈액 중에 들어가 패혈증을 일으킨다. 잠복기는 4일 이내이다. 피부탄저는 균이 상처로 침입하여 악성농포를 만들고 주위에 침윤, 부종, 궤양, 림프선염을 일으키며 혈액으로 들어가 패혈증을 일으킨다. 이환동물의 고기를 섭취하면 장탄저를 일으키는데 복수, 설사, 복부압통이 나타난다.

(3) 예 방

예방은 이환동물의 조기발견, 격리, 치료를 실시한다. 또 이환동물 사체의 소독을 철저히 하고 분비물, 혈액이 토양에 오염되지 않도록 한다. 또 가축의 예방접종을 실시한다. 아포는 내열성이므로 소독은 가열 또는 고압 증기소독한다.

3) 브루셀라증

브루셀라증(Brucellosis)은 소, 양, 산양, 돼지 등에 유산을 일으키는 것으로 브루셀라균이 원인이다. 감염경로는 비살균 또는 살균처리가 미비한 유제품의 섭취, 감염된 가축의 소변, 태반, 양수 등의 접촉시 피부상처를 통해서나, 오염된 공기흡입 또는 결막을 통해 감염된다. 증상은 급성의 경우 발병 후 1년 미만으로 파도열(오르내리는 열), 체중감소, 관절염, 부고환염 등이며, 만성의 경우 1년 이상 증상이 지속되며 만성피로, 우울증, 관절염이 나타난다. 예방은 우유나 유제품은 반드시 살균 후 섭취하고, 감염된 동물의 혈액, 소변 및 유산으로 배출된 태아, 태반 등 조직과 접촉을 피하고, 보호안경과 보호복 착용, 소 분만시 방진마스크 착용 등이 필요하다.

4) 야토병

발생지역인 미국의 투랄레지역의 이름을 따서 불려 진 것으로 *Francisella tularensis*가 원인이며 산토끼나 설치류가 매개한다. 감염경로는 오염된 산토끼의 혈액, 오줌, 침, 설치류(이, 진드기, 벼룩, 파리)이며 증상은 잠복기 1~14일(보통 3~4일), 오한, 발열이다. 예방은 LVS를 예방 접종하며 항생물질(황산 스트렙토마이신)로 치료한다.

5) 광우병

광우병(소해면상 뇌증, Bovine Spongiform Encephalopathy : BSE)은 1986년 영국에서 처음 보고되었는데 소에서 발생하는 만성 신경성 질병으로 뇌의 특정부분이 스펀지처럼 변형되어 각종 신경증상을 보이다가 폐사되므로 소 해면상 뇌증(BSE)이라고 하며, 원인체는 변형프리온(prion) 단백질이다. 프리온은 핵산을 포함하지 않는 단백질로 정상적인 동물이나 사람의 뇌에 존재하는데 'PrP' 라 한다. 스크래피에 걸린양, 광우병에 걸린 소, 크로이츠펠트-야콥병(CJD) 환자의 뇌에서 PrP가 변질된 형태로 발견되는데 이를 'PrP-sc' 라 한다. 신경세포의 프리온이 구조가 변형되면 해로운 단백질로 변하고 변형 프리온은 정상 프리온을 자기와 비슷한 병변 단백질로 만들므로 뇌 신경세포를 파괴하여 스펀지 모양의 병변이 보인다.

사람에게 나타나는 CJD인 인간광우병(변형크로이츠펠트 야콥병, varient Creutzfeldt Jacob Disease : vCJD)은 광우병과 유사한 증상과 조직소견을 나타내며 변형 프리온에 의하여 발생하지만 광우병이 발견되기 이전부터 인구 백 만명당 한명 꼴로 자연적으로 발생되어온 질병이며 현재도 나타나고 있다.

3. 기생충

기생충은 주로 경구 감염되어 소화기 등의 여러 기관에 기생한다. 경구 감염경로는 동물성 식품을 통한 감염과 채소 등을 통한 감염으로 나눌 수 있다. 기생충이 부착, 기생하고 있는 동물을 숙주라고 하며, 이를 다시 기생충의 성충이 지속적으로 기생하는 경우를 고유숙주 또는 종말숙주라 하고, 성숙되기 전의 발육단계에서 다른 생물에 일시적으로 기생하는 것을 중간숙주라고 한다.

기생충 감염은 아래와 같이 여러가지 문제를 야기한다.

- 기계적 장해 : 구충에 의한 점막 손상, 회충에 의한 장폐쇄와 다른 장기 침입
- 염증유발 : 간흡충에 의한 담도 주위조직의 이상 증식
- 독소에 의한 병해 : 독소자극에 의한 빈혈, 신경 증상

1) 어패류의 기생충

(1) 간디스토마

간디스토마(간흡충, *Clonorchis sinensis*)는 간토질이라고도 한다. 성충은 사람, 고양이, 개 등 포유류의 간에 기생하며 때로는 쓸개관이나 쓸개 내에서도 볼 수 있다. 성충의 길이는 10~25mm이고 너비는 3~4mm이다. 성충은 얄팍한 주걱 모양으로 황갈색 또는 담홍색을 띠며 투명하다.

충란은 달걀 모양으로 황갈색의 두꺼운 난각이 있다. 충란 안에는 미라키듐(miracidium) 유생이 있으며, 충란이 분변에 섞여 물속에 들어가면 제1중간 숙주인 왜우렁이에 먹혀서 그 몸속에서 스포로시스트, 레디아 등을 거쳐 세르카리아(cercaria)가 된다. 세르카리아는 헤엄쳐 나와 제2중간 숙주인 잉어과의 물고기(잉어, 참붕어, 붕어 등)에 침입하여 주머니를 형성한 메타세르카리아(metacercaria)가 된다. 메타세르카리아가 물고기와 함께 인체 내에 들어오면 약 3주 만에 성충이 되어 담관에 기생한다.

간디스토마는 개나 고양이에게도 감염된다. 증상은 서서히 만성으로 진행되며 소화불량, 복부팽만, 간비대, 비장종대, 황달, 야맹증 등이 나타나고 중증에서는 간경변증에서 보이는 여러 증상이 나타난다. 예방을 위해 민물고기를 날것으로 먹는 것을 피해야 하고 제1중간 숙주인 왜우렁이를 없애야 한다. 극동 지역에 분포하며 특히 중국, 베트남, 대만, 우리나라 등에서 감염률

이 높다. 우리나라에서는 낙동강, 영산강, 섬진강 유역에 사는 사람들이 많이 감염된다.

(2) 폐디스토마

폐디스토마(폐흡충, *Paragonimus westermani*)는 폐, 기관지에 주로 감염되나 흉강, 복강, 피하조직에도 기생하며 폐에 기생할 경우 폐결핵과 유사하다. 충란은 다슬기를 거쳐 가재나 게를 통해 인체에 감염되며 십이지장을 뚫고 횡경막, 흉강을 지나서 폐에 도착한다. 폐 속에 들어가 피를 빨아 먹고 염증을 일으켜 기관지와 폐를 손상시킨다. 증상은 쇠녹색의 가래, 혈담을 수반한다. 흉부통증, 흉막염, 각혈을 하며 미열이 나고 복벽, 복강, 장간막의 임파절, 장벽에 낭포를 형성한다.

(3) 고래회충

고래, 돌고래, 물개 등 바다포유류의 위에 기생하는 선충류의 유충을 통칭 고래회충(*Anisakis spp.*)이라고 한다. 고래회충, 물개회충의 유충이 사람에게 잘 감염되는데, 감염경로는 해양 플랑크톤어류, 두족류, 고래를 통해 이뤄지며 기생충의 숙주는 해마, 바다사자와 수달이다. 그것은 중간 숙주인 생선으로 전파된다. 인간은 기생충에 감염된 생선을 먹고 숙주가 된다. 인간은 기생충의 좋은 숙주는 아니어서 체내에서 1~2주 후 결국 죽게 된다. 증상은 급성 복통, 위와 장 궤양 또는 종괴 형성인데, 위궤양이나 악성종양으로 오인되기도 한다. 드물게 위벽을 뚫고 복강내로 이동하여 복통을 유발하며 십이지장, 회장, 공장 및 충수돌기로 이동하여 장 아니사키스증을 유발한다. 이것은 길이가 1~1.5인치이고 사람 머리의 지름을 가지며 베이지, 아이보리, 흰색, 회색, 갈색, 또는 분홍빛이다. 이 선충류는 '대구벌레'와 '청어벌레' 등으로 불린다. 섭취 후 2~8시간에 증상을 보이며 치료는 위내시경을 실시하여 위에 꽂힌 유충을 제거하면 격심한 증상이 없어진다. 충체는 열에 약하여 50~60℃ 이상에서 1분 내 사멸하므로 가열조리로 예방된다. 유충은 물리적인 파쇠에 약하여 잘 씹어서 회충을 죽이거나 생선회를 얇게 썰어 충체를 죽이는 것도 바람직하다.

(4) 장흡충

장흡충(요코가와 흡충, *Metagoniuus yokogawai*)은 동양 각국에 분포되며 우리나라에서도 섬진강 유역에서 비교적 감염률이 높은데 성충은 작은 난원형의 흡충이고 충란은 담갈색이다. 충란은 제1중간 숙주인 다슬기의 장관에서 부화하며 주위조직으로 들어가 발육하고 제2중간 숙주인 잉어나 붕어에 침입하여 metacercaria가 된다. 사람이 담수어를 생식하면 감염되어 공장상부

표 13-5 기생충의 발병과 증상

식품분류	기생충	숙 주	증 상	예 방
어패류	간디스토마	왜우렁이 → 담수어 → 사람	소화불량, 복부 불쾌감, 복부팽만, 황달, 만성설사, 위장출혈, 야맹증, 간염, 간경변, 담석증, 복수, 간경화증, 간암	생식금지
	폐디스토마	다슬기 → 가재, 게 → 사람	흉부통증, 흉막염, 각혈, 복벽, 복강, 장간막의 임파절, 복막. 심근, 장벽에 낭포를 형성	
	고래회충	해마, 바다사자 → 생선 → 사람	급성 복통, 위와 장궤양 또는 종괴 형성	
	장흡충	다슬기 → 잉어, 붕어 → 사람	복통, 설사, 두통, 신경증세	
	광절열두조충	연어, 농어, 사람	비특이적 소화기증세, 두드러기, 소장의 기계적 폐쇄, 악성빈혈	
육 류	무구조충	쇠고기	감염시 증상이 없는 것이 보통이지만 복통, 소화불량, 오심, 구토	쇠고기 가열섭취
	유구조충	돼지고기	소화장애, 설사, 구토, 공복통, 체중감소	돼지고기 가열섭취
	만손열두조충	물벼룩 뱀, 개구리, 개, 고양이, 인간	뇌 침입 시 간질발작, 척수 감염 시 하반신마비	고기 가열섭취
	톡소플라즈마증	고양이, 쥐, 돼지, 소, 양, 닭	림프샘 팽창, 열, 두통, 근육 통증, 톡소플라즈마증	
	선모충	돼지고기	메스꺼움, 구토, 설사, 복부 통증, 열, 눈주위 조직의 팽창과 근육 경직	
채소류	회충	사람	장폐색과 두통, 오심, 현기증, 복통, 설사	감염된 채소를 날로 먹지 말 것, 가열조리
	사이클로스포리아증	사람	설사, 식욕의 소실, 체중 감소, 위 경련, 메스꺼움, 구토, 근육통, 낮은 열, 피로	
	십이지장충	사람	피부염, 소양감, 작열감, 발적, 종창(세균 감염시 농포성, 궤양성), 경구 감염 시 오심, 구토, 인후소양감, 경련성 기침	
	편충	사람	빈혈, 신경증상, 맹장염	
	요충	사람	항문 주위의 가려움, 긁힘, 습진, 피부염, 불면증, 신경증	손, 속옷 청결

자료 : 식품위생학, 구난숙 외, 파워북

에 기생하며 보통은 무증상이지만 심하면 복통, 설사, 두통, 신경증세를 일으킨다. 예방에는 담수어, 특히 은어의 생식을 금하는 것이 중요하다.

(5) 광절열두조충

광절열두조충(긴촌충, *Diphyllobothrium latum*)은 성충이 10m까지 자라나며 감염경로는 연어, 농어, 송어에 기생하고 있던 것이 인체에 들어오게 된다. 증상은 비특이적 소화기 증세, 두드러기, 소장의 기계적 폐쇄, 악성빈혈(비타민 B_{12} 결핍)이 나타난다.

2) 육류의 기생충

(1) 무구조충

무구조충(민촌충, *Taenia saginata*)의 낭충은 소고기를 통하여 인체에 감염되므로 소고기 촌충(beef tapeworm)이라고 부른다. 우리나라와 세계적으로 널리 분포되며 길이가 3~8m, 체절 1,000개 이상이다. 낭충은 허리살, 콩팥, 혀, 심장 등 주로 근육에 기생하지만 림프선, 식도 등에도 발견된다. 이 낭충이 감염된 소고기를 불완전하게 익혀 먹었을 때 사람에게 감염되고 유충이 소장상부로 나와 2~3개월 만에 성충이 된다. 항문을 통해 빠져 나올 때 이물감, 항문소양증이 있다. 간혹 장폐색 · 충수돌기염을 유발한다.

매일 다수의 관절이 자동적으로 항문에서 배출되어 매우 불쾌감을 주며 감염 시 증상이 없지만 복통, 소화불량, 오심, 구토 등이 일어날 수도 있다. 예방은 소고기를 충분히 익혀 먹고 소고기의 위생검사를 철저히 하도록 한다.

(2) 유구조충

유구조충(갈고리촌충, *Taenia solium*)은 주로 돼지고기를 날로 먹어 감염되므로 돼지고기 촌충(pork tapeworm)이라고 한다. 길이 2~3m, 폭 6~6mm, 체절은 800~900개로 이루어져 있고 두부는 구형으로 22~32개의 갈고리가 있다. 충란은 엷은 알껍질 속에 유구유충이 들어 있는데 이 낭충을 중간숙주인 돼지가 섭취하면 근육 속에 침입하여 유구낭충이 된다. 사람은 돼지고기를 먹고 감염되고 소장에서 8~10주만에 성충이 된다. 때로는 충란을 사람이 직접 먹었을 때 낭충이 혀, 가슴, 안구, 뇌, 심장, 피하조직, 근육 등에 기생하여 특유의 증상을 나타내는 수도 있다. 증상은 소화장애, 설사, 구토, 공복통, 체중감소 등이며 예방은 돼지고기의 생식을 금하는 것이다.

(3) 만손열두조충

만손열두조충(*Spirometra eninacei*)은 감염경로는 물벼룩 뱀, 개구리, 개, 고양이, 인간을 통해 감염되며 증상은 통증이 없는 이물감과 가려움증을 수반한 피하종물로 시작, 심한 염증을 동반한 육아종이 형성한다. 복벽, 음낭, 하지, 흉벽, 유방에 피하 침입하거나, 뇌, 복강, 흉강, 척수, 안구 주위의 조직에 침입한다. 뇌 침입 시는 간질발작, 척수 감염 시는 하반신마비를 초래한다.

(4) 톡소플라즈마증

톡소플라즈마증(*Toxoplasmosis*)을 유발하는 톡소플라즈마 곤디(*Toxoplasma gondii*)는 고양이, 쥐, 돼지, 소, 양, 닭과 새 같은 온혈동물에 존재한다. 건강한 어린이와 성인은 증상이 나타나지 않거나 가벼운 증상으로 림프샘 팽창, 열, 두통, 근육 통증이 보이지만 면역체계가 약하거나 장기이식환자는 눈과 뇌에 심한 손상을 초래하는 톡소플라즈마증을 경험한다. 출생 전에 감염된 유아는 정신지체, 시각장애, 정신적 · 육체적 문제를 가지고 태어날 수 있다. 잠복기는 노출된 후 10~13일이다.

가정용 고양이는 인간과 다른 동물에 기생충을 전파하는 주범이며 식품은 변과 접촉함으로써 오염된다. 예방은 덜 익힌 고기의 섭취를 피하고 생고기와 채소를 취급한 후 손을 씻고 과일과 채소를 씻어 먹고 기구와 식기를 세척 · 소독하여 교차오염을 막는 것이다.

(5) 선모충

선모충(*Trichinella spiralis*)은 돼지고기에 흔히 존재한다. 그러나 곰, 해마, 야생 산돼지 같은 야생 사냥육에서도 발견된다. 이 기생충은 육식동물, 썩은 고기를 먹는 동물에 의해 운반된다. 초기 증상은 메스꺼움, 구토, 설사, 복부통증이다. 그 후의 진행과정은 열, 눈주위 조직의 팽창과 근육경직이다. 잠복기는 오염된 고기 섭취 후 2~28일이며 심한 경우 사망을 초래할 수도 있다. 예방은 돼지고기와 야생 사냥육을 충분히 익혀 요리하여 섭취하는 것이다.

3) 채소류의 기생충

(1) 회 충

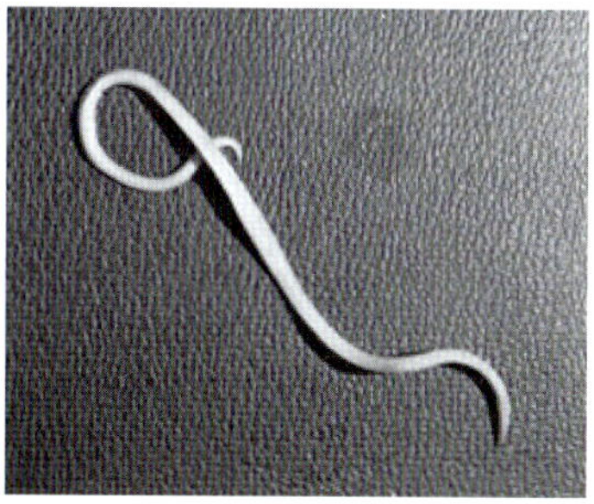

그림 13-5 회충

회충(*Ascaris lumbricoides*)은 세계적으로 가장 보편적인 기생충으로 우리나라 농촌지역에서 감염률이 높다. 기생충 중에서 제일 크며 수컷은 15~31cm × 2~4mm이며 뒤끝은 말려 있다. 보통 소장에 기생하며 감염 후 산란까지 약 60~75일이 걸리며 암컷 한 마리가 하루에 10~20만개 알을 낳는다. 분변과 함께 배출된 충란은 늦은 봄부터 초가을에 발육하여 난자 안에 자충이 형성된 감염성 성숙란이 된다. 음식물과 함께 섭취된 후 십이지장에서 부화하여 장간막, 정맥, 간, 폐동맥, 폐를 거쳐 기관, 식도, 위를 거쳐 소장에서 성충이 된다. 토양이 매개가 되며 오염된 손으로 음식물 섭취 시 또는 오염된 채소를 날로 먹을 때 감염된다.

회충은 다수의 충체에 의한 장폐색과 두통, 오심, 현기증, 복통, 설사 등을 보이며 흙을 먹는 '이미증(geophagia)'의 어린이들에게 증상이 나타나지 않는 경우도 있다. 열에 대한 저항성은 76℃ 이상의 열탕에서 1초 이상, 65℃에서 10분 이상 가열하면 사멸하는데 60℃ 이하에서는 10시간이상 처리하여도 사멸되지 않는다. 그러나 채소 속에 들어 있을 때에는 내부까지 열이 전도되려면 많은 시간이 소요되므로 가볍게 볼 수 없는 문제이다.

(2) 십이지장충

십이지장충(구충, *Ancylostoma duodenale*)에는 구충에는 두비니구충과 아메리카구충이 있는데 인체감염을 통해 감염된다. 예리한 이빨로 장벽에 부착하여 이동하지 않는다. 성충의 크기는 수컷이 8~10 × 0.4~0.5mm, 암컷이 10~13 × 0.6mm이다. 분변과 함께 나온 충란은 습한 흙 속에서 부화하여 rhabditis유충 → filaria유충 → 피낭유충이 된다. 피낭유충이 입으로 들어가거나 피부와 접촉하면 5분 이내에 혈관이나 림프관을 통하여 폐의 기낭에 들어간 후 기관지, 인두를 거쳐 다시 작은창자의 점막층에 부착 기생한다. 증상은 침입 부위에 피부염, 소양감, 작열감, 발적, 종창을, 경구 감염 시 오심, 구토, 인후소양감, 경련성 기침을 유발한다. 십이지장충은 빈혈, 영양장애를 일으키는 토양매개성 윤충이며 우리나라에서는 '채독증'이라 불린다. 구충란은 70℃에서 1초간에 죽고 직사광선에 쪼이면 곧 죽는다. 예방대책은 회충에 준하고 경피감염에 주의하여 오염된 곳에서 맨발로 다니지 않도록 한다.

(3) 편 충

편충(*Trichuris trichiura*)은 수컷은 30~45mm, 암컷은 35~50mm이고 말채(말채찍) 모양으로 그 내부에 생식기, 장관 등이 있다. 흙 속에서 충란은 수주에서 18개월까지 생존하면서 감염형으로 변한다. 세계적으로 분포되어 있으나 열대와 아열대에 많다. 우리나라에서도 감염률이 상당히 높다. 경구감염되면 소장상부에서 부화하여 대장, 특히 맹장부위에 정착한다. 일반적으로 무증상이나 빈혈, 신경증상, 맹장염 등을 일으킬 때가 있고 예방은 회충과 같다.

(4) 요 충

요충(*Enterobius vermicularis*)의 성충은 희고 가는 실모양인데 수컷이 2~5×0.1~0.2mm 암컷이 8~13×0.5~0.5mm이다. 세계적으로 분포하며 농촌보다 도시에 많고 우리나라의 감염률도 높은 편이다. 어린이 감염률이 높고 인구밀집지역에서 많이 발생한다. 성충은 장에서 나와 항문 주위에 산란하는데 주로 밤에 나온다. 산란한 곳은 몹시 가려우며 긁게 되며 손가락에 묻은 충란이 다시 입으로 들어가 자가감염을 일으킨다. 때로는 충란으로 오염된 음식물, 식기를 통하여 경구감염된다. 충란은 맹장부위에 기생하는데 성충이 되기까지는 약 2개월이 걸린다. 증상은 항문 주위의 가려움(특히 밤에), 긁힘, 습진, 피부염, 불면증, 신경증 등이다. 예방은 가족 내 감염을 방지하기 위해 일제구충을 실시하고, 손, 항문 근처, 속옷을 깨끗이 유지하도록 한다.

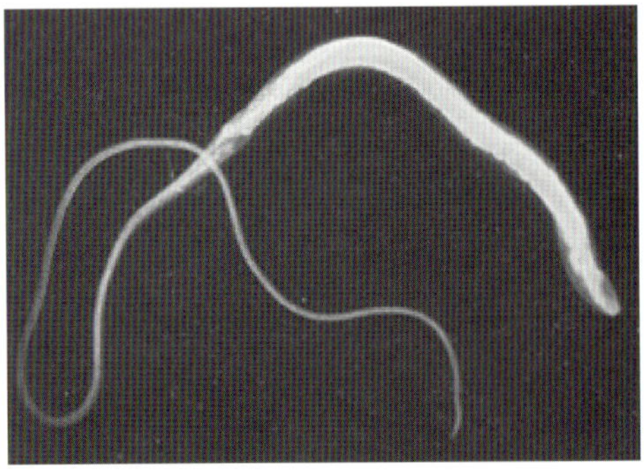

그림 13-6 편충

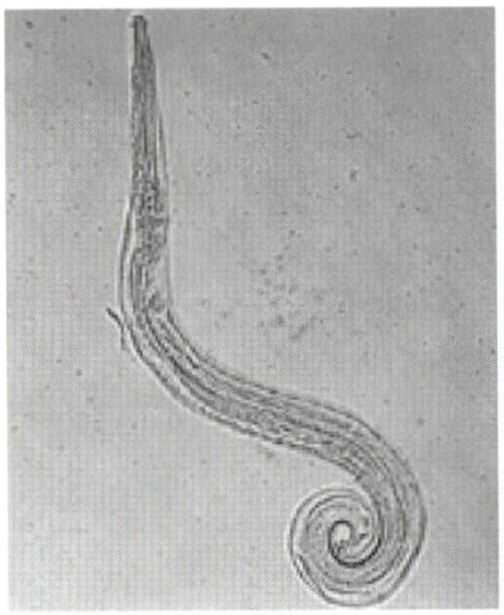

그림 13-7 요충

(5) 사이클로스포리아증

사이클로스포라 카예타넨시스(*Cyclospora cayetanensis*)는 1990년대 미국에서 가장 발병 보고가 많은 기생충이다. 발병은 오염된 물, 랩스베리, 딸기, 기타 신선한 식품에서 일어난다. *Cyclospora*는 변-구강전염에 의해 사람에서 사람으로 전파된다. 식품은 변과의 접촉으로 오염된 물이나 작업자로부터 오염된다. 증상은 물 같은 설사, 식욕의 소실, 체중감소, 붓기, 위경련, 메스꺼움, 구토, 근육통, 낮은 열, 피로이다. 증상은 식품 섭취 후 일주일 내에 시작된다. 만약 질병이 치료되지 않으면 증상은 몇 주나 몇 달간 지속된다.

예방은 오염된 식품, 물이나 작업자와의 접촉을 피하고 검사되고 승인된 공급처에서 조리식품을 구입하고 위생을 잘하는 것이다.

4. 진드기류

진드기류(Mite and tick)는 몸길이 1mm 전후의 작은 진드기(mite)와 1~2cm의 타원형의 큰 진드기(tick)가 있다. 진드기는 변온동물이며 알 → 유충 → 약충 → 성충의 변태과정을 거치는데 성체는 난형 또는 타원형이며 머리, 몸통, 배의 구별이 없고 배에는 네 쌍의 다리가 있다. 몸통의 뒷면이나 앞면에는 여러 가지 비후지가 있어 이것으로 종류를 구별한다. 세계적으로 1만 여종이 있으며 식품에 관계되는 것은 100여종인데 사람이나 가축, 식물, 식품에 기생하여 번식하므로 식량의 손실을 가져오고 식중독 등 부작용을 유발한다.

진드기에는 식품자체, 또는 식품에 발생하는 곰팡이를 먹고 사는 것(가루진드기, 먼지진드기)과 이 진드기를 포식하는 것(발톱진드기, 기생진드기)이 있다. 식품에서 가장 광범위하게 볼 수 있는 것은 긴털가루 진드기이다. 쌀, 보리 등 곡류에는 긴털가루 진드기, 먼지진드기가 흑설탕, 견과류 등에는 설탕진드기가 서식하며 고단백, 고지방 식품에는 일본가루 진드기가 주로 서식한다.

진드기 영양원으로는 탄수화물과 단백질이 필요하며 진드기가 좋아하는 식품은 건조과일, 염장어패류, 건어물, 치즈, 된장 등이며 건조나 가열한 식품에는 생존하지 못하므로 방제는 밀봉포장이 우선이다. 진드기는 습도가 75% 이상, 수분함량이 13% 이상에서 잘 번식하며 극히 건조하면 증식할 수 없다. 온도가 20℃를 넘을 때 번식이 현저하게 증가한다. 또 곡분과 과자의 수분함량을 10% 이하로 줄이고 방습용기에 보존하면 번식을 막을 수 있고 곡물은 습도를 60% 이하에 보존하면 좋다. 온도가 70℃ 이상이면 사멸하므로 건열이나 증기가열을 사용하면 효과적이다. 냉동은 진드기를 사멸하나 냉장은 증식은 막지만 사멸되지는 않는다. 그 외 수미티온, 바이텍스, 저독성의 유기인 살충제를 사용하거나 인화수소나 메틸브로마이드, 클로로피크린을 훈증한다. 그러나 약품은 알에는 큰 효과를 나타내지 못한다.

5. 곤충류

1) 파 리

파리(Flies)는 파리목의 환봉아목에 속하는 곤충이다.

파리성충의 날개는 앞날개만 크고 막상으로 되어 있으며 촉각은 주걱 모양으로 생겼다. 파리는 알 → 유충 → 번데기 → 성충의 변태를 거치며 생활사는 파리의 종류나 온도에 따라 차이가 있어 5~10월에는 산란에서 성충까지 2~3주 걸린다.

파리는 질병의 매개, 불쾌감 흡혈 등으로 해를 주는데 집파리는 소화기계 질병인 장티푸스, 파라티푸스, 콜레라, 세균성 · 아메바성 이질, 살모넬라증 등과 결핵균, 나균, 화농균의 전파가 가능하다. 또 회충, 편충, 요충, 촌충의 충란을 전파한다. 더욱이 교통수단의 발달로 어느 곳에나 이입 · 이주가 용이해서 전염병 전파가 가중되고 있다. 집 밖에서 활동하는 파리로 가끔 집안에 침입하는 검정금파리는 소아마비 바이러스를 옮기고, 아프리카의 체체파리는 열대수면병의 병원체인 트리파노소마를 매개한다.

가축친화형은 목장형 · 축사형으로 구분되며 모두 가축의 분에서 발생해서 피를 빠는 침파리와 검정집파리가 있다. 검정집파리는 가축의 눈언저리와 입, 상처 등을 맴돌면서 병을 옮겨 승저증을 일으켜 크게 피해를 준다. 또한 농작물에 세균성 병을 옮기기도 하고 진딧물을 몸에 난 털이나 다리에 붙여 성한 작물에 전파시킨다.

파리성충은 6℃ 이하에서 매우 비활동적이어서 온도관리는 파리의 방제에 도움이 된다. 쓰레기통은 옥외에 보관하든지 벽막이로 분리 보관하고 뚜껑이 있는 통을 사용한다. 에어 스크린, 메쉬 스크린, 이중문 등도 파리의 침입을 막을 수 있고 전기트랩이나 화학약품으로 방제할 수 있다.

2) 모 기

모기(mosquito)는 파리목 모기과 곤충으로 지구상에 약 2,500종이 알려져 있고, 우리나라에서는 9속 47종이 기록되어 있다. 다른 곤충과 같이 머리 · 가슴 · 배 3부분으로 되어 있다. 가슴은 앞가슴방패판 · 가슴방패판 · 작은방패판으로 나누어지고, 몸 전체가 많은 비늘로 덮여 있다. 3쌍의 다리는 가늘고 길며, 각 다리는 넓적다리마디, 종아리마디, 발목마디의 3부분으로 되어 있다. 완전변태곤충으로 알 · 유충 · 번데기 · 성충의 생활환을 한다.

모기는 말라리아(malaria), 상피병(filaria), 일본뇌염(Japanis encephalitis), 황열병(yellow fever), 뎅기열(dengue) 등의 질병을 매개한다.

특히 뇌염은 살충제를 많이 쓰는 요즈음도 만연되어 그 피해가 늘고 있다. 1982년의 경우 뇌염 매개 모기인 작은빨간집모기가 8월에서 9월까지 대구 외곽지대 축사에서 채집된 모기류 가운데 60～70%를 차지하였다. 목축 및 가축 사육이 늘어남에 따라 축사의 위생관리가 시급한 일이다.

3) 바 퀴

바퀴는 곤충강 바퀴목에 속하며 세계적으로 4,000종(한국 7종)이 있으며, 편평하고 납작하며 몸길이가 약 1cm 이상으로 다갈색, 흑갈색이다. 전 세계의 열대지방 또는 습기가 많은 곳에 분류한다. 주택에 사는 바퀴류(cockroaches)는 따뜻하고 유기물이 많은 부잣집에만 살며, 생긴 모양이 동전을 연상시킨다 하여 예전에는 돈벌레라고 불렀으나 지금은 혐오 대상으로 여겨진다. 다방, 음식점에서 많이 볼 수 있고, 먹바퀴, 집바퀴, 이질바퀴 등은 일반 가옥에서 산다. 먹바퀴, 이질바퀴 등은 크기가 큰 외래종이고 집바퀴 등은 토종이다.

바퀴는 단순한 불쾌곤충일 뿐만 아니라 실제로 쓰레기 등에 있는 병해충을 운반하는 것으로 알려져 있다. 실제 몸에서 바이러스나 세균 · 곰팡이류 · 원생동물 등이 발견되고 있다. 바퀴는 어두운 곳, 야간에 활동적이며 불결한 장소에 모여든다. 잡식성으로 무엇이나 잘 먹어 탄수화물을 선호하지만 쓰레기, 죽은 곤충, 종이, 나무도 먹는다. 바퀴는 하수구, 배수로, 음식취급 장소를 출입하면서 분변, 객담, 병원체를 전파하여 세균성 질환(이질, 콜레라, 장티푸스, 결핵, 페스트, 폐렴 등), 바이러스성 질환(폴리오, 간염), 기생충 질환(조충, 회충 등)을 발병케 한다.

구제법으로서는 바퀴가 들어갈 만한 틈을 만들지 않는 것, 음식 찌꺼기 등의 쓰레기는 반드시 뚜껑이 달린 용기에 넣는 것 등이 중요하다.

또 4℃에서 바퀴는 비활동성이 되므로 냉장온도나 냉동은 바퀴의 수를 감소시킬 수 있다. 방제용 화학약품, amidinohydrozone은 효과적이며 디아지논과 피레스린의 혼합액을 사용하기도 한다.

4) 개 미

벌목개미과에 속하는 개미(ants)의 크기는 일반적으로 일개미는 5~8mm, 암컷은 9~11mm의 소형종이 많으며, 작은뿔개미와 같이 1mm에도 달하지 않는 것부터 13mm에 달하는 검은 왕개미 등이 있다. 오스트레일리아에 서식 하는 불독개미와 같은 20~25mm에 달하는 것도 있다.

개미의 몸빛깔은 황색, 황갈색, 적갈색, 암갈색, 흑색 등이 보통이고 무늬가 있는 종류는 적다. 형태적 특징은 일반적으로 머리, 가슴, 배의 3부분이 뚜렷이 구별되어 있다.

개미는 꼬마개미, 애집개미, 고동털개미, 일본왕개미 등과 같이 가옥 내에 침입하여 설탕이나 식품을 훔치는 것이 있으며, 진딧물이나 깍지벌레를 보호하기 때문에 농업상의 해를 끼치는 것이 있다. 흑색대형의 일본왕개미, 소형이며 갈색의 고등털개미, 미소하고 물엿빛의 애기집개미를 비롯하여 많은 종류가 문제가 되고 있다.

그러나 해충의 천적으로서 유익한 것도 있어 중국에서는 감귤류의 해충 구제에 1600년 전부터 개미를 이용하였고, 타이완의 사탕수수 해충에 대한 왕주름개미, 독일의 산림해충에 대한 불개미 등 농업해충의 방제에 개미가 이용되고 있다.

5) 바구미

곡류에는 바구미류(weevil)가 흔히 발견된다. 이들의 성충은 앞날개가 단단해서 몸의 대부분을 덮고 있으며 첫 날개는 날기 때문에 막상인 것이 많다. 유충은 구더기 상이나 건조하여 털이나 돌기를 갖는 것이 많다.

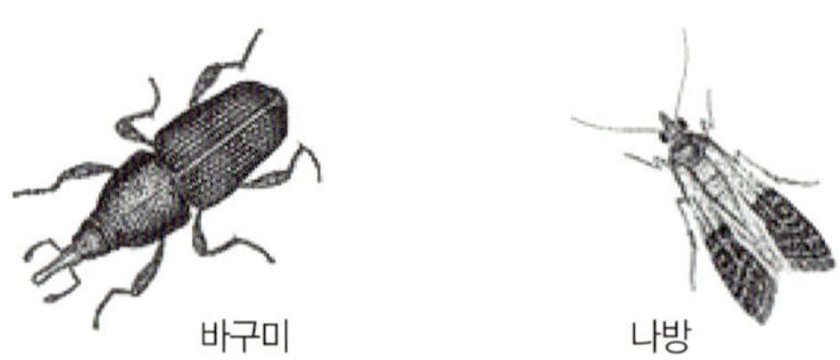

그림 13-8 바구미와 나방

6) 나 방

나방(moths)의 유충은 식품 중에 발육하고 성충이 된 다음에 날개를 세우고 가는 것이 많다. 예를 들면 쌀, 보리 등의 곡물에는 화랑곡식나방, 곡식 점부채명나방, 그리고 초콜릿 등의 한점 쌀명나방 등이 흔히 발견된다. 화랑곡식나방은 연 3~4회 발생하며 유충상태로 월동 한다. 유충은 실을 토해서 쌀이나 곡식알을 얽어 매고 먼저 배를 먹은 다음 외층을 갉아 먹는다. 쌀바구미보다 더 건조한 곡물이나 식품에 기생할 수 있다. 콩이나 고추의 경우 유충이 내부로 먹어 들어가며 들어간 구멍을 통해 똥을 배출한다.

6. 쥐

쥐(rats)는 분류학상 포유강 쥐목 쥐과에 속한다. 위생상 쥐아과에 속해 있는 집쥐속과 생쥐속이 문제가 된다. 쥐는 서식장소와 번식력, 생활행태에 따라 가주성쥐와 들쥐로 분류된다. 가주성쥐는 집쥐, 곰쥐, 생쥐가 대표적이다.

1) 쥐의 특징

집쥐(Norway rat, 시궁쥐, 헛간쥐, 갈색쥐, 부두쥐)는 가장 흔한 것으로 대개 갈색이고 꼬리를 제외한 몸길이는 18~25cm이며 뭉툭한 코와 두툼한 몸집을 가지고 성숙한 것은 체중이 400~500g에 달한다. 곰쥐(지붕쥐, roof rat)는 높은 곳을 좋아하여 지붕쥐라 불리며 집쥐보다 협동적이다. 흑색이나 짙은 회색이고 몸길이가 16.5~20cm정도이며 체중은 250~400g이다. 동작이 민첩하고 잘 기어 올라가 천장 안이나 헛간의 구석에 둥지를 만든다. 생쥐(mouse)는 소형으로 성숙하더라도 약 20g 으로 인가에서 많이 발견되고 몸길이는 6~9cm이며 머리와 발은 작고 귀는 돌출되고 크다.

2) 쥐의 생태와 습성

집쥐와 곰쥐는 출생 후 2.5~3개월이 되면 교미를 시작하고 생쥐는 2개월 후부터 교미한다. 임신기간은 집쥐와 곰쥐는 20~21일이며 생쥐는 17~20일이다.

쥐는 본능적으로 개방된 곳은 피하며 야간에 활동하지만 굶주리면 낮에도 사람이 없는 곳에서 활동한다. 잡식성으로 집쥐와 곰쥐의 먹이는 28g이며 물은 14~28g이고 생쥐는 이 양의 1/10 정도를 섭취한다. 쥐는 이로 갉는 능력이 뛰어나며 시각이 발달되어 있지 않고 수염이 촉각의 역할을 하고 후각은 매우 발달하여 먹이 발견이나 위험물의 도피수단이 된다. 쥐는 단맛과 짠맛에 기호반응을, 쓴맛과 쉰내에는 기피반응을 보인다.

3) 쥐의 위해와 방제법

쥐는 렙토스피라증, 쥐티푸스, 살모넬라증 등 20가지 이상 여러 종류의 병원체를 보유하여 전염병의 감염원이 된다. 또 쥐는 식량과 의류, 가구, 기물, 곡류, 임업, 수산업, 철도, 전화, 전기, 운수업에도 피해를 준다. 쥐의 방제는 먼저 환경여건을 개선하여 쥐가 들어오거나 서식할 수 없도록 만들며 쥐덫, 쥐틀, 끈끈이 등을 설치하거나 독극물이나 살서제, 훈증제(독가스)를 살포하는 방법을 사용한다.

memo

Chapter 14

식품위해요소 중점관리기준

1. HACCP의 개요
2. HACCP 도입현황
3. HACCP의 선행요건
4. HACCP의 내용
5. HACCP의 적용
6. HACCP 도입의 효과

Chapter 14

식품위해요소 중점관리기준

1. HACCP의 개요

HACCP이란 식품의 원재료 생산에서부터 제조, 가공, 보존, 유통단계를 거쳐 최종 소비자가 섭취하기 전까지의 각 단계에서 발생할 우려가 있는 위해요소를 규명하고, 이를 중점적으로 관리하기 위한 중요관리점을 결정하여 자주적이며 체계적이고 효율적인 관리로 식품의 안전성을 확보하기 위한 과학적인 위생관리체계라 할 수 있다.

HACCP은 'Hazard Analysis Critical Control Points'의 머리글자로써, 일명 '해썹'이라 부르며 식품의약품안전청에서는 이를 '식품위해요소중점관리기준'으로 번역하고 있다.

HACCP은 위해분석(HA)과 중요관리점(CCP)으로 구성되어 있는데, HA는 위해가능성이 있는 요소를 찾아 분석 · 평가하는 것이며, CCP는 해당 위해요소를 방지 · 제거하고 안전성을 확보하기 위하여 중점적으로 다루어야 할 관리점을 말한다(그림 14-1).

HACCP는 전 세계적으로 가장 효과적이고 효율적인 식품 안전 관리 체계로 인정받고 있으며, 미국, 일본, 유럽연합, 국제기구(Codex, WHO, FAO) 등에서도 모든 식품에 HACCP을 적용할 것을 적극 권장하고 있다.

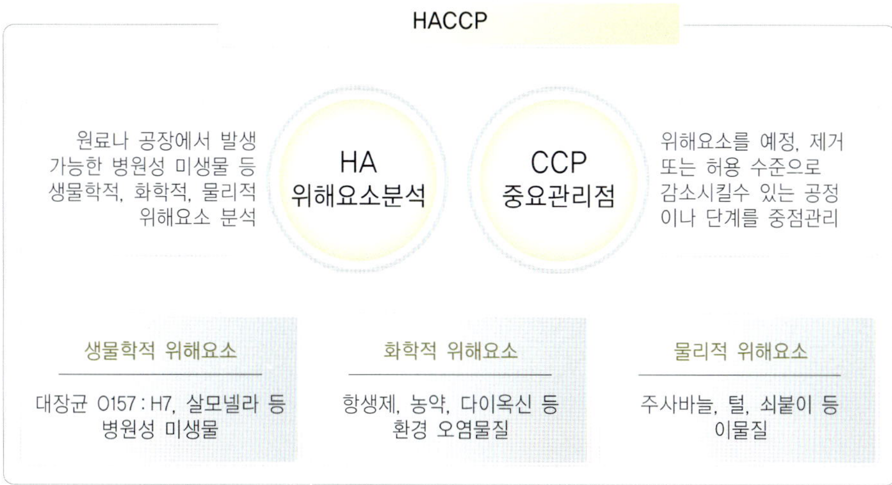

그림 14-1 HACCP의 구성

자료 : 식품의약품안전청

2. HACCP 도입현황

HACCP의 원리가 식품에 응용되기 시작한 것은 1960년대 초 미국 NASA(미항공우주국)가 미생물학적으로 100% 안전한 우주식량을 제조하기 위하여 Pillsbury사, 미국 육군 NATICK연구소와 공동으로 HACCP을 실시한 것이 최초이며, 그 내용이 1971년 미국 식품보호위원회에서 처음으로 공표되었다.

이 방식은 1973년 미국 FDA에 의해 저산성 통조림 식품의 GMP에 도입되었으며 그 이후 전 미국의 식품업계에서 신중하게 그 도입이 논의되기 시작하였다.

1987년에는 NAS의 식품보호위원회로부터 HACCP의 채택을 권고받아 미국 농무부 식품안전검사국, 미국 수산국, 미국 FDA, 미국 육군 Natick 기술개발연구소 및 대학과 민간의 전문가로 이루어진 식품 미생물기준 전국자문위원회가 설치되어 검토를 거친 결과 1989년에 HACCP의 지침이 설정되어 HACCP의 7원칙을 제시하였다.

최근 세계 각국은 식품의 안전성 확보를 위해 HACCP를 이미 도입하였거나 도입을 서두르고 있고 더욱이 1993년 7월 Codex(국제식품규격위원회) 제20차 총회에서 'HACCP 시스템의 적용지침'을 채택하여 각국에 HACCP 도입을 권고함에 따라 HACCP는 전 세계에 빠른 속도로 확산되고 있다.

표 14-1 연도별 지정현황(농림수산식품부 이관, 지정취소업소 수 제외)

구 분	식품제조가공업소	집단급식소	계
계	407	39	446
1999년	5	0	5
2000년	2	4	6
2001년	3	2	5
2002년	17	5	22
2003년	23	8	31
2004년	21	5	26
2005년	38	4	42
2006년	69	6	75
2007년	117	4	121
2008년	112	1	113

우리나라의 HACCP은 농림수산식품부와 한국식품의약품안전청에서 각기 다른 영역으로 주관, 관리하고 있으며 연도별 우리나라 식품제조가공업소와 집단급식소의 지정현황은 표 14-1과 같다.

1) 자율적용업체

우리나라는 현재 HACCP 제도를 자율적으로 적용하는 업체와 의무적용업체로 구분하고 있다.

현재, 식품의약품안전청에서 지정 · 운영하고 있는 HACCP제도는 적용 희망업소를 대상으로 한 자율적용 체계로 모든 식품에 HACCP 원칙의 적용과 지정이 가능하다. 기준이 고시된 품목(고시품목)은 지정절차에 따라 HACCP 지정이 가능하고 기준이 고시되지 않은 품목(비고시품목)은 제조자가 자체적으로 HACCP 기준을 마련한 후 '비 고시 HACCP 적용 기준 심의기구' 의 적절성 심의를 거쳐 지정이 가능하다.

자율적용업체는 김치절임식품중 김치류(배추김치 제외) · 절임류 · 젓갈류, 특수영양식품 중 영아용(성장기용)조제식, 영 · 유아용 곡류조제식, 기타 영 · 유아식(주스류), 두부류 또는 묵류, 저산성 통 · 병조림중 굴통조림, 건포류, 드레싱, 빵 또는 떡류중 빵, 케이크류 등이다.

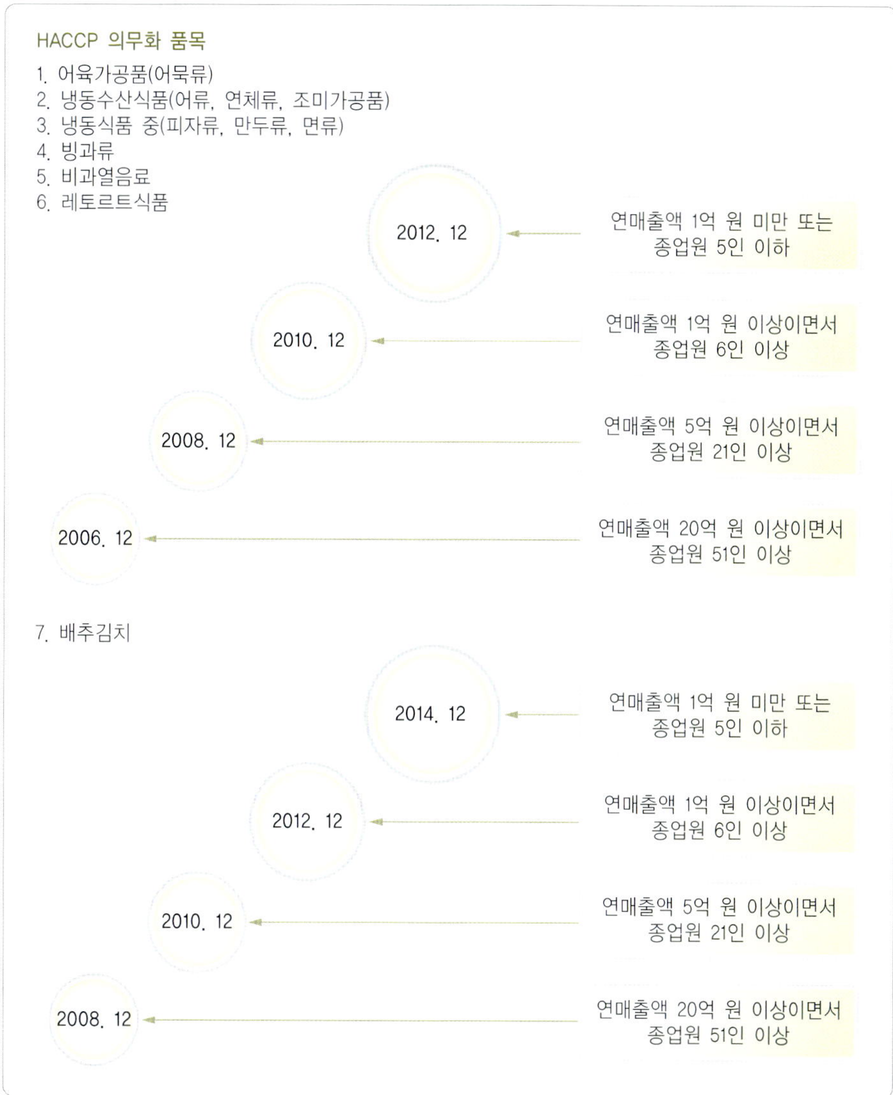

그림 14-2 우리나라 HACCP의 의무적용 품목과 진행단계

자료 : 식품의약품안전청

2) 의무적용업체

식약청의 HACCP 의무적용 추진 현황은 그림 14-2와 같으며 단계별 세부적용 기준의 의무적용 품목은 업체의 연매출액과 종업원 수 규모에 따라 4단계로 실시하며 의무적용 이외 품목은 자율적용을 유지한다. 그러나 도축업, 소, 돼지, 닭의 경우 2003년 6월 30일 이후 의무적용을 하고 있다.

3) HACCP 마크

우리나라의 경우 농림수산식품부와 식품의약품안전청에서 일정한 위생안전체계를 구비하여 식품의 위생적 관리와 가공이 이루어지는 업체에게 HACCP마크(그림 14-3)를 부여하여 국민들이 인증을 받은 업체의 식품을 안심하고 섭취할 수 있도록 하고 있다.

그림 14-3 HACCP 인증마크

3. HACCP의 선행요건

HACCP은 식품을 위생적으로 생산할 수 있는 시설, 설비 즉 우수제조기준(Good Manufacturing practice : GMP) 여건 하에서 표준위생관리기준(Sanitation Standard Operation Procedure : SSOP)을 준수하였을 때 효과적으로 작동한다. 왜냐하면, HACCP 시스템은 기본적인 위생관리가 효과적으로 수행된다는 전제조건 하에 중점적으로 관리하여야 할 점을 파악하여 집중 관리하는 시스템이기 때문이다.

GMP와 SSOP가 선행되지 않고서는 HACCP 시스템이 효율적으로 가동될 수 없으므로 GMP와 SSOP는 HACCP 적용을 위한 선행요건프로그램이 된다.

선행요건의 적용기준은 다음과 같다(그림 14-4).

■ 식품제조 · 가공업소

- 영업장 관리
- 위생관리
- 제조시설 · 설비 관리
- 냉장 · 냉동시설 · 설비 관리
- 용수관리
- 보관 · 운송관리
- 검사관리
- 회수 프로그램 관리

■ 단체급식업소(집단급식소, 식품접객업소, 도시락류 포함)

- 영업장 관리
- 위생관리
- 제조시설 · 설비 관리
- 냉장 · 냉동시설 · 설비 관리
- 용수관리
- 보관 · 운송관리
- 검사관리
- 회수 프로그램 관리(시중에 유통 · 판매되는 포장제품에 한함)

• HACCP Plan(HACCP 관리계획)
전 생산공정에 대해 직접적이고 치명적인 위해요소분석, 집중관리 필요한 중요관리점 결정, 한계기준 설정, 모니터링 방법 설정, 개선조치 설정, 검증방법 설정, 기록유지 및 문서관리 등에 관한 관리 계획

• SSOP(표준위생관리기준)
일반적인 위생 관리 운영 기준, 영업장 관리, 종업원 관리, 용수관리, 보관 및 운송관리, 검사관리, 회수관리 등의 운영절차

• GMP(우수제조기준)
위생적인 식품 생산을 위한 시설 · 설비 요건 및 기준, 건물의 위치, 시설 · 설비의 구조, 재질요건 등에 관한 기준

그림 14-4 HACCP과 선행요건

자료 : 식품의약품안전청

4. HACCP의 내용

HACCP은 Codex에서 정한 다음의 7원칙 및 12절차에 따라 수행한다(그림 14-5).

1) 준비 5 단계

(1) HACCP팀 구성

첫 번째 단계는 HACCP플랜을 개발하기 위한 지식과 전문기술을 가진 팀을 구성하는 것이다. 이 팀에는 각 전문분야가 집결해야 하며, 생산, 위생, 품질보증, 식품미생물, 생산직원이 포함되어야 한다. 또한 HACCP인적자원에는 외부전문가를 포함시킬 수 있지만 전적으로 외부전문가에 의해 HACCP계획이 개발된다면, 가공현장의 세부사항에 대한 확인부재로 현장에서 운용하는데 부적절한 HACCP계획이 되기 쉽다. HACCP 계획의 개발 및 운용에 필요한 HACCP팀의 규모는 작업장의 생산규모 및 자체 여건에 따라 다르기 때문에 가공장의 생산 및 환경 여건에 맞게 정하여야 한다.

(2) 제품설명서 작성

두 번째 단계는 생산하는 각 제품의 종류, 특성, 성분, 제조 및 유통방법을 구체적으로 기술하는 것으로 HACCP팀원 중 제조공정을 잘 아는 종업원이 포함되어 있으면 쉽게 제품설명서를 작성할수 있다. 제품설명서는 HACCP계획을 개발하려는 제품의 특성을 정확히 파악함으로써 효과적인 위해분석 및 중요관리점 결정이 가능하도록 하기 위한 기초정보를 파악함에 그 목적이 있으므로 제품명, 제품의 유형 및 성상, 처리 · 가공 · 보고년월일, 작성자 및 작성년월일, 성분배합비율, 처리 · 가공(포장) 단위, 완제품의 규격, 보관 · 유통상의 주의사항, 용도 및 유통기간, 포장방법 및 재질, 기타 특별한 표시사항 등의 필요한 사항이 기재되어 있어야 한다.

(3) 의도된 제품 용도의 확인

세 번째 단계는 제품의 의도하는 사용방법 및 대상 소비자를 파악하는 것으로, 생산된 제품이 어떻게 누구에게 사용되는가를 예측하는 것이 필요하다. 또한 위해물질에 감수성이 있는 대상 소비자(예, 어린이, 노인, 면역관련 환자 등)를 파악하는 것이 중요하다. 이를 통하여 공급되는 제품의 위험률 평가와 위해요소의 허용한계치 결정에 참고할 수 있다.

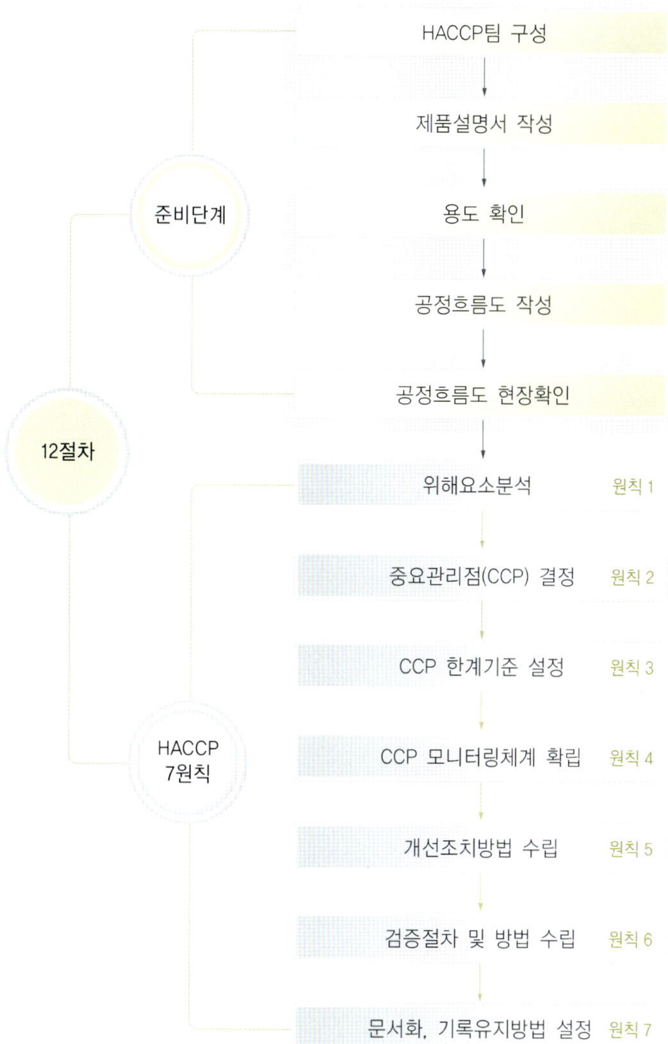

그림 14-5 HACCP 12절차

(4) 공정흐름도 작성(제조공정도, 설비배치도 등)

네 번째 단계는 가공장에서 직접 관리하는 원료의 입고에서부터 최종제품의 출하까지 모든 단계들을 파악하여 블록다이아그램으로 표시한 제조공정도와 이들 공정/단계에 소요되는 설비배치도 및 기타 필요한 도면(급수 및 배수 체계도, 작업원 이동경로 등)을 작성하는 것이다.

제조공정도는 단순하고 이해하기 쉽게 작성되어야 하며 해당 작업장에서 작업이 이루어지기

이전 또는 이후의 단계도 포함될 수 있다. 제조공정도를 작성하고 나면, 이들 공정/단계별로 그 명칭과 주요 처리조건 및 현재 작업방법과 관련 작업표준 유무를 나타내는 공정설명서를 추가로 작성하는 것이 좋다.

이러한 제조공정도와 설비배치도는 원재료의 입고에서부터 최종제품의 출하에 이르는 해당 제품의 공급에 필요한 모든 공정/단계별로 위해요소의 교차오염 또는 2차오염 가능성을 파악하는데 도움을 준다.

(5) 공정흐름도 검증

다섯 번째 단계는 작성된 공정흐름도를 현장에서 검증하는 것이다. 공정흐름도가 실제 작업공정과 동일한지 여부를 확인하기 위하여 HACCP팀이 현장에서 가공 공정별 각 단계를 직접 확인하면서 검증하여야 한다. 공정흐름도의 목적은 위해가 발생할수 있는 작업장 내의 모든 지점을 찾아내기 위한 것임을 유의해야 한다. 일반적으로 HACCP팀 또는 감사자가 공정흐름도가 정확한지를 검증한다.

2) HACCP 시스템 도입을 위한 실시 7단계

(1) 위해분석

위해분석이란 식품안전에 영향을 줄 수 있는 위해요소와 이를 유발할 수 있는 조건이 존재하는지 여부를 판별하기 위하여 필요한 정보를 수집하고 평가하는 일련의 과정을 말한다.

> **위해란** : 식품위생법 제4조(위해식품등의판매 등 금지)의 규정에서 정하고 있는 인체의 건강을 해할 우려가 있는 생물학적, 화학적, 또는 물리적 인자나 조건

위해요소의 분석과 위험평가는 계획작성의 기본작업이며 제품에 따라 발생할 우려가 있는 모든 식품위생상의 위해에 대해 원인물질과 발생요인 및 방지조치를 명확히 하는 것이다. 일반적으로 식품에서 발생하는 위해요인은 생물학적, 화학적, 물리적 요인으로 분류할 수 있다(표 14-2).

표 14-2 식품의 위해요인

위해요소 종류	위해요소 예시
생물학적 위해요소(Biological hazard)	• 세균(bacteria) • 곰팡이(fungi) • 효모(yeast) • 바이러스(virus)
화학적 위해요소(Chemical hazard)	• 자연독소(natural toxin) • 식품첨가물(food additive) • 잔류농약 • 기타
물리적 위해요소(Physical hazard)	• 금속(metals) • 뼈, 유리, 돌(bone, glass, stone) • 기타

위해요소분석은 위험의 발생가능성(얼마나 자주 · 쉽게 발생하는가)과 위해요소의 심각성(severity, 발생 시 인체에 얼마나 치명적인 영향을 미치는가)에 기초한다. 위험의 발생가능성은 공정이 관리되지 않을 때 위해요소가 존재할 가능성으로 정의되고, 심각성은 위해요소가 섭취되었을 때의 결과의 단위이다. 일반적으로 위해요소가 중요성을 갖기 위해서는 발생 가능성이 높아야 하고, 제품을 섭취했을 때 질병이나 손상을 입힐 가능성이 높아야 한다. 따라서 위해도의 경중은 사건의 발생가능성과 심각성의 함수로 나타난다(표 14-3). 이것을 위해도 매트릭스(matrix)라고 한다. 여기서 발생가능성이 크고 또 발생했을 때 인체에 미치는 영향도 치명적이어서 심각성도 크면 위해도는 가장 클 것이다(이 표에서는 15점).

표 14-3 위해도 평가

발생가능성 (Frequency)				
	아주 높음(5)	5	10	15
	높음(4)	4	8	12
	보통(3)	3	6	9
	낮음(2)	2	4	6
	아주 낮음(1)	1	2	3
		낮음(1)	보통(2)	높음(3)
		심각성(Severity)		

표 14-4 위험도가 높은 요인

구 분	기준내용	구 분	내 용
높 음	위해수준이 높음(건강에 치명적인 영향을 미쳐 사망을 일으키는 경우도 많음)	생물학적 요소(B)	• *Cl.botulinum* A, B, E, F • *Salmonella typhi, paratyphi* A, B • *Shigella dysenteriae* • *Vibrio cholerae, V. vulnificus* • *E. coli* O157 : H7 • *Hepatitis A, B* • *L. monocytogenes*
		화학적 요소(C)	• 자연독(패독, 독버섯, 복어독 등) • 유해중금속, 유해화학물질 • 아플라톡신, 환경호르몬
		물리적 요소(P)	• 소비자에게 치명적인 위해나 상처를 입힐 수 있는것

표 14-4는 우리나라에서 생물학적(B), 화학적(C), 물리적(P)으로 위해도가 큰 것으로 여겨지는 여러 가지 인자들을 나타내었다.

(2) 중요관리점의 결정

중요관리점(Critical Control Point : CCP)이란 위해요소중점관리기준을 적용하여 식품의 위해요소를 예방, 제거하거나 허용수준 이하로 감소시켜 해당 식품의 안전성을 확보할 수 있는 중요한 단계, 과정 또는 공정을 말한다. 위해분석 결과 명확해진 위해의 발생을 방지하기 위하여 특히, 중점적으로 관리해야 할 공정을 중요관리점으로 정하여야 한다. 즉, HACCP 시스템에 의한 위생관리라 함은 중요관리점을 늘 관리하는 것이 특징이므로 중요관리점은 공정에서 반드시 관리가 필요한 곳에 한정하고 관리를 집중시키는 것이 필요하다.

중요관리점은 확인된 위해요소를 효과적으로 관리하기 위하여 관리방법을 적용할 부분이며, 관리방법이 효과적으로 관리되고, 모니터되며 기록화되는 부분이기도 하다. 따라서 위해요소분석에서 확인된 모든 중대한 위해요소에 대해서는 위해요소를 관리할 중요관리점이 최소한 한 개 이상 있어야 한다.

(3) 한계기준의 설정

한계기준(허용한계치, Critical Limits)이란, 중요관리점에서 준수하여야할 기준이다. 한계기준

표 14-5 한계기준의 설정 예

공정명	CCP	위해요소	위해요인	한계기준
가 열	CCP-1B	리스테리아모노사이토제니스, *E. coli* O157 : H7	가열온도 및 가열 시간 미준수로 병원성 미생물 잔존	65℃ 이상, 1분 이상
세 척	CCP-2B	리스테리아모노사이토제니스, *E. coli* O157 : H7	세척방법 미준수로 병원성 미생물 잔존	6단 세척, 가수량 3배, 세척시간 5분 이상
소 독	CCP-3B	리스테리아모노사이토제니스, *E. coli* O157 : H7	소독농도 및 소독 시간 미준수로 병원성 미생물 잔존	소독농도 50~100ppm, 소독시간 1분~1분 30초
금속검출	CCP-4P	금속이물	금속검출기 감도 불량으로 이물 잔존	금속 2mm 이상 불검출, 쇳가루 불검출

은 온도, 시간, pH, 색 등을 계측기를 사용하여 상시 또는 일정한 빈도로 측정할 수 있는 지표를 기준으로 한다. 예를 들면, 최종제품에서 대장균이 음성이 되도록 제조공정에서 가열살균을 행하도록 한 경우, 식품을 제조하고 있는 시점에서 그 공정에서 대장균이 음성임을 직접 확인하는 것은 곤란하다. 따라서 미리 가열살균에 의한 미생물 사멸효과를 파악함으로써 식품의 제조 시에는 가열온도 및 가열시간이 적절히 준수되고 있는지를 확인하면 대장균군이 음성임이 명백해진다. 이 가열온도 및 가열시간이 그 공정에서 한계기준이 된다(표 14-5).

한계기준은 현장에서 쉽게 확인 가능하도록 다음과 같이 가능한 육안관찰이나 간단한 측정으로 확인할 수 있는 아래와 같은 수치 또는 특정지표로 나타내어야 한다.

- 온도 및 시간
- 습도(수분)
- 수분활성도(Aw)와 같은 제품 특성
- 염소, 염분농도와 같은 화학적 특성
- pH
- 금속검출기 감도
- 관련서류 확인 등

(4) 모니터링

모니터링(감시관리, Monitoring)의 목적은 중요관리점에서 위해발생을 방지하기 위한 조치가 실시되고 있는지를 확인하는데 있다.

예로서 온도계를 사용하여 온도를 측정하는 것이 모니터링 방법이 된다. 모니터링 방법은 기본적으로 중요관리점에서 모니터링의 측정치가 관리기준을 이탈한 경우, 그것을 눈 등으로 즉시 확인할 수 있는 방법이어야 한다. 표 14-6은 표 14-5처럼 결정된 한계기준에 맞게 HACCP이 진행되는지를 감시하는 모니터링의 예를 나타내고 있다.

모니터링의 빈도는 허용한계치의 특성에 따라 계속적 또는 간헐적으로 한다. 모니터링 장비(온도계, 냉장고 등)는 정확성을 보장하기 위하여 자주 교정(calibration)되어야 한다. 모니터링은 연속적 또는 일정 빈도로 행하며 실시자를 특별히 지정하고 실시상황은 바르게 기록되어야 한다. 적절한 모니터링은 중요관리점이 허용한계치 이내에서 운영되고 있음을 보장하는 신뢰할 만한 방법이다.

표 14-6 모니터링의 예

공정명	CCP	한계기준	모니터링 방법			
			대 상	방 법	주 기	담당자
가 열	CCP-1B	65℃ 이상, 1분 이상	가열시간 온도	1. 가열기의 정상작동 유무를 확인한다. 2. 가열기에서 가열 온도와 시간을 모니터링 일지에 기록한다. 3. 모니터링 일지를 HACCP 팀장에게 승인받는다.	매 작업시	공정담당
세 척	CCP-2B	6단 세척, 가수량 3배, 세척시간 5분 이상	세척방법	1. 세척기의 정상작동 유무를 확인한다. 2. 세척방법에 따라 세척시간, 횟수, 가수량을 모니터링 일지에 기록한다. 3. 모니터링 일지를 HACCP 팀장에게 승인받는다.	매 작업시	공정담당
소 독	CCP-3B	소독농도 50~100ppm 소독시간 1분~1분 30초	소독농도 시간	1. 소독기의 정상작동 유무를 확인한다. 2. 소독농도, 시간을 모니터링 일지에 기록한다. 3. 모니터링 일지를 HACCP 팀장에게 승인받는다.	매 작업시	공정담당
금속검출	CCP-4P	금속 2mm 이상 불검출, 쇳가루 불검출	금속검출기 감도	1. 금속검출기의 정상작동 유무를 확인한다. 2. 테스트 피스를 이용하여 금속검출기의 감도를 기기, 제품에 측정한 후 모니터링 일지에 기록한다. 3. 모니터링 일지를 HACCP 팀장에게 승인받는다.	매 작업시	공정담당

자료 : 식품의약품안전청

(5) 개선조치

HACCP에는 중요관리점에서 모니터링의 측정치가 관리기준을 이탈한 것이 판명된 경우 관리기준의 이탈에 의하여 영향을 받은 제품을 배제하고 중요관리점에서 관리상태를 정상으로 원위치시켜야 한다. 개선조치(Corrective Action)에는 다음의 것들이 있다.

- 제조과정을 다시 관리가능한 상태로 되돌림
- 제조과정이 통제를 벗어났을 때 생산된 제품의 안전성에 대한 평가
- 여러 가지 위반을 방지하기 위한 방법 결정

첫 번째 단계는 부적합 제품의 양을 최소화하기 위하여 위반사항이 발견되는 즉시 빨리 이루어져야 한다. 그러므로 각 허용한계치마다 개선조치를 미리 마련해 두고 중요관리점에 설정된 허용한계치를 만족시키지 못한 제품은 다음과 같이 조치한다.

- 제품이 안전하다고 판단되어, 일반유통하거나 다른 용도로 전환한다.
- 위해요소를 제거하는 방식으로 재가공한다.
- 위해요소가 중대하게 간주되지 않는 다른 용도로 전환한다.
- 파기한다.

(6) 검 증

검증(Verification)이란 위해요소중점관리계획이 적절하게 수행되는지의 여부를 평가하는 일련의 활동(적용방법과 절차, 확인 및 기타 평가 등을 수행하는 행위를 포함한다)을 말한다. 검증내용은 크게 두 가지로 나뉜다.

즉 HACCP 계획에 대한 유효성 평가(Validation)와 HACCP 계획의 실행성 검증(Implemenfation)이다(그림 14-6).

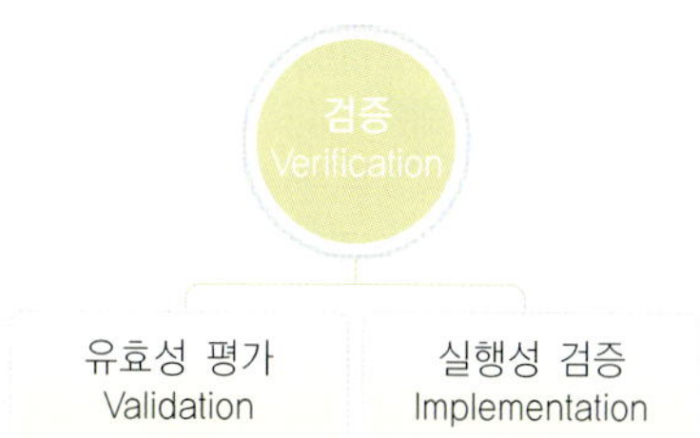

그림 14-6 HACCP의 검증

- **유효성 평가** : HACCP 계획이 올바르게 수립되어 있는지 확인하는 것으로 발생가능한 모든 위해요소를 확인 · 분석하고 있는지, CCP가 적절하게 설정되었는지, 한계기준이 안전성을 확보하는데 충분한지, 모니터링 방법이 올바르게 설정되어 있는지 등을 과학적 · 기술적 자료의 수집과 평가를 통해 확인
- **실행성 검증** : HACCP 계획이 설계된 대로 이행되고 있는지를 확인하는 것으로 작업자가 정해진 주기로 모니터링을 올바르게 수행하고 있는지, 기준 이탈시 개선조치를 적절하게 하고 있는지, 검사 · 모니터링 장비를 정해진 주기에 따라 검 · 교정하고 있는지 등을 확인

검증에는 제품 등의 시험검사, 기록의 점검, 중요관리점에서의 모니터링에 사용되는 계측기기의 교정, 불평 또는 회수의 원인분석, 실시계획의 정기적인 확인 등이 있으며 이들의 실시상황은 정확하게 기록되어야 한다. 또한 제품의 시험검사 시 모든 위해물질이 허용치에 적합한지를 확인할 필요가 있다. 제품설명에서부터 작업흐름도와 검증에 이르기까지 HACCP에 대한 정기적인 검토 또한 검증의 일부분이다. HACCP 플랜은 유동적이며 계속적인 개선의 과정이다.

시간이 지나고 자료가 축적됨에 따라 불필요한 중요관리점을 제외시키게 되고 중요관리점을 더욱 효과적으로 감시관리할 방도를 찾게 된다. 검증은 이러한 과정을 도와주는 역할을 한다.

검증의 분류

Tip

- **검증주체에 따른 분류**
  - 내부검증 : 사내에서 자체적으로 검증원을 구성하여 실시하는 검증
  - 외부검증 : 정부 또는 적격한 제3자가 검증을 실시하는 경우로 식품의약품안전청에서 HACCP 적용업소에 대하여 연1회 실시하는 사후 조사 · 평가가 이에 포함됨

- **검증주기에 따른 분류**
  - 최초검증 : HACCP 관리계획을 수립하여 최초로 현장에 적용할 때 실시하는 HACCP 관리계획의 유효성 평가(Validation)
  - 정기검증 : 정기적으로 HACCP 시스템의 적절성을 재평가하는 검증
  - 특별검증 : 새로운 위해정보 발생 시, 해당식품의 특성 변경 시, 원료 · 제조공정 등의 변동 시, HACCP 관리계획의 문제점 발생 시 실시하는 검증
  - 일상검증 : 일상적으로 발생되는 HACCP 기록문서 등에 대하여 검토 · 확인하는 것

(7) 기록유지 및 문서작성

"기록되지 않은 것은 발생했던 사실이 없는 것이다"라는 말이 있다. 제조과정이 관리상태 하에 있었다는 것을 입증할 수 있는 유일한 길은 모니터링의 결과를 기록하는 것이다. 마찬가지로, 개선조치가 적절하게 취해졌음을 입증할 유일한 방안은 개선조치를 기록하는 것이다. 실수가 재발하는 것을 방지할 수 있는 방법은 무엇이 왜 발생했는지를 기록하는 것이다.

HACCP 체계의 운영과 관련된 기록목록의 예는 다음과 같다. 이 기록들은 제품을 유통시키기 전에 해당 작업장에서 HACCP 관리계획을 준수하였음을 보증하는 것이다.

■ 원료

- 규격에 적합함을 증빙하는 원료공급업체의 시험증명서
- 공급업체의 시험성적서를 검증한 업소의 지도 · 감독 기록
- 온도에 민감하거나 유통기한이 설정된 원료에 대한 보관온도 및 기간 기록

■ 공정관리

- CCP와 관련된 모든 모니터링 기록
- 식품 취급과정이 적절하게 지속적으로 운영하는지를 검증한 기록

■ 완제품

- 식품의 안전한 생산을 보장할 수 있는 자료 및 기록
- 제품의 안전한 유통기한을 입증할 수 있는 자료 및 기록
- HACCP 계획의 적합성을 인정한 문서

■ 보관 및 유통

- 보관 및 유통온도 기록
- 유통기간이 경과된 제품이 출고되지 않음을 보여주는 기록

■ 한계기준 이탈 및 개선조치

- CCP의 한계기준 이탈 시 취해진 공정이나 제품에 대한 모든 개선조치 기록

■ 검증

- HACCP 계획의 설정, 변경 및 재평가 기록

■ 종업원 교육

- 식품위생 및 HACCP 수행에 관한 교육훈련 기록

7원칙 12절차에 따라 HACCP 관리계획이 수립되면 해당계획을 HACCP 계획 일람표 양식에 따라 일목요연하게 도표화하여 기록 · 관리한다.

이렇게 HACCP 관리계획이 작성되면 HACCP 팀원 및 현장 종업원들에 대한 교육을 통하여 해당내용을 주지시킨 후 현장에 시범적용토록 하여 실제 현장에 적용하였을 경우 효과가 있는지, 종사자들에 의해 실행함에 있어 문제점은 없는지 등을 확인하여야 한다. 이러한 과정을 "최초검증"이라 하는데, HACCP 관리계획이 수립되면 반드시 이 과정을 거쳐야 한다.

최초검증 결과 미흡사항 또는 문제점 등에 대하여는 반드시 해결책을 찾아 HACCP 관리계획에 반영 · 개선한 후 HACCP 시스템을 본격적으로 운영하여야 한다.

5. HACCP의 적용

최근 수입식육이나 냉동식품, 아이스크림류 등에서 살모넬라, 병원성대장균 O157, 리스테리아, 캄필로박터 등의 식중독 세균이 빈번하게 검출되고 있으며, 농약이나 잔류수의약품, 항생물질, 중금속 및 화학물질(포장재가소제(DOP), 식물성 가수분해단백질(MCPD), 다이옥신 등)에 의한 위해발생도 광역화되고 있다. 그러므로 우리나라도 이들 위해요소에 대한 안전지대가 아니라는 우려가 확산되고 있으며, 식품의 위생안전성 확보에 대한 관심이 전 사회적으로 고조되어 가고 있어 이들 위해요소를 효과적으로 제어할 수 있는 새로운 위생관리기법인 HACCP를 법적근거에 따라 도입하여 적용하고 있거나 적용을 추진하고 있다.

더욱이 EU, 미국 등 각국에서는 이미 자국 내로 수입되는 몇몇 식품에 대하여 HACCP를 적용하도록 요구하고 있으므로 수출경쟁력 확보를 위해서도 HACCP 도입이 절실히 요구되고 있는 실정이다.

농림수산식품부의 HACCP 적용대상업

Tip

구 분	적용품목
도축, 도계	소, 돼지, 닭(2003년 6월 30일 이후 의무적용)
식육처리 포장업	우육, 돈육, 계육, 오리가공, 포장육
식육가공업	햄류, 소시지류, 양념육류, 분쇄가공품류, 베이컨류, 건조저장육류, 갈비가공품류, 식육추출가공품류
알가공업	난황액, 난백액, 전란액, 알가열성형제품, 염지란
축산물 판매업	축산물 판매장
사료공장	고기소사료, 젖소사료, 돼지사료, 닭사료

식약청의 HACCP 적용대상 업종

Tip

1. 어육가공품 중 어묵류
2. 냉동수산식품 중 어류 / 연체류 / 패류 / 갑각류 / 조미가공품
3. 냉동식품 중 기타 빵 또는 떡류 / 면류 / 일반가공식품의 기타 가공품
4. 빙과류
5. 집단급식소 / 식품접객업소의 조리 식품
6. 도시락류
7. 비가열음료
8. 레토르트식품
9. 김치절임의 식품 중 김치류 / 절임류 / 젓갈류
10. 특수영양식품 중 영아용(성장기용) 조제식 / 영, 유아용 곡류조제식 / 기타, 영유아식(주스류)
11. 두부류 또는 묵류
12. 저산성 통, 병조림 중 굴통조림
13. 건포류
14. 드레싱
15. 빵 또는 떡류 중 빵, 케이크류
16. 생식류
17. 고춧가루
18. 면류 중 국수 / 냉면 / 당면 / 유탕면류

6. HACCP 도입의 효과

HACCP을 도입함으로써 식품업계는 설비비용의 증가라는 부담을 안게 되지만 소비자와 정부, 그리고 식품업계는 각각 그림 14-7과 같은 혜택을 얻게 된다.

구분	효과
소비자 측면	• 안전한 식품 소비자 제공 • 안전한 식생활로 삶의 질 향상 • 안전한 식품 선택 기회 제공
정부 측면	• 효율적인 식품 감시 • 공중보건으로 의료비 절감 • 국제식품교역이 원활해 질 수 있음
식품업계 측면	• 경쟁사와의 경쟁 우의점 확보 • 위생적이고 안전한 식품 제조 • 자주적, 위생관리 체계의 구축 • 자연적으로 법규 준수 • 소비자 불만 감소 • 지정품목의 표시와 광고허용 • 폐기, 회수율 감소 • 급식 시장의 입찰 자격 • 종업원 안전의식 강화 • 새로운 매출처 확보 용이

그림 14-7 HACCP 도입의 효과

memo

Chapter 15

식품위생시설, 기구, 용기의 위생관리

1. 식품위생시설의 위생관리
2. 설비와 용기의 위생관리
3. 용수의 위생
4. 세정설비
5. 식품종사자의 위생

Chapter 15

식품위생시설, 기구, 용기의 위생관리

최근에 식품산업은 급속도로 발전하고 있고 여성의 사회참여가 활발해지면서 외식산업은 하루가 다르게 발전하고 있다. 이에 학교, 산업체, 외식업에는 식중독사고가 집단으로 발생하는 위험에 노출되어 있어 국민의 건강을 확보하는 차원에서 식품위생시설의 위생관리는 그 어느 때보다 중요한 시점에 와 있다.

1. 식품위생시설의 위생관리

1) 식품위생시설의 조건

식품위생시설이란 식품에 의한 위해의 발생을 방지하는 대책으로 식품을 위생적으로 다루기 위한 것으로 다음을 대상으로 한다.

- 식품생산 및 집산시설 : 도축장, 착유장, 채소시장, 빙설제조시장
- 식품처리가공 저장 시설 : 우유처리장, 빙과류제조공장 등
- 조리판매 및 급식시설 : 음식점, 집단급식시설, 우유(식육, 어패)류 판매점

식품위생시설의 설계에서 가장 먼저 고려해야 할 사항은 위치의 선정으로 다음과 같은 조건을 갖춰야 한다.

- 주위환경의 공기가 깨끗해야 한다.
- 음료수, 식품공업용수로서 적합한 양질의 물을 공급할 수 있는 장소여야 한다.
- 폐수 및 폐기물의 처리가 편리한 장소여야 한다.
- 교통이 편리하고 전력 사정이 좋은 곳이어야 한다.

건물 내부의 경우는 아래와 같이 구분을 통해 위생관리를 할 수 있게 한다.

- 불결한 작업과 청결한 작업이 교차되지 않도록 할것
- 내구성, 건물의 내부구조는 식품업종에 맞게 설계 할것
- 작업장 별로 구분하여 벽을 막을 것

(1) 작업장의 자재와 면적

식품위생시설 건물의 자재는 내구성이 좋은 콘크리트로 하며 구조는 불침투성의 것으로 하는 것이 좋다. 작업장의 면적은 업종과 작업의 양에 따라 결정하는데 좁은 장소에서 작업하는 것은 작업능률을 저하시키며 피로를 가중시키고 위생사고를 발생시키기도 한다. 작업대는 바닥으로부터 60cm 이상의 높이에 설치하여 바닥으로부터의 오염을 방지한다.

(2) 내부배치

건물 내 시설의 배치는 불필요한 물건을 두지 않도록 한다. 또 병원성 미생물의 오염을 지표로 하여 불결한 부분(일반구역)과 청결한 부분(청결구역)을 나누어 배치한다. 제조공정의 순서대로 이차오염을 방지하도록 일정한 방향으로 흘러야 한다. 또한 작업장 자체는 독립된 건물이거나 식품취급 이외의 용도로 사용되는 시설과 분리하여야 한다.

2) 천정, 바닥, 벽

천정과 바닥과 벽은 내수성과 내열성, 내약품성, 내부식성, 항균성의 재질을 사용하며 갈라진 틈과 파인구멍이 없어야 한다.

(1) 천 정

식품위생시설의 천정은 방우, 방서, 방충, 공중낙하균의 방지가 가능한 시설 기준을 갖춰야 한다. 천정에 응축된 물이 직접 떨어지지 않도록 처리(완만한 경사)하여야 하며 바닥에서 천정까지 높이는 3.3m 정도가 적당하다.

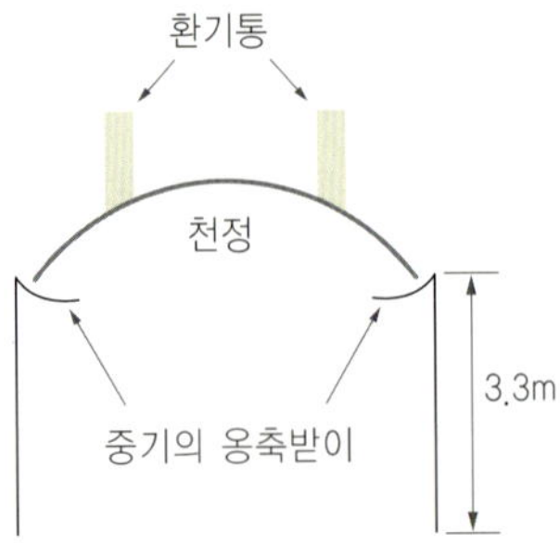

그림 15-1 천정의 구조

(2) 바 닥

바닥은 지상에서 20cm 정도 높게 설비하고 표면은 타일을 입힌다(내수성 재료 사용). 경사구배는 1m당 1.5cm(2~4cm) 이상이 되게 설치하고 배수시설은 벽에서 15cm 떨어져 설치한다(그림 15-2). 벽과 바닥의 교차점은 곰팡이나 부착물의 부착을 방지하기 위해 rounding처리(직경 5cm) 하는 것이 좋다(그림 15-3). 배수구에는 방서 설비를 하여 쥐가 부엌에 침입할 수 있는 통로를 차단한다.

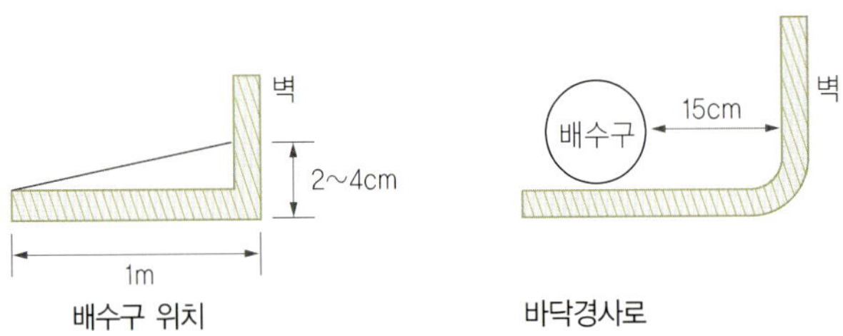

그림 15-2 바닥의 경사구배

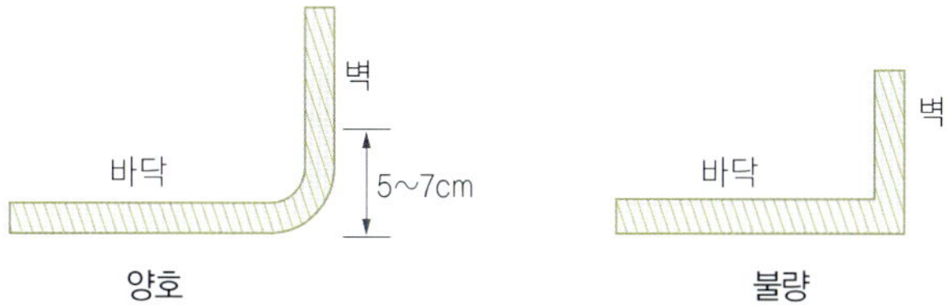

그림 15-3 벽과 바닥 사이 시설의 라운딩 처리

(3) 벽

식품위생시설의 내벽은 물의 사용이 많으므로 바닥에서 1.5m높이까지는 내수성 자재를 사용하여야 한다. 식품을 다루는 시설은 물을 많이 사용하기 때문에 내수성 자재를 사용하지 않을 경우 곰팡이가 피거나 쉽게 부식하게 된다. 벽 전체를 밝은 색으로 처리하고 벽과 창살의 접속 부분은 둥글거나 경사를 갖도록 처리한다. 창문과 벽면은 50도 경사를 유지하여 설치한다(그림 15-5).

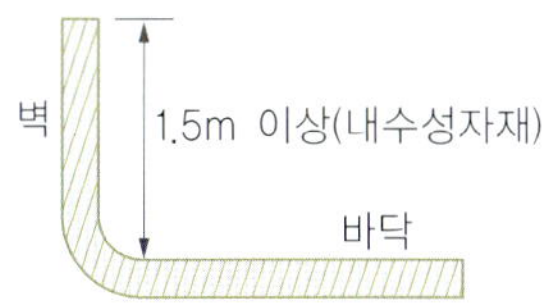

그림 15-4 방수벽의 높이

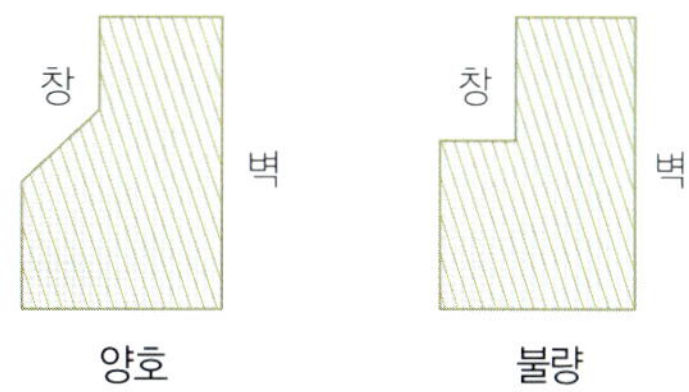

그림 15-5 벽에 부착되는 창문의 접착부

3) 조명, 채광

식품을 다루는 작업장의 조명과 채광은 무엇보다도 중요한 설비이다. 조명은 작업특성에 맞게 적합한 조도를 유지해야 하며 식품의 색을 정확히 볼 수 있도록 색을 오인할 수 있는 조명은 사용하지 말아야 한다. 선별 · 검사구역은 540룩스를 유지해야 하며 일반 작업구역은 220룩스를, 기타부대시설(창고, 화장실, 탈의실 포함)은 110룩스 이상이 유지되도록 한다. 조명 시설은 이중 갓을 씌워 등이 파손되어도 식품에 직접 파손물질이 튀지 않도록 한다. 또한 이중 갓이 없을 경우에는 물의 사용이 많은 시설에서 수분이 전등에 튀어 갓을 파손시키는 경우가 발생한다.

채광을 위해 창문의 넓이는 벽 넓이의 70%, 바닥넓이의 15~20% 정도로 한다. 창문에는 방서나 방충의 목적으로 방충망을 설치(30mesh)한다. 창문의 위치는 상단은 천정 가까이에 설치하고 하단은 바닥에서 1m 이상으로 내수성 자재를 이용한다. 창의 경사는 50도로 설치하고 창문 넓이는 그 벽면 전체의 1/5~1/6 정도가 되게 한다.

- **Lux** : 1lm(루멘)의 광속이 $1m^2$ 면적에 고르게 비칠 때 얻어지는 밝기를 가리킴. 또는 1cd(칸델라 : 국제 표준광도)의 점광원으로부터 1m 떨어진 곳에 비치는 빛의 밝기와 같음. 1lx는 0.0929피트-촉광(foot-candle)임
- **mesh** : 입자의 크기를 나타내는 단위로 1 inch X 1 inch 의 면적에 정사각형 격자의 갯수임
  1 inch = 25.4mm이므로 mesh가 100이면 10x10의 격자가 있고 격자의 크기는 2.54mm가 됨
  10000이면 100x100의 격자, 격자크기는 0.254mm이고 254micron이 됨

4) 출입문

작업장의 외부로 연결되는 출입문은 레일식보다 도어식 문을 채택하는 것이 오염물질 방지에 도움이 된다. 문과 바닥 사이의 공간은 0.5cm 정도의 틈만 가능하게 하여 쥐 등이 들어오지 못하게 하고 먼지나 곤충의 유입을 막기 위해 완충구역이나 방충이중문을 설치한다.

문 밑 부분은 내구성 자재를 이용하여 쥐(설치류)가 이빨로 긁어 훼손되어 공간이 만들어지지 않도록 한다. 같은 목적으로 출입문 하단에서 30cm 정도 함석으로 내장한다(그림 15-7).

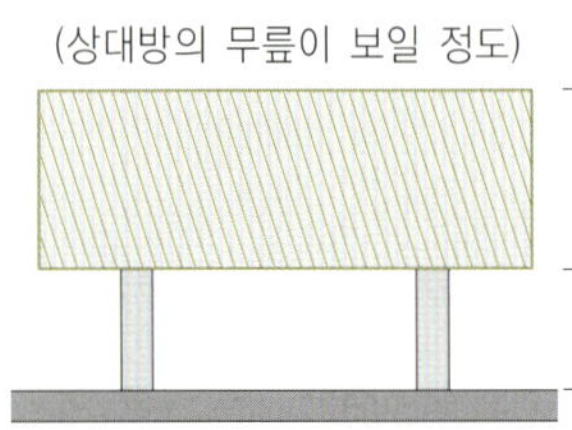

그림 15-6 칸막이의 설치 기준

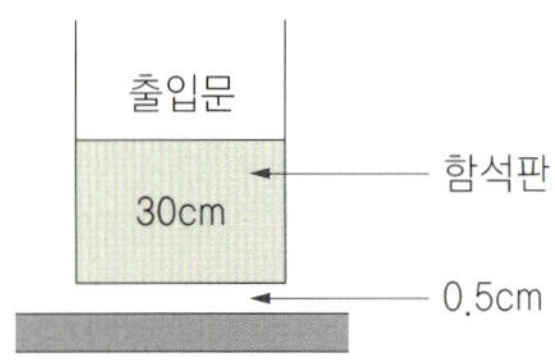

그림 15-7 출입문과 바닥의 공간

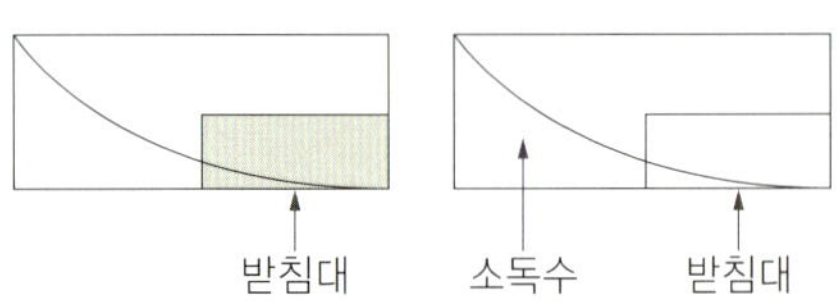

그림 15-8 출입문과 소독 시설

5) 쓰레기통, 화장실

작업장의 쓰레기통은 바닥과 접하지 않도록 약 40cm 이상 위에 둔다(그림 15-9).

화장실은 작업장에서 하수와 상수원과의 오염을 막기 위해 5~6m 이상 떨어진 곳에 설치하고 방충, 방서 시설도 설치한다. 반드시 남, 녀 구별하여 설치한다.

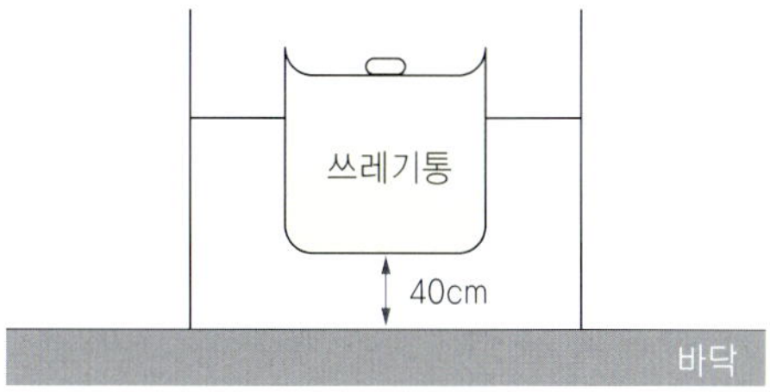

그림 15-9 쓰레기통

2. 설비와 용기의 위생관리

1) 세척설비

식자재와 기구류를 세척하기 위해서 편리하고 충분한 유수식 세척설비를 사용하기 쉬운 위치에 설비한다. 물은 온 · 냉수를 모두 공급하고 식품용과 식기구용은 따로 설비한다. 또 손씻는 설비는 유수수세식으로 하고 작업장의 면적에 맞게 구비한다.

싱크대는 수도꼭지가 싱크대의 만수면에 닿지 않도록 7cm 이상 높게 설치하고 싱크대 배관은 악취 방지 목적으로 구부려서 설계한다(그림 15-10).

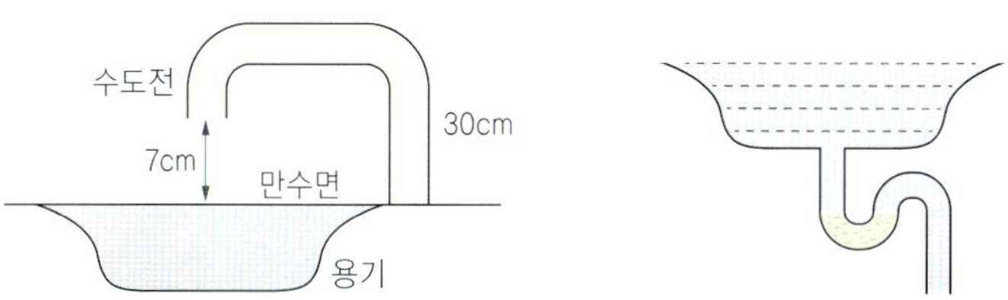

그림 15-10 수도꼭지와 싱크대만수면의 거리와 탭 설치

2) 보관설비 및 계기

보관설비는 취급하는 양에 맞는 충분한 용량의 것이어야 한다. 보관설비로는 냉장, 냉동실이나 냉장, 냉동고, 찬장 등이 있다. 특히 냉장고는 일주일에 1회 이상 청소하고 Tip에서와 같이 사용방법을 지켜야 한다.

보관설비는 내부를 적절히 청소하고 세척, 소독하여 미생물이나 위해물질이 생기지 않도록 주의하여야한다.

냉장고의 사용방법 Tip

- 냉장고 내의 용량은 80% 이상 저장하지 말 것
- 외부에서 관측이 가능한 온도계를 부착할 것
- 냉장고 내부의 위치에 따른 식품의 보관 위치 선정(위-어육류, 중-과일, 가공식품, 아래-채소)
- 벽에서 10cm 이상 떨어져 통풍이 잘되는 곳에 설치할 것
- 냉장고 문을 자주 열지 말 것
- 보관온도
  - 육 · 어패류 : 0~3℃
  - 우유 · 유지가공 : 4~6℃
  - 채소 · 과일 : 7~10℃

3) 용기의 위생관리

식품의 용기는 무엇보다 위생적으로 처리되어야한다. 용기는 먼저 모양에 따라 세척이 용이하지 않을 수 있으므로 용기의 단면은 라운딩 처리가 되어 있어야 하고 각이 지거나 이음새가 있으면 안된다(그림 15-11). 용기의 재질은 가열과 산 등에 안전한 재질로 이뤄져야 한다.

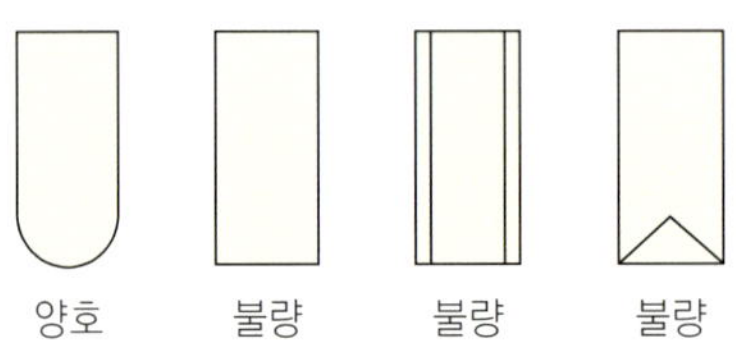

그림 15-11 용기의 단면도

3. 용수의 위생

1) 급수의 위생

식품시설에서 식품의 취급에 사용되는 물은 위생적으로 안전한 것이어야 한다. 즉 먹는물 수질 기준에 적합한 것을 사용하여야 하는데 우리나라는 먹는물 관리법에 먹는물 수질 기준을 정하고 있다. 특히 위생시설에서는 규모에 맞는 충분한 양의 물을 확보하여야 하고 수돗물 이외의 물을 사용할 경우 국·공립시험기관에서 음용으로 적당하다고 인정한 것을 공급할 수 있는 설비가 필요하다. 우물물이나 먹는물 공동시설의 물은 정기적으로 수질검사를 하고 그 결과서를 보관한다.

2) 폐수의 위생

폐수와 하수를 방류할 경우 정화시설을 거쳐 정화한 다음 방류한다. 폐수는 방류 전에 반드시 농업과 수산업에 위해를 일으키지 않을 정도로 정화하여 방류한다. 우리나라는 오염물질배출허용기준과 폐수종말처리시설 방류수 수질기준이 정해져 있다.

4. 세정설비

1) 세 정

세정은 식품위생시설에서 청결을 유지하기 위하여 실시하는데 일반적으로 수돗물이나 음용수로 오염물질을 제거한다. 지방물질, 세균, 기생충알 등은 세제를 사용하여 제거한다. 비누는 세정력과 기포력이 있으나 산성액이나 경수, 소금물에서 거품이 잘 발생하지 않아 세정력을 잃기 때문에 요즘은 합성세제를 사용한다. 합성세제는 계면활성제에 세정촉진제, 착색료, 향료를 넣어 만든 것으로 세정력은 강하지만 살균력은 거의 없다. 세제는 무기성세제와 계면활성제로 나뉜다.

(1) 무기성세제

가장 많이 사용하는 것으로 세정력이 부족해 계면활성제와 함께 사용한다. 알칼리류(수산화나트륨, 인산나트륨 등)와 산류(염산, 황산, 질산 등)가 있다.

(2) 계면활성제

계면 활성제는 이온형과 비이온형계면활성제로 나뉘는데 보통 비누, 세제, 유화제 등을 총칭하는 것으로 물이나 용매에 소량 용해되어 표면장력을 저하시킨다. 계면활성제의 액은 발포, 침투, 유화, 현탁, 세척 등의 효과에 의해 세정력이 커진다.

2) 소독과 살균

세정이 끝나면 살균이나 소독 작업을 한다. 소독과 살균은 다음과 같이 약간의 차이가 있다.

- 소독 : 병원 미생물이 전파되는 것을 사멸시키거나 억제시키는 것이다.
- 방부 : 병원 미생물의 생육을 저지시켜 식품변질의 유도기간 연장하는 것이다.
- 살균 : 물리 · 화학적인 방법으로 모든 형태의 미생물을 완전히 사멸 또는 불활성화시키는 것이다.
- 멸균 : 병원균, 비병원균을 막론하고 모든 미생물과 포자를 사멸시키는 것이다.

이 부분의 자세한 내용은 제2장에 설명되어 있다.

5. 식품종사자의 위생

식품위생시설과 위생처리가 완벽하게 갖춰졌더라도 식품을 다루는 종사자의 개인위생이 잘못되면 식품은 위생적으로 안전할 수 없다.

1) 건강상의 문제

식품을 다루는 사람은 질병을 가지고 있지 않은 건강한 사람이어야 한다. 식품취급자는 1년에 2번 정기 건강검진을 받아야 한다. 우리나라는 이것을 식품위생법에 규정하고 있고 다음과 같은

건강진단을 받아야 하는자

식품및 첨가물을 채취, 제조, 가공, 조리, 저장, 운반, 판매하는데 직접 종사하는 자

영업에 종사하지 못하는 질병

제1군 전염병(콜레라, 페스트, 장티푸스, 파라티푸스, 세균성이질, 장출혈성 대장균), 제3군 전염병 중 결핵, 피부병 등 기타 화농성 질환, 후천성면역결핍증(이것은 성병진단을 받아야 하는 영업에 종사하는 자에 한정)

일시적으로 종업원이 조리에 참여할 수 없는 건강상의 문제

설사, 발진, 복통, 간지러움, 콧물, 구토나 황달 증상

질병이 있는 사람은 식품업에 종사할 수도 없으며 채용하여서도 안된다.

2) 위생관리

식품업의 종사자는 작업에 맞는 작업복과 모자, 앞치마, 신발을 청결하게 착용하여야 한다.

(1) 작업복장

작업복은 세탁이 쉬워야 하고 항상 청결해야 한다. 흰색이 비교적 무난하다. 앞치마는 용도에 따라 구분해서 사용하도록 한다. 조리실에는 전용 작업화를 착용하고 외부 출입시에는 소독하고 들어온다.

(2) 두발과 용모

작업자는 두발을 깨끗이 하고 비듬이나 머리카락이 음식에 들어가지 않도록 유의하며 위생모를 반드시 착용한다. 또 손톱을 짧게 깎고 인조손톱은 혹시 음식에 들어갈 수도 있으므로 착용을 금지한다. 목걸이나 반지 팔찌 등의 착용도 하여서는 안된다.

(3) 손의 위생

식품을 취급하는 사람은 개인위생을 철저히 하여야하는데 그 중 특히 손은 음식을 직접 만지는 부분이므로 위생에 더욱 신경을 써야한다. 다음은 국가에서 권장하는 올바른 손씻기 과정이며, 손씻기는 아래 그림과 같은 과정을 실험하여 효과를 볼 수 있다.

올바른 손씻기 실천

Tip

손을 반드시 씻어야 하는 경우는?

- 음식 준비 전 · 후 또는 먹기 전
- 화장실 이용 후
- 기저귀를 갈거나 용변 마친 아이를 닦아준 후
- 재채기 후 또는 코를 풀고 난 후
- 쓰레기 등 오물을 만졌을 때
- 애완동물을 만지거나 배설물을 치우고 난 후
- 상처 치료 전 · 후
- 외출에서 돌아왔을 때
- 귀, 입, 코, 머리와 같은 신체부위를 만지거나 긁은 경우
- 기타 손을 오염시킬 수 있는 것을 만졌을 경우

올바른 손씻는 방법은?

- 비누거품을 충분히 내어 손과 팔목을 꼼꼼히 문질러 닦고 미지근하고 깨끗한 물로 헹군다.
- 손가락 끝, 손가락 사이도 유의해서 깨끗이 씻어야 하며, 손톱 밑을 씻을 때는 손톱용 브러쉬를 사용하는 것이 바람직하다.
- 일회용 종이 타올이나 손 건조기를 이용하여 물기를 건조시킨다.
- 손씻기에 따른 세균의 제거효과는 아래 표와 같이 흐르는 물로만 씻어도 상당한 제거효과가 있으나,
  - 비누를 사용하여 흐르는 물로 20초 이상 씻었을 때 99.8%의 세균 제거 효과가 있다
  - 비누로 씻은 후 상업용 소독 비누 등을 추가로 사용하는 경우 효과가 더욱 좋다.

구 분	비누세척	물세척	위생물수건	위생물티슈
감소율(%)	99	93	81	50

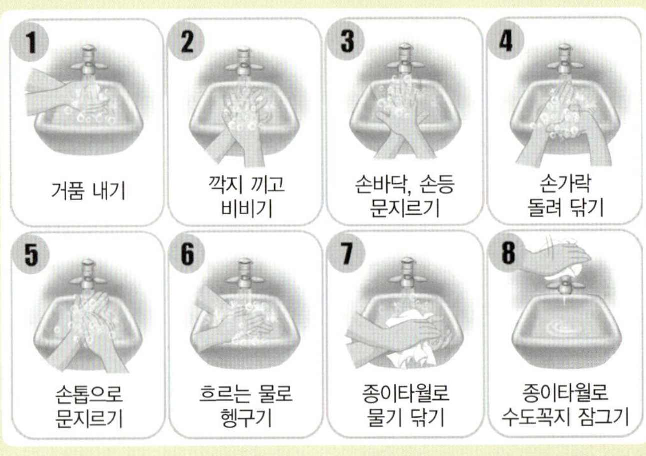

Tip

세척 효과 검정 실험

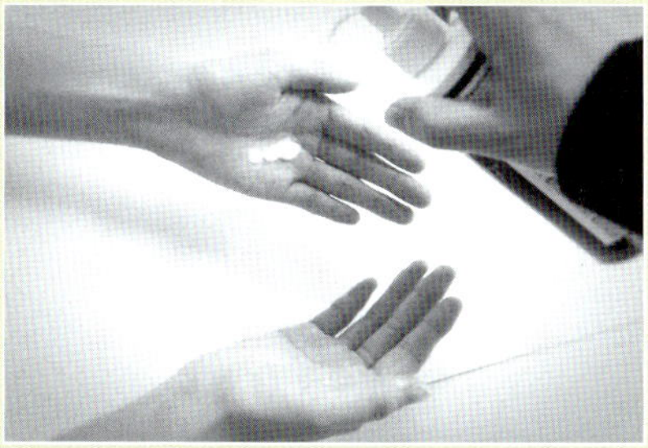

형광크림을 손에 떨어뜨리고 골고루 발라줌

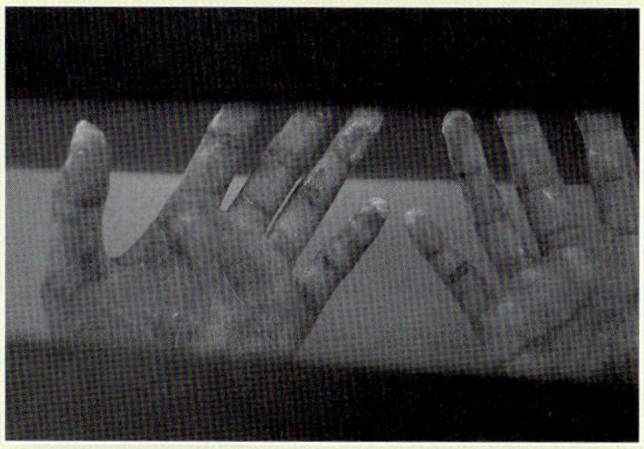

뷰박스에서 확인

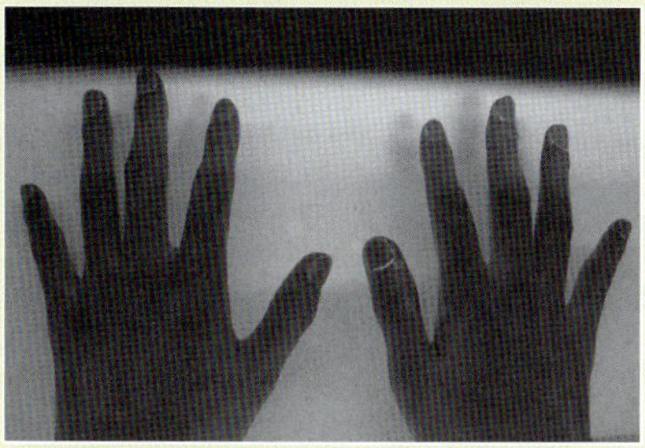

평소 습관대로 손씻고 확인

다시 꼼꼼히 씻고 확인

자료 : 식품의약품안전청

Chapter 16

식품위생행정 및 법규

1. 식품위생행정
2. 식품위생법
3. 학교급식법
4. 먹는물관리법

Chapter 16

식품위생행정 및 법규

식품위생행정이란 국가가 식품, 식품첨가물, 기구 및 용기, 포장의 안전성, 건전성, 완전성을 확보하고 이들에 의해 발생하는 여러 위해를 사전에 예방하기 위해 식품위생법 등 제반 법령에 따라 행정조직을 통해 총체적인 관리를 하고 정책을 개발하는 일련의 활동이다.

우리나라는 식품위생법에 근거하여 보건복지부, 농림수산식품부, 식품의약품안전청에서 이뤄지고 있다.

이런 식품위생행정은 다음과 같은 목적으로 진행되고 있다.

- 국민의 안전하고 청결한 식생활 확보
- 부정식품과 불량식품으로 인한 질병이나 건강장해 등의 위해 방지
- 공중위생의 증진 및 발전

이런 식품위생행정을 시행하기위해 뒷받침이 되는 것이 식품위생법이다.

식품위생법은 1장 총칙을 시작으로 총 13장으로 구성되며 식품, 첨가물, 기구, 용기, 영업, 허가, 검사, 표시, 회수, HACCP, 영양사, 조리사, 벌칙 등으로 구성되어 있다.

1. 식품위생행정

1) 보건복지부

중앙정부가 담당하고 있는 식품위생관련 행정은 보건복지부가 관장하며, 실질적인 행정 업무는 보건복지부 보건의료정책실 산하 식품정책과가 수행한다(그림 16-1).

보건의료정책실 식품정책과의 업무

- 식품위생 · 안전 및 건강기능식품 정책에 관한 종합계획의 수립 및 조정
- 식품위생 · 안전 및 건강기능식품 제도에 관한 조사 · 연구 및 홍보
- 식품위생 · 안전 및 건강기능식품 관련 법령에 관한 사항
- 식품접객업제도 및 음식문화 개선에 관한 사항
- 식품위생심의위원회 및 건강기능식품심의위원회의 운영
- 식품진흥기금에 관한 사항
- 식품의약품안전청의 업무 등에 관한 사항

2) 농림수산식품부

우리나라는 최근 국가의 식품에 관한 업무를 총괄하는 기관으로 농림부를 개편하여 농림수산식품부를 조직하였다. 이 부처는 기존의 농림부의 업무와 예전의 해양수산부의 수산정책부분의 업무를 합치고 여기에 식품을 관할하는 부처를 만든 것이다. 우리나라 중앙부처에서 식품이란 이름이 들어갈 정도로 국가적으로 '식품' 의 위생, 안전, 정책의 의미가 중요해진 것이다. 농림수산식품부의 조직도는 그림 16-2와 같다.

3) 식품의약품안전청

정부에서는 국가의 식품위생행정을 과학적으로 뒷받침하는 조사, 연구, 감사 업무 등을 담당할 수 있는 식품의약품안전본부를 1996년에 발족하였으며, 1998년 식품의약품안전청으로 승격되면서 국립독성연구원 및 6개 지방 안전청(서울지방청, 경인지방청, 부산지방청, 대구지방청, 광주지방청, 대전지방청)을 소속기관으로 신설하였다.

그림 16-1 보건복지부 조직도

자료 : 보건복지부

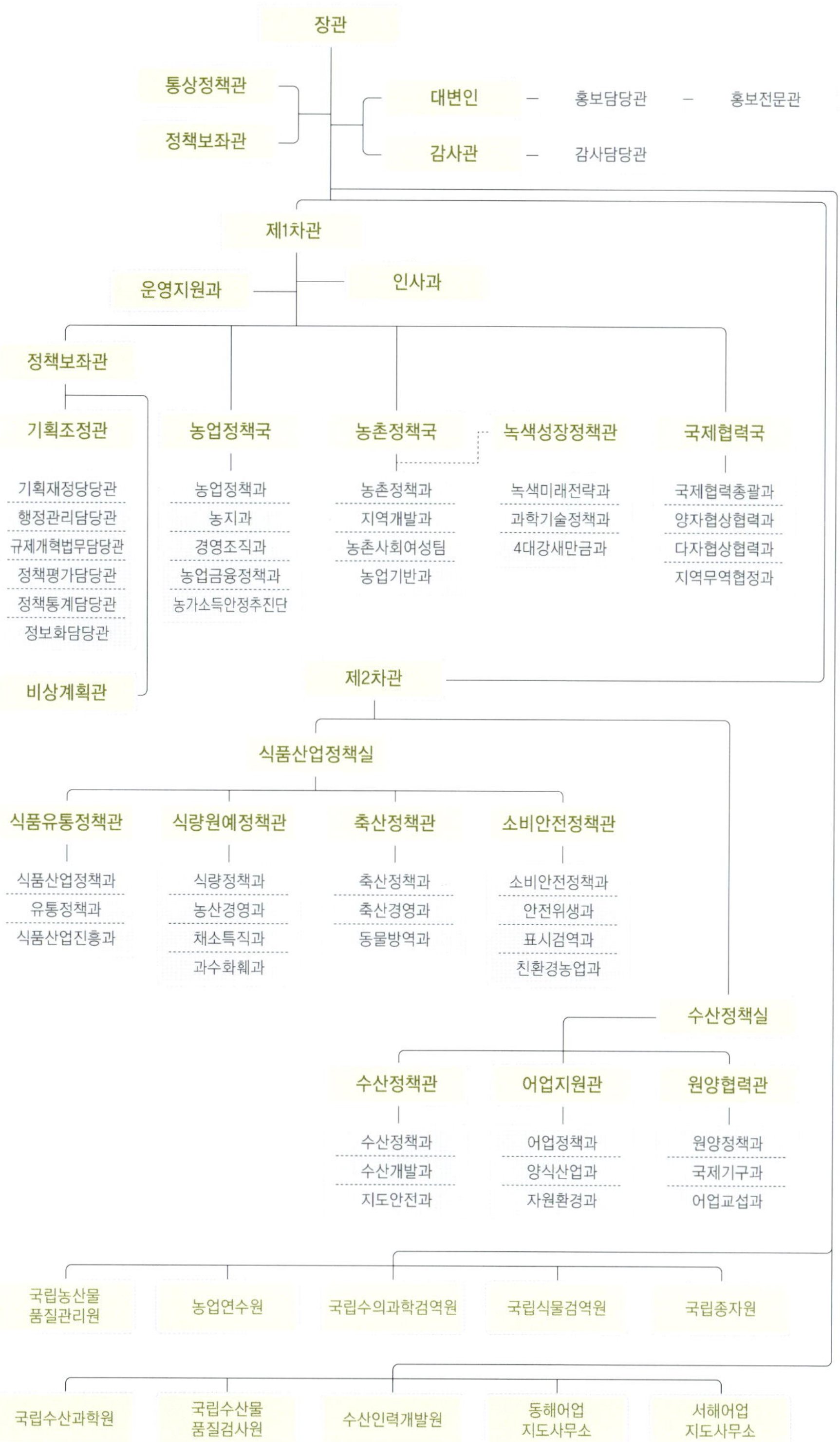

그림 16-2 농림수산식품부 조직도

자료 : 농림수산식품부

식품의약품안전청은 소비자가 안심할 수 있도록 식품의 사전 예측적 식품안전관리체계를 정착시키고 식품의 안전관리제도 개선하며 식품의 기준 및 규격을 과학화하고 국제화함으로서 안전관리 수준을 향상시키고 소비자의 신뢰 및 만족도를 제고시킬 수 있는 여러 업무를 수행하고 있다(그림 16-3).

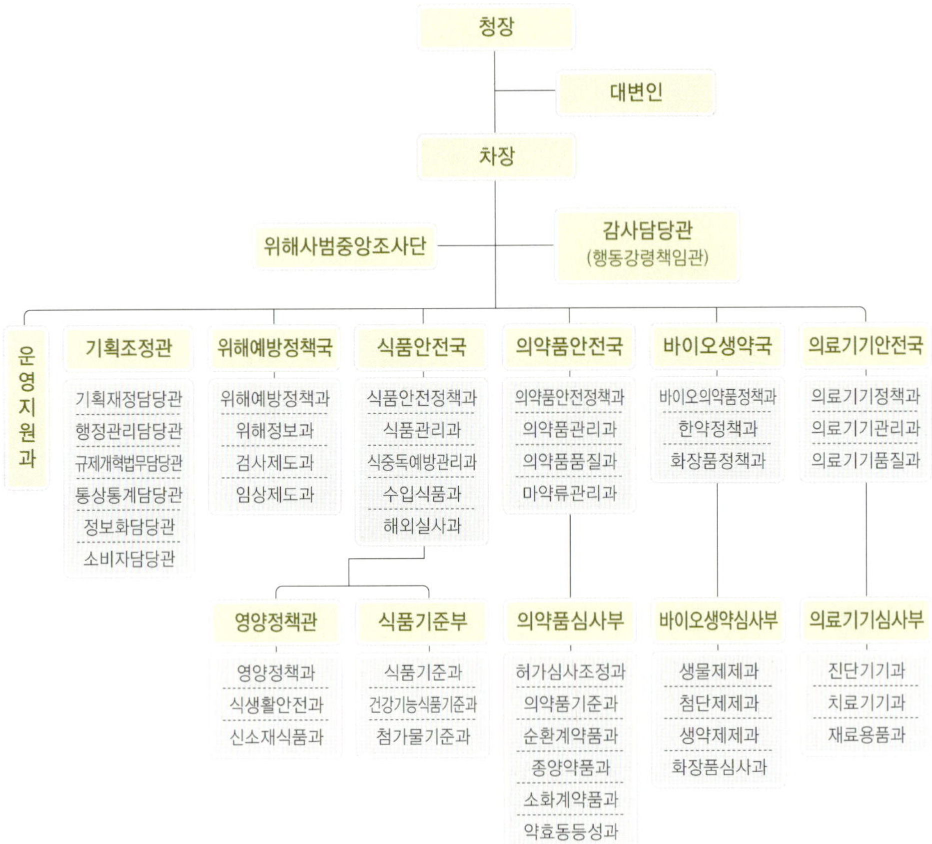

그림 16-3 식품의약품안전청의 조직도

자료 : 식품의약품안전청

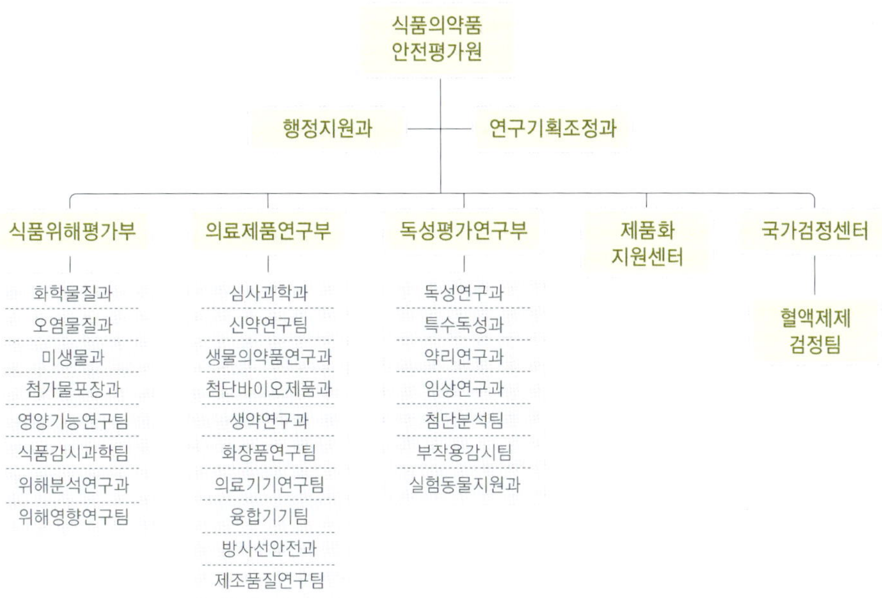

그림 16-4 식품의약품안전평가원 조직도

자료 : 식품의약품안전평가원

25차개정일자 : 영 제21458호(09.4.30) 부령제106호(09.4.30)

주요내용

- 조직 전면 개편
  - 6과 축소(114과→98과)
- 본청(17과 27명 감축)
  - 1관 5국(1단 · 4부) 65과 → 1관 5국(1관 · 4부) 48과
  - 4개 평가부를 4개 심사부로 개편(식품기준부, 의약품심사부, 바이오생약심사부, 의료기기심사부)
- 국립독성과학원을 식품의약품안전평가원으로 전면 개편(11과 94명 증원)
  - 3부 18과 → 3부 29과
  - 의약품 중심의 독성 · 약리연구 기능을 탈피, 식품 및 의료기기 안전지원 기능을 대폭 강화하고, 본청과 기능 연계 조직화(식품위해평가부, 의료제품연구부, 독성 평가연구부)
- 6개 지방청(91명 감축)
  - 운영지원과를 고객지원과로, 의약품과를 의료제품안전과로, 시험분석과를 유해물질분석과로, 식의약품분석과를 수입식품분석과로 개편
  - 식 · 의약품 분야 특별지방행정기관 정비계획에 따라 지도 · 단속 등 단순집행 업무와 그 수행인력 101명을 시 · 도로 이관

식품행정

허가관리	• 식품첨가물 및 건강기능성식품 제조업
식중독관리	• 식중독예방 및 발생시 신속 대응체계 유지
부정불량식품 단속	• 중앙기동단속반 운용 • 위생관리등급제 시행
GMO식품 등 관리	• GMO(유전자재조합식품) 및 방사선 조사식품 안전성 평가 및 표시제 등 사후관리
식품안전관리	• 식품원료 인정, 규격기준 및 식품에 잔류하는 농약, 항생물질 등에 대한 기준설정 • HACCP제도 실시 : 식품제조업소가 자율적으로 위생수준을 높이고 농약, 방사선 등 • 새로운 위해요인에 대응하기 위한 과학적 사전관리 제도 • 안전한 식품의 수입을 위한 위해항목 중점 검사

2. 식품위생법

식품위생관련 법령에는 식품위생법을 비롯하여 농산물관리법, 농약관리법, 먹는물관리법, 소비자기본법, 수산물검사법, 수산업법, 인삼산업법, 주세법, 축산물가공처리법, 학교급식법 등이 있고 그 관장기관은 다르다(표 16-1).

식품위생법령에는 식품위생법을 근거로 대통령령인 식품위생법시행령, 보건복지부령인 식품위생법시행규칙, 보건복지부장관이나 식품의약품안전청장의 훈령, 예규, 고시 등이 있다.

1) 식품위생법

식품위생법은 식품으로 인한 위생상의 위해를 방지하고 식품영양의 질적 향상을 도모하며 식품에 관한 올바른 정보를 제공함으로써 국민보건의 증진에 이바지함을 목적으로 한다. 식품위생법은 영업을 하고자 할 경우 공공복리, 질서유지, 안전보장을 위해 국민의 자유 권리를 제한하는 헌법 제37조에 따라 식품위생상의 위해방지 등을 위한 일정 요건과 의무를 요구한다. 식품위생법은 1962년 1월 20일 법률 제1007호로 제정, 공포되었으며 현재 총 13장 102조 및 부칙으로 구

표 16-1 식품위생 관련 법규와 관장기관

식품위생 관련법규	관장기관	내용
식품위생법	보건복지부	식품으로 인하여 생기는 위생상의 위해(危害)를 방지하고 식품영양의 질적 향상을 도모하며 식품에 관한 올바른 정보를 제공하여 국민보건의 증진에 이바지함을 목적으로 함
축산물가공처리법	농림수산식품부	가축의 도살 · 처리, 축산물의 가공 · 유통 · 검사에 관련된 필요한 사항을 규정하여 축산물의 위생적 관리와 품질 향상을 도모하여 축산업의 건전한 발전과 공중위생의 향상에 이바지함을 목적으로 함
농산물검사법	농림수산식품부	농산물에 대하여 국가의 검사를 실시함으로써 농산물의 품질향상과 개선을 촉구하여 원활한 거래와 소비의 합리화를 기하여 국민경제 발전에 기여함을 목적으로 함
농약관리법	농림수산식품부	농약의 품질향상 그리고 원활한 유통, 적정한 사용을 도모함으로써 농업생산의 안정과 생활환경 보전에 기여함을 목적으로 함
수산물검사법	농림수산식품부	수산물을 검사함으로서 수산물의 품질향상과 규격의 적정을 도모함을 목적으로 함
학교급식법	교육과학기술부	학교급식을 통해 학생들의 심신의 건전한 발달을 도모하고 나아가 국민 식생활 개선에 기여함을 목적으로 함
먹는물관리법	환경부	먹는 물에 대한 합리적인 수질 및 위생관리를 도모함으로써 먹는 물로 인한 국민 건강상의 위해를 방지하고 생활환경의 개선에 이바지함을 목적으로 함
인삼산업법	농림수산식품부	인삼 및 인삼류의 경작, 제조, 검사 등 인삼산업의 발전을 도모하고 인삼을 특산물로 보호 · 육성하고 인삼산업의 건전한 발전에 이바지함을 목적으로 함
주세법	기획재정부	주세부과를 목적으로 함
어린이식생활안전관리법	보건복지부	어린이들이 올바른 식생활 습관을 갖도록 하기 위하여 안전하고 영양을 고루 갖춘 식품을 제공하는 데 필요한 사항을 규정함으로써 어린이 건강증진에 기여함을 목적으로 함

자료 : 식품위생학, 구난숙 외, 파워북

성되어 있다.

2) 식품위생법 시행령

식품위생법 시행령은 식품위생법에서 위임된 사항과 그 시행에 관하여 필요한 사항을 규정함을 목적으로 하며, 식품위생법에서 위임받은 사항과 식품위생법을 시행하는데 필요한 구체적인 사항을 규정한다. 식품위생법 시행령의 개정은 입법예고 후 공청회, 관계부처협의, 관계장관회의, 국무회의를 거쳐 대통령령으로 공포하게 된다. 1962년 10월에 제정, 공표된 이후 식품위생법의 개정에 따라 수차에 걸쳐 관련 규정을 개정, 보완하였다.

3) 식품위생법 시행규칙

식품위생법 시행규칙은 식품위생법 및 동법 시행령에서 위임된 사항과 그 시행에 관하여 필요한 사항을 규정함을 목적으로 한다. 식품위생법 시행규칙의 개정은 입법예고 후 공청회, 관계부처협의를 거쳐 보건복지부령으로 공포한다. 식품위생법 시행규칙은 1962년 10월 10일 보건복지부령 제91호로 제정, 공포되었으며 식품위생법과 식품위생법 시행규칙의 개정에 따라 수차에 걸쳐 관련 규정을 개정, 보완하였다.

4) 식품위생법의 구성 및 주요내용

식품위생법은 표 16–2와 같이 총 13장으로 구성되어 있다.

제1장 총칙

- 목적 : 이 법은 식품으로 인하여 생기는 위생상의 위해(危害)를 방지하고 식품영양의 질적 향상을 도모하며 식품에 관한 올바른 정보를 제공하여 국민보건의 증진에 이바지함을 목적으로 한다.
- 용어정의

1. "식품"이란 모든 음식물(의약으로 섭취하는 것은 제외한다)을 말한다.
2. "식품첨가물"이란 식품을 제조·가공 또는 보존하는 과정에서 식품에 넣거나 섞는 물질 또는 식품을 적시는 등에 사용되는 물질을 말한다. 이 경우 기구·용기·포장을 살균·소독하는 데에 사용되어 간접적으로 식품으로 옮아갈 수 있는 물질을 포함한다.
3. "화학적 합성품"이란 화학적 수단으로 원소 또는 화합물에 분해 반응 외의 화학 반응을 일으켜서 얻은 물질을 말한다.
4. "기구"란 다음 각 목의 어느 하나에 해당하는 것으로서 식품 또는 식품첨가물에 직접 닿는 기계·기구나 그 밖의 물건(농업과 수산업에서 식품을 채취하는 데에 쓰는 기계·기구나 그 밖의 물건은 제외한다)을 말한다.
   가. 음식을 먹을 때 사용하거나 담는 것
   나. 식품 또는 식품첨가물을 채취·제조·가공·조리·저장·소분[(小分): 완제품을 나누어 유통을 목적으로 재포장하는 것을 말한다. 이하 같다]·운반·진열할 때 사용하는 것

5. "용기 · 포장"이란 식품 또는 식품첨가물을 넣거나 싸는 것으로서 식품 또는 식품첨가물을 주고받을 때 함께 건네는 물품을 말한다.
6. "위해"란 식품, 식품첨가물, 기구 또는 용기 · 포장에 존재하는 위험요소로서 인체의 건강을 해치거나 해칠 우려가 있는 것을 말한다.
7. "표시"란 식품, 식품첨가물, 기구 또는 용기 · 포장에 적는 문자, 숫자 또는 도형을 말한다.
8. "영양표시"란 식품에 들어있는 영양소의 양 등 영양에 관한 정보를 표시하는 것을 말한다.
9. "영업"이란 식품 또는 식품첨가물을 채취 · 제조 · 수입 · 가공 · 조리 · 저장 · 소분 · 운반 또는 판매하거나 기구 또는 용기 · 포장을 제조 · 수입 · 운반 · 판매하는 업(농업과 수산업에 속하는 식품 채취업은 제외한다)을 말한다.
10. "영업자"란 영업허가를 받은 자나 같은 조 제4항에 따라 영업신고를 한 자를 말한다.
11. "식품위생"이란 식품, 식품첨가물, 기구 또는 용기 · 포장을 대상으로 하는 음식에 관한

표 16-2 식품위생법의 구성 및 주요 내용

장(조)	제 목	주요내용
제1장	총칙	목적, 정의, 식품 등의 취급
제2장	식품과 식품첨가물	위해식품 등 및 병육 등의 판매 금지, 기준과 규격
제3장	기구와 용기 · 포장	유독기구 등의 판매 및 사용금지, 기준과 규격
제4장	표시	표시기준, 식품의 영양표시 및 교육, 홍보, 식육 의 원산지 등 표시, 허위표시 등의 금지
제5장	식품 등의 공전	식품 등의 공전
제6장	검사 등	위해평가, 유전자재조합 식품의 안전성 평가, 수입식품 등의 신고, 자가품질검사의 의무, 식품위생검사기관의 지정, (소비자)식품위생감시원, 시민식품감사인
제7장	영업	시설기준, 영업허가, 건강진단, 위생교육, 품질관리 및 보고, 위해식품 등의 회수, 위생등급, 위해요소중점관리기준
제8장	조리사 및 영양사	자격요건 및 면허, 결격사유, 교육
제9장	식품위생심의위원회	보건복지부 장관의 자문기관인 식품위생심의 위원회의 설치 및 조직, 운영
제10장	식품위생단체 등	동업자조합, 식품공업협회, 식품안전정보센터
제11장	시정명령과 허가취소 등 행정제재	시정명령, (영업)허가 등의 취소(요청), 폐쇄조치 등, 면허취소 등, 청문, 과징금 처분, 위반사실 공표
제12장	보칙	국가보조, 식중독 보고, 집단급식소, 식품진흥기금
제13장	벌칙	식품위생법 위반사항에 대한 벌칙 및 과태료 규정
부칙		

위생을 말한다.

12. "집단급식소"란 영리를 목적으로 하지 아니하면서 특정 다수인에게 계속하여 음식물을 공급하는 다음 각 목의 어느 하나에 해당하는 곳의 급식시설로서 대통령령으로 정하는 시설을 말한다.

 가. 기숙사

 나. 학교

 다. 병원

 라. 그 밖의 후생기관 등

13. "식품이력추적관리"란 식품을 제조 · 가공단계부터 판매단계까지 각 단계별로 정보를 기록 · 관리하여 그 식품의 안전성 등에 문제가 발생할 경우 그 식품을 추적하여 원인을 규명하고 필요한 조치를 할 수 있도록 관리하는 것을 말한다.

14. "식중독"이란 식품 섭취로 인하여 인체에 유해한 미생물 또는 유독물질에 의하여 발생하였거나 발생한 것으로 판단되는 감염성 질환 또는 독소형 질환을 말한다.

제2장 식품 및 식품첨가물

제2장은 식품 및 식품첨가물에는 판매금지 대상이 되는 식품 등에 대해 규정하고 있다. 그리고 식품과 식품첨가물의 기준과 규격을 다루고 있다. 그 예는 아래와 같다.

판매금지 대상이 되는 식품

- 썩었거나 상하였거나 설익은 것으로서 인체의 건강을 해할 우려가 있는 것
- 유독 · 유해물질이 들어 있거나 묻어 있는 것 또는 그 염려가 있는 것
- 병원미생물에 의하여 오염되었거나 그 염려가 있어 인체의 건강을 해할 우려가 있는 것
- 불결하거나 다른 물질의 혼입 또는 첨가 기타의 사유로 인체의 건강을 해할 우려가 있는 것
- 영업의 허가를 받아야 하는 경우 또는 신고를 하여야 하는 경우에 허가받지 아니하거나 신고하지 아니한 자가 제조, 가공, 사용한 것
- 안전성 평가의 대상에 해당하는 농 · 축 · 수산물 등으로서 안전성 평가를 받지 아니하거나 안전성 평가결과 식용으로 부적합하다고 인정된 것
- 수입이 금지된 것 또는 수입신고를 하여야 하는 경우에 신고하지 아니하고 수입한 것

식품 등의 기준과 규격

기준과 규격이 정하여진 식품 또는 식품첨가물은 그 기준에 의하여 제조 · 수입 · 가공 · 사용 · 조리 또는 보존하여야 하며, 그 기준과 규격에 맞지 아니하는 식품 또는 식품첨가물은 판매하거나 판매의 목적으로 제조 · 수입 · 가공 · 사용 · 조리 · 저장 · 운반 · 보존 또는 진열하지 못한다.

제3장 기구와 용기 · 포장

■ 유독기구 등의 판매 · 사용 금지

유독 · 유해물질이 들어 있거나 묻어 있어 인체의 건강을 해칠 우려가 있는 기구 및 용기 · 포장과 식품 또는 식품첨가물에 직접 닿으면 해로운 영향을 끼쳐 인체의 건강을 해칠 우려가 있는 기구 및 용기 · 포장을 판매하거나 판매할 목적으로 제조 · 수입 · 저장 · 운반 · 진열하거나 영업에 사용하여서는 아니된다.

제4장 표시

(1) 식품 등의 기준 및 규격

식품 및 기구 · 용기 · 포장의 기준 및 규격은 '식품공전' 에, 식품첨가물의 기준 및 규격은 '식품첨가물공전' 에 수록되어 있다. 식품 등의 기준 및 규격은 식품의 제조 · 가공 · 조리 · 보존 · 운반 등 전 과정에서의 위생적 관리, 식품첨가물의 성분 · 규격 · 사용기준 · 보존기준 등의 관리, 농약 · 중금속 · 항생물질 · 세균 등의 위생기준, 성분배합 기준, 제조 · 가공 · 보존 · 유통 등의 관리를 위해 설정하고 있다.

개별 기준 및 규격이 고시되지 않은 식품 또는 식품첨가물(화학적 합성품은 제외)에 대하여는 그 제조 · 가공업자로 하여금 제조 · 가공 · 사용 · 조리 및 보존의 방법에 관한 기준과 그 성분에 관한 규격을, 기구 및 용기 · 포장에 대하여는 제조방법에 관한 기준, 원재료에 대한 규격을 제출하도록 하여 지정된 식품위생검사기관의 검토를 거쳐 한시적으로 인정하는 제도를 운영하고 있다.

(2) 식품 등의 표시기준

식품 등의 표시기준은 식품에 대한 정확한 정보를 제공하고 영업과 관련된 사항을 명확히 밝힘으로써 소비자를 보호하고 소비자가 올바른 식품 선택을 할 수 있게 하며 식품에 대한 책임 소재를 분명하게 할 목적으로 규정하고 있다.

① 표 시

표시란 식품, 식품첨가물, 기구 또는 용기·포장에 기재하는 문자·숫자 또는 도형을 말하며, 소비자에게 정확한 정보를 제공하고 식품의 위생적 취급, 소비자의 올바른 식품선택 등을 목적으로 한다. 식품의약품안전청장은 국민보건상 필요하다고 인정되면 판매를 목적으로 하는 식품 및 식품첨가물, 기준 또는 규격이 정해진 기구 및 용기·포장의 표시에 관한 기준을 정하여 고시하도록 하고 있으며, 식품 등의 표시기준에 관련 사항을 규정하고 있다.

식품의 표시 관할 기구

- 가공식품 등 : 식품등의 표시기준(식약청)
- 유전자재조합식품 : 유전자재조합식품의 표시기준(식약청)
- 과대광고 : 표시 · 광고의 공정화에 관한 법률(공정거래위원회)
- 축산물 표시 : 축산물의 표시기준(국립수의과학검역원)
- 원산지 : 농산물원산지 표시요령(농산물품질관리원)
- 수산물원산지표시업무처리요령(수산물품질검사원)
- 주류 : 주세법(국세청)
- 수입제품 원산지 표시 : 대외무역법(지식경제부, 관세청)
- 용기 · 포장 재질 : 자원의절약과 재활용촉진에관한 법률(환경부)
- 유기가공식품 인증제도 : 식품산업진흥법(농림수산식품부)

표시대상식품

- 식품제조 · 가공업 및 즉석판매 제조 · 가공업소의 식품
  다만, 식용얼음은 5kg 이하 포장 제품
- 식품첨가물제조업소의 식품첨가물
- 소분하는 식품 및 식품첨가물
- 방사선조사식품
- 수입식품 또는 수입식품첨가물
- 유기가공식품
- 기타 용기, 포장에 넣어진 농 · 임 · 수산 식품(Wrap포장 제외)
- 수입된 자연상태의 농 · 임 · 축 · 수산물
- 기구 또는 용기 · 포장(수입제품 포함)

표시사항

- 제품명(기구 또는 용기 포장은 제외)
- 식품의 유형(따로 정하는 식품에 한함)
- 업소명 및 소재지
- 제조연월일(따로 정하는 제품에 한함)
- 유통기한 또는 품질유지기한(식품첨가물과 기구 또는 용기 포장은 제외)
- 내용량(내용에 해당하는 열량) : (기구 또는 용기 · 포장은 제외)
- 원재료명(기구 또는 용기 · 포장은 재질로 표시한다) 및 함량
- 성분명 및 함량
- 영양성분(따로 정하는 식품에 한함)
- 기타 식품 등의 세부표시기준에서 정하는 사항 등

표시방법

- 지워지지 아니하는 잉크 · 각인 또는 소인 등을 사용하여 한글로 표시
- 소비자의 이해를 돕기 위한 경우에 한자나 외국어 혼용 또는 병기 가능(글자는 한글보다 작거나 같게 표시)
  ※ 수입식품, 상표법에 의하여 등록된 상표는 제외

식품 등의 기준, 규격 및 표시기준

- 기준 : 판매를 목적으로 하는 식품 또는 식품첨가물의 제조 · 가공 · 사용 · 조리 및 보존의 방법에 관한 규정
- 규격 : 식품 또는 식품첨가물, 기구 및 용기, 포장의 성분에 관한 규정. 식품의약품안전청장은 국민보건상 필요하다고 인정하는 때에는 기준과 규격을 정하여 고시한다.
- 식품의 표시기준 : '식품 등의 표시기준'에 대한 고시로 시행되고 있다. 기준 및 규격은 식품위생 관리의 중요한 수단이며 식품위생의 안전성 확보 및 최소 품질 확보, 그리고 영양의 질적 향상에 중요한 역할을 한다.

표 16-3 식품위생법의 구성 및 주요 내용

표시장소	표시사항	활자크기(포인트)
1) 주표시면	가) 제품명 나) 내용량	6 이상 12 이상
2) 일괄표시면	가) 식품의 유형 나) 제조연월일 다) 유통기한 · 품질유지 기한 라) 원재료명 및 함량 마) 성분명 및 함량	8 이상 10 이상 10 이상 7 이상 7 이상
3) 기타 표시면	가) 업소명 및 소재지 나) 영양성분 다) 주의사항 표시 라) 기타 표시사항	6 이상 8 이상 8 이상 6 이상

- 원재료명 표시 : 원재료명(식품첨가물 포함)은 많이 사용한 순서에 따라 5가지 이상 표시하도록 규정하고 있다. 단, 한국인에게 알레르기를 유발하는 것으로 알려진 12가지 식품(난류, 우유, 메밀, 땅콩, 대두, 밀, 고등어, 게, 돼지고기, 복숭아, 토마토, 새우)을 함유하거나 이들에서 유래된 성분을 원료로 사용한 경우 함유량이 관계없이 원재료명을 표시하도록 하고 있다.
- 영양성분 표시
  - 영양성분 표시 대상식품 : 특수용도식품, 건강기능식품 과자류 중 식빵 · 케이크 · 빵 · 도넛 · 기타 빵 · 견과류 · 캔디류 · 초콜릿 · 잼류, 면류, 레토르트식품, 음료류, 그리고 영양성분 또는 영양강조표시를 하고자 하는 식품 등이다.

그림 16-5 주표시면과 일괄 표시면

소비자 안전주의사항 표시

Tip

- **식품**
  - 육류 등 냉동식품 : 재 냉동 금지 표시
  - 과일 · 채소류 음료, 우유류 : 개봉 후 냉장보관 또는 신속 섭취 표시
  - 통조림제품 : 개봉시 손조심 주의 문구
  - 숙취해소 음료 등 : '과다한 음주는 건강을 해칩니다' 문구
  - 아스파탐 첨가제품 : 페닐알라닌 함유 표시(PKU 환자를 위한 것)
  - 특수용도식품 : 의사의 지시에 따라 사용하도록 하는 안내문구
  - 당알코올류 함유제품 : 당알코올의 종류 및 함량표시
과량섭취 시 설사 등의 주의 문구
  - 젤리제품 : 질식방지 및 냉동금지 등의 섭취 시 주의문구
  - 알레르기 유발성분 함유제품과 같은 제조시설 사용제품 : 알레르기 유발물질 혼입가능성 표시
  - 선도유지제 : 식용불가 안내표시
- **식품첨가물**
  - 수산화나트륨, 초산, 빙초산, 염산, 황산, 수산화암모늄, 수산화칼륨, 차아염소산나트륨, 표백분
  - '어린이 등의 손에 닿지 않은 곳에 보관하십시오' '직접 섭취하거나 음용하지 마십시오' 등의 주의문구 표시
- **기구 또는 용기 · 포장**
  - 식품포장용 랩 : 100℃를 초과 사용 금지 표시
지방성분이 많은 식품의 직접 접촉금지 표시

- 반드시 표시해야 하는 영양성분 : 열량, 탄수화물(당류), 단백질, 지방(포화지방, 트랜스지방), 콜레스테롤, 나트륨이며, 이들 영양소의 명칭과 함량, 영양소 기준치에 대한 비율(%)을 반드시 표시하도록 규정하고 있다.

② 허위표시 등의 금지

식품위생법에 의하면 「식품 등의 명칭 · 제조방법, 품질, 영양표시 및 식육의 원산지 등 표시에 관하여는 허위표시 또는 과대광고를 하지 못하고, 포장에 있어서는 과대포장을 하지 못하며, 식품 · 식품첨가물의 표시에 있어서는 의약품과 혼동할 우려가 있는 표시를 하거나 광고를 하여서는 아니된다. 식품 · 식품첨가물의 영양가 · 원재료 · 성분 및 용도에 관하여도 또한 같다」고 규정하고 있다. 단 건강기능식품, 특수영양식품 및 인삼제품류에 대하여는 제품의 유용성 및 용도를 표시나 광고에 인정하도록 식품위생법 시행규칙에 규정하고 있다.

허위표시와 과대광고 금지의 범위

Tip

- 질병의 치료에 효능이 있다는 내용 또는 의약품으로 혼동할 우려가 있는 내용의 표시 · 광고
- 제품의 원재료 또는 성분과 다른 내용의 표시 · 광고
- 제조연월일 또는 유통기한을 표시함에 있어서 사실과 다른 내용의 표시 · 광고
- 다른 업소의 제품을 비방하거나 비방하는 것으로 의심되는 광고
- 화학적 합성품의 경우 화학적 합성품이 아닌 것으로 혼동할 우려가 있는 광고
- 판매 사례품 또는 경품판매 등 사행심을 조장하는 내용의 광고

제5장 식품 등의 공전

식품의약품안전청장은 다음 각 호의 기준 등을 실은 식품 등의 공전을 작성 · 보급하여야 한다.

- 제7조제1항에 따라 정하여진 식품 또는 식품첨가물의 기준과 규격
- 제9조제1항에 따라 정하여진 기구 및 용기 · 포장의 기준과 규격
- 제10조제1항에 따라 정하여진 식품 등의 표시기준(제4장 표시 참조)

제6장 검사 등

■ 식품위생감시 : 식품위생법 제17조제1항의 규정에 의한 관계공무원의 직무 기타 식품위생에 관한 지도 등을 수행하게 하기 위하여 식품의약품안전청과 지방자치단체에는 식품위생감시원을 둔다.

식품위생감시원은 영업장소 등에 출입하여 다음과 같은 직무를 수행한다.

- 식품, 첨가물, 기구 및 용기, 포장의 위생적 취급기준 이행 지도
- 수입, 판매 또는 사용이 금지된 식품, 첨가물, 기구 및 용기, 포장의 취급 여부에 관한 단속
- 표시기준 및 과대광고 금지의 위반여부에 관한 단속
- 출입 · 검사 및 필요한 최소량의 식품 등의 수거
- 시설기준의 적합여부 확인 · 검사
- 영업자 및 종업원의 건강진단 및 위생교육의 이행여부의 확인 · 지도
- 조리사 · 영양사의 법령준수사항 이행여부 확인 · 지도

소비자식품위생감시원 및 시민식품감사인의 직무

소비자식품위생감시원

- 식품접객업을 하는 자에 대한 위생관리상태의 계도에 관한 사항
- 유통 중인 식품 등의 표시기준 또는 허위표시 · 과대광고 금지의 위반행위에 관한 관할 행정관청에의 신고 또는 자료 제공
- 식품위생감시원이 행하는 식품 등에 대한 수거 및 검사 지원
- 그 밖에 식품위생에 관한 사항으로서 대통령령이 정하는 사항

시민식품감사인

- 영업자의 영업장소에 대한 위생관리상태를 분기별로 1회 이상 점검하고, 점검결과 위생상태가 불량하거나 식품안전을 위하여 개선이 필요한 사항에 대하여는 영업자에게 개선 등 필요한 조치를 권고
- 권고사항을 해당 영업자가 이행하지 아니하는 때에는 식품의약품안전청장, 시 · 도지사 또는 시장 · 군수 · 구청장에게 이를 보고

- 행정처분의 이행여부 확인
- 유해 또는 부정한 식품, 첨가물, 기구 또는 용기 · 포장 등의 압류 · 폐기 등
- 영업소의 폐쇄를 위한 간판 제거 등의 조치
- 기타 영업자의 법령 이행여부 확인 · 지도

한편 식품의약품안전청장, 지방자치단체장은 식품위생관리를 위하여 소비자기본법 제29조의 규정에 의하여 등록한 소비자단체의 임 · 직원 중 당해 단체의 장이 추천한 자 또는 식품위생에 관한 지식이 있는 자를 소비자식품위생감시원으로 위촉할 수 있으며, 식품위생법 제34조의 규정에 의하여 영업허가를 받거나 신고를 한 자 중 대통령령이 정하는 영업자는 식품 등의 위생관리상태의 점검을 위하여 식품의약품안전청장 또는 시 · 도지사가 지정하는 자를 시민식품감사인으로 위촉할 수 있다.

제7장 영업 등의 허가

영업이란 식품이나 식품첨가물을 채취, 수입, 가공, 조리, 저장, 운반, 판매 또는 기구 및 용기, 포장을 제조, 수입, 판매 등의 행위를 통하여 이익을 추구하는 모든 행위를 말한다. 식품위생법령에 의하면 식품위생법에 의한 영업허가(신고)를 하지 않고 영업을 한 경우 뿐 아니라 허가 받은 것과 다른 영업을 한 경우도 관리 대상이 된다.

표 16-4 영업의 허가와 신고

구분	허가	신고
업종	영업의 허가업종 • 식품첨가물 제조업 • 식품조사 처리업 • 단란주점영업과 유흥주점영업	영업신고를 해야하는 업종 • 식품제조 · 가공업 • 즉석판매제조 · 가공업 • 식품운반업 • 식품소분 · 판매업 • 식품냉동 · 냉장업 • 용기 · 포장류제조업 • 휴게음식점영업, 일반음식점영업, 위탁급식경영업, 제과점영업
서류	• 영업 허가의 신청 : 제조방법 설명서, 교육필증, 수질 검사 성적서, 안전시설완비 증명서 등 • 허가사항의 변경 – 변경허가 신청서, 허가증 – 제조식품첨가물의 종류, 제조방법 설명서 – 액화석유가스 사용시설 완성검사필증 – 유선 또는 도선 사업 면허증 또는 신고필증 – 먹는물 수질 검사기관이 발행한 수질검사 성적서 – 소방시설 유치 및 안전관리에 관한 법률	
관청	• 식품의약품안전청장 : 식품첨가물 제조업, 식품조사 처리업 • 시장, 군수, 구청장 : 단란주점영업, 유흥주점영업	• 식약청장에 신고 : 수입판매업 • 시장, 군수, 구청장에 신고 : 식품제조 · 가공업, 즉석판매제조 · 가공업, 식품운반업, 식품소분 · 판매업, 식품냉동, 냉장업, 용기 · 포장류 제조업, 휴게음식점 영업, 일반음식점 영업, 위탁급식영업, 제과점 영업

(1) 영업허가(신고)

영업의 허가와 신고는 표 16-4와 같이 영업의 종류에 따라 허가, 신고가 다르며 관련기관도 다르다. 그리고 다음과 같이 신고가 필요치 않은 영업도 있다.

- 양곡도정업, 수산물가공등록후 영업, 주류제조면허후 제조, 축산물가공업 허가후 영업, 건강기능성식품제조 영업허가후 영업, 농 · 임 · 수산물 건조, 염장 등 가공을 할 경우.

(2) 회수제도

회수제도는 식품 등이 식품위생상의 위해가 발생했거나 발생할 우려가 있다고 인정된 경우 영업자가 유통 중인 당해 식품 등을 회수하여 소비자의 피해를 최소화하고 소비자를 보호하기 위

영업허가의 제한

영업허가를 할 수 없는 경우

- 시설기준 부적합
- 영업허가 취소 후 6월이 경과하지 않은 경우 그 장소에서 같은 종류의 영업을 하고자 하는 때
- 영업허가 취소 후 1년이 경과하지 않은 때 식품접객업을 하고자 할 때

영업신고를 할 수 없는 경우

- 영업폐쇄 명령을 받은 후 6월이 경과하지 않은 경우 그 장소에서 같은 종류의 영업을 할 때
- 폐쇄 명령 후 1년이 경과하지 않은 자가 식품접객업을 하고자 할 때

한 제도이다. 이 제도는 1995년 식품위생법(31조2항)에 도입되었고 1996년 10월부터 시행되었으며 일반회수명령과 긴급회수명령으로 나누어진다.

① 일반회수명령과 긴급회수명령

일반회수는 식품 등을 섭취하거나 사용할 때 수입업자 또는 판매업자가 식품위생상의 위해가 발생했거나 발생할 우려가 있다고 인정할 때 지체 없이 그 사실을 국민에게 알리고 유통 중인 당해 식품 등을 회수하는 자진 회수하는 것을 말한다. 한편 식품 등에 병원성미생물, 유독 · 유해 물질이 들어있거나 오염되어 인체에 위해를 주었거나 사망자가 발생한 경우 또는 이러한 가능성이 있다고 인정할 때 식품의약품안전청장, 시 · 도지사, 시장 · 군수 · 구청장은 식품회수평가위원회를 거치지 않고 영업자에게 유통 중인 당해 식품 등을 회수도록 명하여 업체가 자사제품을 회수하도록 할 수 있는데 이를 긴급회수명령이라고 한다.

위해식품 공표시 기제해야 할 내용

- 식품 등을 회수한다는 내용의 표제
- 제품명
- 회수대상식품 등의 제조연월일 또는 유통기한
- 회수사유
- 회수방법
- 회수하는 영업자의 명칭
- 회수하는 영업자의 전화번호, 주소 기타 회수에 필요한 사항

② 위해식품 등의 공표

위해식품 등을 공표해야 하는 영업자는 지체 없이 위해발생 사실 또는 다음 사항이 포함된 위해식품 등의 긴급 회수문을 1개 이상의 일반 일간신문에 게재하고, 식품의약품안전청의 홈페이지에 게재를 요청하여야 한다.

(3) 위해요소중점관리기준 제도

위해요소중점관리기준, 즉 HACCP은 식품의 원료, 제조, 가공, 유통의 각 단계에서 발생할 수 있는 위해요소를 분석하여 중요 관리점을 알아내고 이를 과학적이고 체계적으로 관리하여 안전한 식품을 제조할 수 있도록 하기 위한 예방관리제도이다.

우리나라는 1995년 식품위생법 제32조 2항에 위해요소중점관리기준을 신설, 적용하고 있다. 식품위생법에 의하면 식품의약품안전청장은 식품의 원료관리, 제조 · 가공 · 조리 및 유통의 모든 과정에서 위해한 물질이 식품에 혼입되거나 식품이 오염되는 것을 방지하기 위하여 각 과정을 중점적으로 관리하는 기준을 식품별로 정하여 고시할 수 있도록 하고 있다.

HACCP 적용업소로 지정을 받고자 하는 업체는 HACCP 적용업소지정신청서에 영업허가(신고)증 사본, 대상식품의 최근 1년간 생산실적에 관한 서류, 적용대상식품별 중점관리기준과 신청하기 전 1월 이상 중점관리기준을 적용한 운영실적자료 등을 첨부하여 식품의약품안전청장에게 신청하면 실태조사 후 지정받을 수 있다(시행규칙, 제43조의3).

HACCP 준수대상 영업자(시행규칙 제43조의2)는 ① 어육가공품중 어묵류 ② 냉동수산식품중 어류 · 연체류 · 조미가공품 ③ 냉동식품중 피자류 · 만두류 · 면류 ④ 빙과류 ⑤ 비가열음료 ⑥ 레토르트식품 ⑦ 김치류 중 배추김치 등이다.

HACCP 적용업소로 지정받은 업소는 HACCP의 준수여부 등에 관하여 연 1회 이상 조사 · 평가하며, HACCP 적용업소에 대하여 3년 동안 관계공무원으로 하여금 출입 · 검사를 하지 않게 할 수 있다.

제8장 조리사와 영양사

(1) 조리사

대통령령이 정하는 식품접객영업자와 집단급식소의 운영자는 조리사를 두어야 하며, 다만, 식품접객영업자 또는 집단급식소의 운영자 자신이 조리사가 되어 직접 음식물을 조리하는 경우에는 그렇지 않다.

조리사가 되고자 하는 자는 국가기술자격법에 의한 해당 기술 분야의 자격을 얻은 후 시장·군수 또는 구청장의 면허를 받아야 한다.

조리사를 두어야 하는 식품업소

- 복어판매업
- 국가, 지방자치단체
- 학교, 병원, 복지시설
- 정부투자기관
- 지방공사, 지방공단
- 특별법에 의해 설립된 법인

(2) 영양사

상시 1회 50인 이상에게 식사를 제공하는 집단급식소의 운영자는 대통령령이 정하는 바에 따라 영양사를 두어야 하며, 다만, 집단급식소의 운영자 자신이 영양사가 되어 직접 영양의 지도에 종사하는 경우에는 그렇지 않다. 영양사가 되고자 하는 자는 영양사자격시험에 합격한 후 보건복지부장관의 면허를 받아야 한다. 영양사자격시험을 응시할 수 있는 자는 다음과 같다.

- 고등교육법에 의한 학교에서 식품학 또는 영양학을 전공한 자로서 교과목 및 학점이수 등에 관하여 보건복지부령이 정하는 요건을 갖춘 자
- 외국에서 영양사면허를 받은 자
- 외국의 영양사양성학교 중 보건복지부장관이 인정하는 학교를 졸업한 자

보건복지부장관은 식품위생수준 및 자질의 향상을 위하여 필요하다고 인정하는 경우 조리사 및 영양사에게 교육을 받을 것을 명할 수 있다. 다만, 집단급식소에 종사하는 조리사 및 영양사는 2년마다 교육을 받아야 한다.

- 영양사의 직무
  - 식단작성, 검식, 배식관리
  - 구매식품의 검수, 관리

- 급식시설의 위생관리
- 운영일지 작성
- 종업원의 영양지도와 위생교육

제9장 식품위생심의위원회

보건복지부장관 · 식품의약품안전청장의 자문에 응하여 다음 사항을 조사 · 심의하기 위하여 보건복지부에 식품위생심의위원회를 둔다.

- 식중독 방지에 관한 사항
- 농약 · 중금속 등 유독 · 유해물질의 잔류허용기준에 관한 사항
- 식품 등의 기준과 규격에 관한 사항
- 국민영양의 조사 · 지도 및 교육에 관한 사항
- 기타 식품위생에 관한 중요사항

제10장 식품위생단체 등

동업자조합, 식품공업협회, 식품안전정보센터의 설립목적 업무 사항등을 규정하고 있다.

제11장 시정명령과 허가취소 등 행정제재

■ 시정명령

- 식품의약품안전청장, 시 · 도지사 또는 시장 · 군수 · 구청장은 제3조에 따른 식품 등의 위생적 취급에 관한 기준에 맞지 아니하게 영업하는 자와 이 법을 지키지 아니하는 자에게는 필요한 시정을 명하여야 한다.
- 식품의약품안전청장, 시 · 도지사 또는 시장 · 군수 · 구청장은 제1항의 시정명령을 한 경우에는 그 영업을 관할하는 관서의 장에게 그 내용을 통보하여 시정명령이 이행되도록 협조를 요청할 수 있다.

제12장 보칙

■ 국고보조

- 식중독 조사 보고

다음 어느 하나에 해당하는 자는 지체 없이 관할 보건소장 또는 보건지소장에게 보고하여야 한다. 이 경우 의사 또는 한의사는 대통령령이 정하는 바에 따라 식중독 환자 또는 식중독의 의심이 있는 자의 혈액·배설물의 보관에 필요한 조치를 하여야 한다.

- 식중독 환자 또는 그 의심이 있는 자를 진단하였거나 그 사체를 검안한 의사 또는 한의사
- 집단급식소에서 제공된 식품 등으로 인하여 식중독 환자 또는 그 의심이 있는 자를 발견한 집단급식소의 설치·운영자

보건소장 또는 보건지소장은 보고를 받은 때에는 지체 없이 그 사실을 조사하고 시·도지사에게 보고하여야 하며, 시·도지사는 지체 없이 보건복지부장관, 식품의약품안전청장에게 보고하여야 한다. 다만, 보건소장은 보고받은 사실이 중대하다고 인정하는 경우에는 지체 없이 이를 보건복지부장관, 식품의약품안전청장, 시·도지사, 시장·군수·구청장에게 각각 보고하여야 한다.

- 식품진흥기금
- 수수료

제13장 벌칙

식품위생법 제13장은 벌칙에 대해 다루고 있다. 다음은 식품에서 다뤄지는 벌칙의 예를 설명하고 있다.

벌칙의 예

예	벌 칙
소해면상뇌증, 탄저병, 가금인플루엔자를 앓는 동물과 마황, 부자, 천오, 초오, 백부자성수, 원료성분은 취급금지	그 식품소매가의 2~5배 벌금 부과
상한, 설익은 음식, 유독, 병원성 미생물 오염, 이물질혼입, 영업허가 미신고자의 가공유독기구, 기준고시안된 합성품 판매	7년 이하의 징역 또는 1억 이하 벌금
기준미달 식품판매, 포장재 사용, 수입미신고 식품 수입, 위해발생식품 회수명령 위반 등	5년 이하의 징역 또는 5천만 원 이하의 벌금
조리사, 영양사를 두지 않을 경우, 표시기준 위반, 허위과장 광고, 미신고 영업, 수입검사의무 미이행 등	3년 이하의 징역 또는 3천만 원 이하의 벌금
식품의 비위생취급, 종업원의 건강진단 불참, 위생교육 불참, 위해식품의 회수 불이행, HACCP 허위 사용자 등	300만 원 이하의 벌금

3. 학교급식법

1) 목 적

학교급식에 관한 사항을 규정함으로써 학교 급식 등을 통한 학생의 심신의 건전한 발달을 도모하고 나아가 국민 식생활 개선에 기여한다.

2) 정 의

- 학교급식 : 학교급식의 목적을 달성하기 위해 학교 또는 학급의 학생을 대상으로 학교의 장이 실시하는 급식
- 위탁급식 : 학교급식공급업자가 학교의 장으로부터 학교급식을 위탁받아 운영하거나 조리, 가공한 식품을 운반하여 실시하는 급식

3) 학교급식 대상

학교급식 대상이 되는 학교는 다음과 같다.

- 초, 중등 교육법 제2조제2호 또는 제4호의 1에 해당하는 학교
- 근로청소년을 위한 특별학급 및 산업체 부설 중고등학교
- 특수학교
- 기타 교육인적자원부장관이 필요하다고 인정하는 학교

4) 급식시설 · 설비 기준

학교급식법의 급식시설 · 설비 기준에는 다음과 같은 내용을 담고 있다.

- 조리실, 식품보관실의 면적 기준
- 조리실의 시설, 설비 기준
- 조리 및 급식설비, 기구의 기준
- 식품보관실의 설비, 기구의 기준

5) 학교급식후원회

학교급식 후원회는 학교급식을 지원하고자 하는 학부모와 법인, 단체 또는 개인을 회원으로 구성되며 후원회의 구성 및 운영의 사항은 대통령령으로 정한다.

6) 학교급식의 운영원칙 및 관리기준

학교급식의 운영원칙과 관리기준은 대통령령으로 정한다. 교육감, 교육장 및 학교장은 학교급식과 위탁급식 식품의 위생과 안전이 확보될 수 있도록 교육인적자원부 령이 정하는 바에 의하여 위생 및 안전점검을 실시한다.

7) 학교급식전담직원의 업무

학교급식 전담직원의 업무는 다음과 같다.

- 식단작성 및 위생관리
- 식품재료의 선정 및 검수
- 식품의 조리지도 및 검식
- 영양 및 식생활개선에 관한 학생지도와 학부모 상담
- 조리실 종사자의 지도, 감독

4. 먹는물관리법

1) 목 적

먹는물관리법의 목적은 먹는물에 대한 합리적인 수질관리 및 위생관리를 도모함으로써 먹는물로 인한 국민건강의 위해를 방지하고 생활환경의 개선에 이바지하는 것이다.

2) 정 의

먹는물관리법에 정의된 용어는 다음과 같다.

- **먹는물** : 먹는 데 통상 사용하는 자연상태의 물과 자연상태의 물을 먹는데 적합하게 처리한 수돗물, 먹는샘물
- **샘물** : 암반대수층안의 지하수 또는 용천수 등 수질의 안전성을 계속 유지할 수 있는 자연상태의 깨끗한 물을 먹는 용도로 사용하기 위한 원수
- **먹는 샘물** : 샘물을 먹는데 적합하도록 물리적 처리 등의 방법으로 제조한 물
- **수처리제** : 자연상태의 물을 정수 또는 소독하거나 먹는 물 공급시설의 산화방지 등을 위하여 첨가하는 제제
- **먹는물 공동시설** : 다수인에게 먹는 물을 공급할 목적으로 개발하였거나 자연히 형성된 약수터, 샘터 및 우물

- **정수기** : 물리적 · 화학적 또는 생물학적 과정을 거치거나 이러한 과정을 결합한 과정을 거쳐 먹는 물을 수질기준에 적합하게 하는 기구
- **먹는물 관련 영업** : 먹는샘물의 제조업, 수입판매업, 수처리제 제조업 및 정수기의 제조업 및 수입판매업을 말함

3) 먹는물 수질관리원

먹는물 수질관리원은 환경부장관, 특별시장, 광역시장, 도지사 또는 시, 군, 구청장이 임명하며 다음과 같은 자에 한해 자격이 주어진다.

- 수질환경기사 또는 위생사, 위생시험사의 자격증이 있는 자
- 대학에서 상수도공학, 환경공학, 위생학, 식품학 분야의 학과를 이수하여 졸업한 자
- 전문대에서 위 관련학과를 이수, 졸업하고 실무 1년 이상 종사자
- 3년 이상 수질환경 또는 위생분야 종사자

| 국내문헌 |

구난숙 · 김완수 · 이경애 · 김미정(2008). **식품위생학**. 파워북.

권훈정 · 김정원 · 유화춘(2003). **식품위생학**. 교문사.

김두진(2007). **식품위생 및 외식사업관계법규**. 효일.

김명숙 · 김옥미 · 김인규 · 이경임 · 이선희 · 이종갑 · 임성미 · 정승태 · 조좌형(2002). **식품위생학**. 훈민사.

김미라(2004). **식품의 안전성**. 도서출판 신정.

김미정 · 윤혜현(2006). **식품위생학-이론과 실무**. 라이프사이언스.

김선환(2002). 유기재배 채소의 잔류농약 실태조사 보고서. 한국소비자보호원 보고서.

김영만(1993). 어패류의 비브리오패혈증 균 오염과 그 대책. 한국식품위생학회지, 8 : 513-521.

김영철(1999). **인간과 환경**. 녹문당.

김종규(2006). **식품위생학**. 신광출판사.

김종규 · 노우섭(2006). **식품위생관리**. 한국방송통신대학교출판부.

김판기(1999). 환경호르몬(내분비장애물질)과 식품안전. 자연과학연구소논문지, 4(1) : 45-52.

김효정 · 김미라(2003). 방사선조사 식품에 대한 소비자의 태도. 대한가정학회지, 41(5) : 119-130.

김효정 · 김미라(2003). 식품위생에 대한 소비자의 인식도 및 정보요구도에 관한 연구(1) : 잔류농약을 중심으로. 대한가정학회지, 41(1) : 15-26.

남혜선 · 서일원 · 이동미 · 박동희 · 이향미 · 김현정 · 김세실 · 원영준 · 이계융(2002). 유통 중인 채소류의 중금속 함량에 관한 연구. 식품의약품안전청연구보고서, 6(6) : 162-168.

류병호(1998). **공포의 환경호르몬과 지구촌**. 경성대학교출판부.

류충호 역(2005). **식품위생학**. 동화기술.

문범수 · 김성환(2005). **식품위생학**. 신광출판사.

박선희(1999). 유전자재조합 식품과 안전성 평가. 한국콩연구회지, 16(1) : 20-30.

박희옥 · 김창민 · 우건조 · 박선희 · 이동하 · 장은정 · 박기환(2001). 최근 한국에서 발생한 식중독 모니터링 및 추이 분석 한국식품위생안전성학회지, 16(4) : 280-294.

배현주 · 백재은 · 주나미 · 윤지영(2006). **급식관리자를 위한 HACCP 이론 및 실무**. 교문사.

변명우 · 이주운(2003). 식품의 위생안전성 확보를 위한 방사선 조사 기술의 이용. 식품과학과 산업, 36(2) : 25-42.

송재철(2005). **새로운 식품위생학**. 동서문화원.

식품의약품안전청(1998). 유전자재조합 식품의 올바른 이해.

심창환 · 서현창 · 박헌국 · 김현대 · 김종국(2006). **식품위생학**. 문운당.

원경풍 · 황인균 · 박건상 · 최동미 · 최윤주 · 이강봉 · 서정혁 · 허수정 · 최영내 · 최영미 · 심유신(2000). 식품 중 잔류농약 1일 섭취량 조사연구(I). 식품의약품안전청연구보고서, 4(4) : 39-50.

이광배 · 김영성 · 김성오 · 정종갑 · 남혜영(2002). **필수 식품위생학**. 신광출판사.

이규승(2002). 농산물 안전성 조사의 올바른 이해. 국립농산물품질관리원 교육교재.

이미경 · 이서래(2001). 국내 식품 중금속 오염과 위해성 분석. 식품위생안전성학회지, 16(4) : 324-332.

이종옥 · 김미혜 · 소유섭 · 이윤동 · 정소영 · 박성국 · 강민철 · 박효정(2002). 식품 중 미량금속 모니터링 -곡류에 대하여-. 식품의약품안전청연구보고서, 6(6):76-82.

이종옥 · 소유섭 · 김미혜 · 정소영 · 박성국 · 이윤동 · 윤희경 · 김정수 · 이민정 · 김창민(2002). 식품 중 Polycyclic aromatic hydrocarbons(PAHs) 화합물의 오염도 조사(II). 식품의약품안전청연구보고서, 6 : 790.

이흠숙 · 강성태 · 이숙경(2002). **식품위생학**. 형설출판사.

장동석 · 신동화 · 정덕화 · 김창민 · 이인선(2006). **자세히 쓴 식품위생학**. 정문각.

정남용 · 최순남(2003). 서류 및 구근류의 중금속 함량. 한국조리과학회지, 19(2) : 223-230.

정명섭 · 박필상 · 이주돈 · 조양희 · 최성희 · 김운성 · 서희재 · 이지연 · 조영주(2001). 식품 중 PCBs 오염실태조사 및 위해 평가를 통한 PCBs 규격설정 연구. 한국보건산업진흥원.

정소영 · 김미혜 · 김정수 · 홍무기 · 이종옥 · 김창민(2002). 우리나라 당류의 중금속 함량 및 안전성 평가. 한국식품과학회지, 34(6) : 992-997.

정희곤 · 염걸 · 오명철, 이극로(2002). **최신식품위생학**. 광문각.

최동미 · 홍무기 · 원경풍 · 황인균 · 임무혁 · 서정혁 · 이강봉 · 오금순 · 허수정 · 김민정 · 이상수 · 김창민(2002). 식품중 PCBs 모니터링. 식품의약품안전청연구보고서, 6(6) : 787.

최환(2000). 방사선조사식품의 안전성 실태조사. 한국소비자보호원 보고서.

한국대학식품영양관련학과교수협의회(2007). 최신식품위생관계법규. 문운당.

한국소비자보호원(2000). 식품 중 내분비계 장애물질(납 · 카드뮴 · 수은) 잔류량 모니터링 결과.

한국소비자보호원(2003). GMO 재배현황(2002년).

홍기운(2007). **식품위생학**. 대왕사.

홍무기 · 원경풍 · 황인균 · 최동미 · 이강봉 · 오금순 · 허수정 · 서정혁 · 임무혁 · 정석윤 · 유정림 · 이경진 · 이은경(2002). 식품중 잔류농약 모니터링-소면적 재배 채소류, 견과 종실류, 콩류 및 서류를 대상으로. 식품의약품안전청연구보고서, 6(6) : 67-75.

| 국외문헌 |

Bruhn, C.M.(1995). Consumer attitudes and market response to irradiated food, Journal of Food Protection, 58:175-181.

D' Mello, J.P.F.(2003). Food safety: contaminants and toxins. Oxford, Cambridge. CABI Pub.

DeVries, J.W. Trucksess, M.W., Jackson, L.S.(2002). Mycotoxins and food safety. Kluwer Academic/Plenum Publishers.

Hamilton, C.M., Frary, A., Lewis, C. and Tanksley, S.D.(1996). Stable transfer of intact high molecular weight DNA into plant chromosomes. Proceedings of the National Academy of Sciences of the United States of America, 93:9975-9979.

Hayes, P. R.(1992). Food microbiology and hygiene, 2nd ed. London, New York. Elsevier Applied Science.

Hohn, B., Levy, A.A. and Puchta, H.(2001). Elimination of selection markers from transgenic plants. Current Opinion in Biotechnology, 12 : 139-143.

Horiguchi. T., Shiraishi, H., Shimizu, M. and Morita, M.(1997). Imosex in sea snails, caused by organotin(tributyltin and triphenyltin) pollution in Japan. Applied Organometallic Chemistry, 11 : 451-455.

International Commission on Microbiological Specifications for Foods(2002). Microbiological testing in food safety management. Kluwer Academic/Plenum Publishers.

James, C.(2002). Global review of commercialized transgenic crops: 2001. ISAAA. Ithaca. N.Y. USA. ISAAA Briefs No. 24.

Kannan, K., Tanabe, S. and Tatsukawa, R.(1995). Occurrence of butylin residues in certain foodstuffs. Bulletin of Environmental Contamination and Toxicology, 55 : 510-516.

Kuvshinov, V.V., Koivu, K., Kanerva, A. and Pehu, E.(2001). Molecular control of transgene escape from genetically modified plants. Plant Science, 160 : 517-522.

McSwane, D.Z.(2005). Essentials of food safety and sanitation, N.J. Pearson/Prenticeb Hall,

McSwane, D.Z.R., Roberts N.(2005). Essentials of food safety and sanitation, 4th ed. N.J. Pearson/Prenticeb Hall.

Paster, T.(2007). The HACCP food safety employee manual, N.J. John Wiley & Sons

Paster, T.(2008). The HACCP food safety facilitator' s guide, N.J. John Wiley & Sons

Paster, Tara, The HACCP food safety training manual. Hoboken, N.J. John Wiley & Sons. 2007.

Resurreccion, A.V.A., Galvez, F.C.F., Fletcher, S.M. and Misra, S.K.(1995). Consumer attitudes toward irradiated foods: Results of a new study. Journal of Food Protection, 58 : 193-196.

Riviere, J.E.(2002), Chemical food safety: a scientist' s perspective, Ames, Iowa, Iowa State Press.

Watson D.H.(2001). Food chemical safety 1: contaminants. New York. CRC Press.

Watson, D.H.(2001). Food chemical safety, Cambridge, Woodhead Publishing Limited. Boca Raton. FL. CRC Press.

Zabik, M.E., Zabik, M.J., Booren, A.M., Nettles, M., Song, J.H., Welch, R. and Humphrey, H.(1995). Pesticides and total polychlorinated biphenyls in Chinook salmon and carp harvested from the Great Lakes: effects of skin-on and skin-off processing and selected cooking methods. Journal of Agricultural and Food Chemistry, 43 : 993-1001

| 웹사이트 |

http://fm.kfda.go.kr (식중독예방대국민 홍보사이트)

http://foodnara.go.kr (식품안전정보서비스 홈페이지)

http://www.cdc.go.kr (질병관리본부 홈페이지)

http://www.fda.gov (미국 FDA 홈페이지)

http://www.foodwindow.go.kr (유해예방정책국 홈페이지)

http://www.haccphub.or.kr (HACCP지원단 홈페이지)

http://www.iaea.org (국제원자력기구 홈페이지)

http://www.ikpca.co.kr (한국방역협회 홈페이지)

http://www.kfda.go.kr (식품의약품안전청 홈페이지)

http://www.mifaff.go.kr (농림수산식품부 홈페이지)

http://www.mw.go.kr (보건복지부 홈페이지)

찾아보기

ㅅ

ㅇ

Index

Index

저자소개

김미라

서울대학교 식품영양학과 학사

서울대학교 대학원 식품영양학과 석사

미국 아이오와주립대학교 대학원 식품과학전공 Ph.D

현재 경북대학교 식품영양학과 교수

김미정

서울대학교 식품영양학과 학사

서울대학교 대학원 식품영양학과 석사

서울대학교 대학원 식품영양학과 박사

현재 배화여대 전통조리과 겸임교수

식품위생안전성학

2010년 8월 16일 초판 발행
2014년 9월 10일 2쇄 발행

지은이 김미라 · 김미정
펴낸이 류 제 동
펴낸곳 (주)교 문 사

전무이사 양계성
책임편집 김선형
본문디자인 꾸밈
영업 정용섭 · 송기윤

출력 현대미디어
인쇄 동화인쇄
제본 한진제본

우편번호 413-756
주소 경기도 파주시 교하읍 문발리 출판문화정보산업단지 536-2
전화 031-955-6111(代)
팩스 031-955-0955
등록 1960. 10. 28. 제406-2006-000035호

홈페이지 www.kyomunsa.co.kr
E-mail webmaster@kyomunsa.co.kr
ISBN 978-89-363-1085-1 (93590)

값 18,000원
*잘못된 책은 바꿔 드립니다.